U0173420

# 城市低碳规划设计理论与实践

付士磊　石　羽　石铁矛　王　迪　著

中国建筑工业出版社

图书在版编目（CIP）数据

城市低碳规划设计理论与实践 / 付士磊等著 . —北京：中国建筑工业出版社，2022.9
ISBN 978-7-112-27719-3

Ⅰ.①城… Ⅱ.①付… Ⅲ.①城市规划－节能－建筑设计－研究 Ⅳ.①TU984.2

中国版本图书馆 CIP 数据核字（2022）第 143556 号

本书结合实例概述了城市低碳规划研究进展，以辽宁中部城市群为例，系统阐述了城市低碳环境构成要素及其特征，综述了城市低碳环境生态设计方法与技术，从城市形态、碳源碳汇构成要素、城市大气环境等方面开展研究，在空间形态对生活性碳排放影响的定性分析基础上，对城市的空间形态要素与生活性碳排放的影响关系加以定量分析与实证，总结城市碳源碳汇空间的生态设计方法，为城市低碳环境的可持续设计提供了理论基础和实践案例。

本书可供从事相关景观环境研究、景观规划与设计、城市设计的各类专业人员阅读，也可作为普通高等院校城乡规划、建筑学、风景园林等相关专业本科生和研究生的参考读物。

责任编辑：胡明安
责任校对：党　蕾

城市低碳规划设计理论与实践

付士磊　石　羽　石铁矛　王　迪　著

\*

中国建筑工业出版社出版、发行（北京海淀三里河路 9 号）

各地新华书店、建筑书店经销

北京龙达新润科技有限公司制版

北京建筑工业印刷厂印刷

\*

开本：787 毫米×1092 毫米　1/16　印张：15　字数：368 千字

2022 年 9 月第一版　2022 年 9 月第一次印刷

定价：58.00 元

ISBN 978-7-112-27719-3

（38864）

# 前　言

随着社会与经济的快速发展和人们生活质量的提高，我国城市面临着两种压力，一方面由于粗放式城市建设而产生的大量问题亟须解决，城市需要转型发展的压力；另一方面随着居民在生活上的能耗增加，生活碳排放逐渐超越了工业碳排放，成为城市碳排放的主要增长源的压力。然而，这两种压力存在着密切联系。在这样的背景下，习近平总书记在第七十五届联合国大会一般性辩论上郑重宣布，中国将提高国家自主贡献力度，采取更加有力的政策和措施，二氧化碳排放力争 2030 年前达到峰值，努力争取 2060 年前实现碳中和。目前碳达峰碳中和已成为当前我国绿色低碳工作的主线。要实现碳达峰和碳中和目标，离不开城市减排，而众多研究表明：城市的空间形态可以通过影响居民出行行为、城市热环境等方式对居民生活能耗产生影响，进而影响城市的生活性碳排放。也就是说通过调节城市空间形态要素的配置，就能够有效降低城市的生活性碳排放。

但是城市空间形态对生活性碳排放的影响是复杂的，一方面不同城市空间形态要素对生活性碳排放的影响机制不同；另一方面，在不同地区，由于其气候地质条件的影响，同一种空间形态要素对生活性碳排放的影响方向和能力也不同。因此，只有在空间形态对生活性碳排放影响的定性分析基础上，对某一地域条件下城市的空间形态要素与生活性碳排放的影响关系加以定量分析与实证，才能因地制宜地制定相应的策略，达到减少生活性碳排放的目的。本书在分析城市空间形态要素对生活性碳排放影响机制的基础上，以辽宁中部城市群和沈阳市沈北新区两个不同尺度为实证对象，首先对城镇群建成区的空间形态要素进行分类和测算，研究不同空间形态要素对生活性碳排放量的不同影响，提出辽宁中部城市建成区空间形态的调控建议；进而以沈北新区为研究对象，通过监测模拟城市二氧化碳的动态变化过程，为"低碳化"城市的空间规划建设提供理论借鉴。

本书执笔人为：付士磊、石羽、石铁矛和王迪。全书由付士磊统稿。参加课题研究的还有李绥、高飞、董雷、时泳、刘冲等人。本书的编辑和整理过程中，汤铭潭教授做出重要贡献，胡明安编辑做了大量细致的工作，谨向他们表示诚挚的谢意。

# 目　　录

# 第1章

## 绪论

## 1.1 研究背景和意义

碳达峰碳中和已成为当前中国绿色低碳工作的主线，如何在有限的城市绿地面积下发挥绿地的固碳能力成为当前亟待解决的难题。气候变化已然成为人类关注的重要环境问题之一，并成为影响人类生存及发展的根本问题。大气中二氧化碳含量的上升成为人类共同面临的重大挑战，要解决目前人类生活和自然矛盾就需要构建基于目前情况下的绿地生态优化体系来满足人类生活对自然生态系统的需求。全球80%以上的二氧化碳来自仅占陆地面积2.4%的城市区域，城市生态系统无疑是碳中和的重要环节。

辽宁中部城市正面临着城市空间扩张和高能耗发展的双重压力。一方面，快速的发展导致了城市空间的迅速扩张，部分城市"摊大饼"式的空间发展模式弊端已经显现；另一方面，特殊的地理环境导致了城市居民对化石能源的需求不断攀升，生活性碳排放量居高不下。辽宁中部城市位于亚寒带，全年平均气温很低。因此，城市生活活动需要付出更大的能源投入，产生额外的碳排放，这也直接导致了辽宁中部城市碳排放水平位居全国前列。

针对辽宁中部城市碳排放的特点，本书首先定性研究城市建成区空间形态对各类生活性碳排放的影响机制，并在此基础上，对辽宁中部城市建成区空间形态对各类生活性碳排放的影响进行实证，为研究空间形态对碳排放影响提供新的思路与方法，并通过对实证结果与空间形态对生活性碳排放影响机制进一步分析，提出基于低碳视角的辽宁中部城市建成区空间形态调控建议。

### 1.1.1 研究背景

#### 1. 国际背景

（1）全球碳排放形势

随着人类社会的发展，生活水平的提高，二氧化碳的排放量也越来越多，现今的二氧化碳的排放速度使大气中的二氧化碳浓度每年增高2.7ppm（百万分之一）。并且这样的增长现象在未来的10年中是不可逆转的，这样就不可避免地加重了全球变暖的问题。温室气体的排放所引发的"全球气候变暖""生态系统恶化"等问题已经影响到了人类的生存与发展。根据联合国政府气候变化专门委员会（IPCC）2007年的评估报告显示，如果全球10年间的平均气温比1980～1999年间上升1.5～2.5℃，动植物遭受物种灭绝的风

1

险将提高 20％～30％，如果其平均值升高超过约 3.5℃时，全球的物种将灭绝 40％～70％，因此对温室气体排放量的控制已成为全球人民共同的责任。

全球变暖已成为全世界人民最关心的环保问题，造成全球变暖的主要原因是人类的生产生活产生了大量的温室气体，而温室气体中 77％ 是二氧化碳，其余部分是甲烷、一氧化二氮等其他的温室气体，因此本书在研究时主要考虑的温室气体是占主要成分的二氧化碳气体。人类的生产生活会产生大量的二氧化碳气体，大气中的二氧化碳浓度在工业革命之前的一段时间内为 280ppm，但是现在大气中的二氧化碳浓度已经有了明显的上升，其值为 385ppm，人类产生的多余部分的二氧化碳气体会造成全球的温室效应，促进全球气温的升高。越来越多气温新高纪录，展现出全球变暖的长期趋势。鉴于此种情况，在最近的 20 年中，国际社会先后召开了"里约会议""京都会议""哥本哈根会议"等多次全球性会议，尝试着找出协调世界各国的经济增长、能源消费与温室气体排放等的利益平衡点。而现今在短期内人类的科技水平无法大幅度地减少碳的排放量，这就意味着我们的植树造林等的碳捕捉计划对吸收人类生产生活所产生的二氧化碳是至关重要的。

（2）降低碳排放的全球共识

1972 年，由"未来学悲观派的代表"罗马俱乐部发表的研究报告《增长的极限》中，表明了粗放发展的工业文明是地球面临的危机与困境的元凶，人们至此开始了深入的反思。1987 年"可持续发展"理论和模式被提出，可持续发展理论形成雏形而且开始不断完善。1992 年联合国环境与发展大会通过了《联合国气候变化框架公约》，第一次将资源消耗与环境改善提升到国家发展战略的高度，明确将控制大气中温室气体浓度、减少碳排放作为世界各国共同的责任和义务。1997 年 12 月国际气候大会通过了《京都议定书》，目的在于限制发达国家的温室气体排放量。

由于全球温度的升高，南北极的冰川开始消融，进而海平面上升，厄尔尼诺等极端气候开始频繁出现。有研究表明，如果南北极地的冰川继续融化，沿海地区和海岛上的居民生活会被严重影响，马尔代夫、塞舌尔等地势低洼的岛国将会像传说中的亚特兰蒂斯一样被海水彻底淹没，而从整个人类的社会人口发展的角度看，除了生态难民与移民外，全球气候变暖还对人类寿命与健康、区域与城市结构、劳动力就业情况与人均收入产生影响。而气候变暖所带来影响的程度不仅取决于气候变化的程度，也取决于当地社会经济发展水平、居民平均受教育水平、公共卫生及医疗保健建设水平及大众环境保护意识等相关因素。温室效应给世界各国带来的人民生命财产和社会治安稳定的损害难以计算，还将世界整体的经济格局置于更加不稳定的环境中。

世界各国解决气候变暖的根本途径在于减少 $CO_2$、$CH_4$ 等温室气体的排放。各国未来经济发展的方向一定是节能化、低碳化的。而低碳经济包含两个方面的内容：生产过程低碳化和消费过程低碳化。生产过程与消费活动主要发生在城市中，城市只占据世界 2％的土地面积，排放 $CO_2$ 贡献率却高达 75％，解决碳排放过多的问题应该从低碳城市的构建方面着手。世界观察究所出版的《世界报告：我们城市的未来》指出，城市才是导致和解决气候变化问题的"钥匙"。

（3）影响全球气候的诸多因素

陆地生态系统碳储量及其变化在全球碳循环和大气 $CO_2$ 浓度变化中起着非常重要的

作用，因而是全球气候变化研究中的重要问题。作为一个巨型碳库，据估算，全球陆地生态系统碳的总储量为 2000~2500Pg（$1Pg = 10^{15}g$），其中全球植被碳储量为 500~600Pg，1m 厚土壤碳储量为 1500~1900Pg，后者为前者的 4 倍。诸多学者的研究也早已表明，全球的碳循环过程与人类活动，特别是化石燃料的燃烧以及土地利用方式的变化有着密切的关系（Canadell，Mooney，1999）。近年来，随着人们对土地开放强度的加大，林地、草地以及湿地等具有"碳汇"功能的用地类型在不断地减少的同时，具有"碳源"功能的建设用地的规模却在不断地扩大，这无疑成了导致空气中二氧化碳浓度持续升高的主要原因之一，IPCC 的报告同时显示，人类活动中土地利用变化导致的二氧化碳排放量，占人类活动产生碳排放总量的 1/3（IPCC，2000），土地利用变化是除了化石燃料燃烧之外对大气二氧化碳含量增加的最大的人为影响因素（李晓兵，1999），全球平均气温变化如图 1-1 所示。

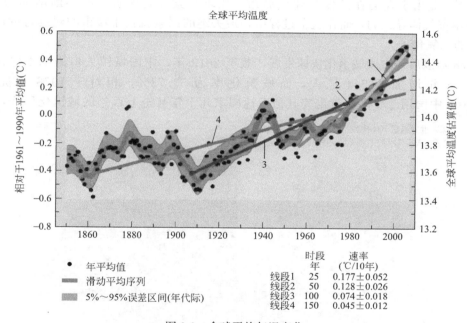

图 1-1　全球平均气温变化

人类活动主要通过改变土地覆被或土地利用方式以及农林业活动中的经营管理措施影响着陆地生态系统的碳储量，如草地退化及其向耕地的转化都使植被生物量减少、增大土壤中碳的释放；反之，退耕还林、退耕还草将有利于碳储量的增加。土地利用变化和农牧业活动不仅对植被碳库和土壤表层碳库有着显著影响，甚至可以激发土壤深层惰性碳库的损失，土地利用变化影响下 $CO_2$ 的释放已不容忽视。

**2. 国内背景**

（1）中国减排压力沉重

改革开放至今，中国的国民经济得到了快速的发展，与此同时国内的碳排量也产生了相应的变化。根据世界银行在 2011 年发布的《世界发展指标》中显示，中国在 1978~2008 年间，二氧化碳的总排放量从 14.6 亿 t 上升到了 70.3 亿 t，增幅高达 381.5%，从而迅速地成为世界二氧化碳排放第一大国。基于目前全球气候加速变暖的严峻形势下，国际社会要求中国"节能减排"的呼声日益高涨，外国官员甚至提出让中国承担与发达国家同样的减排义务。由此可见，如何协调"经济增长""能源消费"以及"二氧化碳排放"三者之间的矛盾与冲突已成为当前我国面临的重大挑战，降低二氧化碳的排放量成为我国当前的一个首要任务，因此，在 2011 年所通过的"十二五"规划纲要中就明确指出，截至 2015 年底，国内的单位 GDP 碳排量将比 2010 年下降 17%。作为发展中国家当前的主要任务仍然是保持经济的长期增长，但是随着经济的增长，二氧化碳的排放量就更有可能表现为持续的增加。因此在这样的背景下，研究如何解决既可以保持经济的增长又能减少二氧化碳的排放量的问题显然就具有重要的现实意义及学术参考价值，并且它可以为当局者在经济发展政策及降低碳排的选择与决策分析中提供理论参考依据。

大量的极端气候和科研数据都向我们表明，全球变暖的趋势愈加明显；而导致气候变暖的原因，是由于人类在开发与建设城市、探求与索取自然资源时不断增加的 $CO_2$、$CH_4$ 等温室气体导致的，而在这个过程中，最关键的因素就在于城市的建设与运行过程中产生的二氧化碳。

1978 年以后，中国城镇化快速发展，截至 2013 年，中国城镇人口为 7.1 亿人，相对于 1978 年增加了 5.4 亿人，而城镇化率为 53.73%，相对于 1978 年提高了35.83%，中国用二十多年就走完其他发达国家几十年甚至上百年的城镇化历程，可想

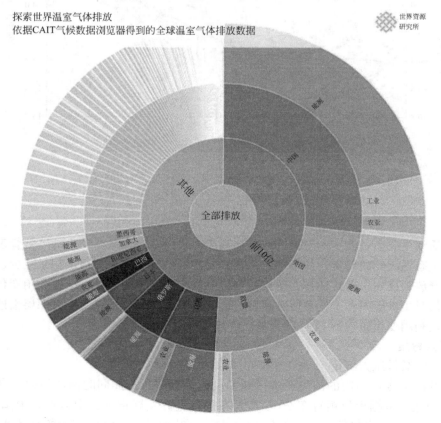

图 1-2  2013 年全球各国碳排放比例图

图片来源：国外网络。

而知，中国正面临着巨大的转型压力。然而在改革的同时减少碳排放、保护环境的压力也不可忽视。

世界资源研究所的学者 J·Friedrich 在 2015 年 6 月发布了一张根据 CAIT 气候数据绘制的 2013 年全球各国碳排放图（图1-2），该图显示，2013 年全球碳排放为 437.37 亿 t，中国、欧盟和美国的碳排放量之和占全球总排放量的一半以上，其中我国的碳排放占全球总碳排放的 26.83%，居全球第一。这说明我国的节能减排已经到了迫在眉睫的地步。城市作为当代人口活动与经济发展的主要载体，对温室气体的贡献率高达 60%～80%，而我国大部分的碳排放来源于日益增长的电力需求、城市供暖和交通运输。因此解决城市碳排放问题是减轻我国节能减排压力的重中之重。我国在巴黎协定中拟定 2030 年在全国范围内决定其行动如下：在 2030 年左右达到二氧化碳排放的峰值，并尽最大努力早日达峰；2030 年单位国内生产总值二氧化碳排放比 2005 年下降 60%～65%；提高非化石能源占一次能源消费的比例约 20%；在 2005 年的水平基础上增加森林蓄积量 45 亿 $m^3$ 左右。此外，我国将继续积极适应气候变化，通过增强机制和能力有效地抵御气候变化风险。在关键领域，如农业、林业、水资源，以及在城市、沿海和生态脆弱的地区，逐步加强早期预警和应急响应系统和防灾减灾机制。

1990～2014 年间，我国人均能源消费呈明显上升趋势，随着居民生活用能结构不断改善，居家电器、小汽车等能耗型产品的拥有量和使用量不断增加，导致居民生活能源消耗及其排放的二氧化碳量不断增长。相关数据显示，如果考虑间接能耗，我国城市居民能源消耗量约占全国能源消费总量的 20%。根据《中国能源发展报告》，生活性能源消费已经成为我国终端能源消费的主要驱动力。因此降低生活性能源消费应当成为我国节能减排的重点。

（2）辽宁中部城市生活性碳排放问题突出

2003 年实施老工业基地振兴战略以来，以辽宁省为代表的老工业基地发生了巨大而深刻的变化，经济发展迅速，在一些重要经济指标上逐渐缩短了与沿海地区的差距，赶上了全国平均增速，从而使综合经济实力迈上了新台阶。但是随着改革发展，辽宁省长期依靠增加生产要素的投入来推动工业发展的方式依然没有得到根本改变，并且还带来了能源消耗量的增长与人口的集约，导致能源问题越来越严峻，从而阻碍了地区的可持续发展。

2016 年 12 月 20 日国家制定了《"十三五"节能减排综合性工作方案》，要求辽宁省单位国内生产总值能耗降低率达到 15%，同时辽宁在《辽宁省节能减排"十三五"规划》中强调在经济转型升级的同时要始终坚持节能减排，从根本上改变粗放式发展模式，优化产业与能源结构，加强工业、建筑、交通运输等重点领域节能，推动工业等污染物减排，大力发展循环经济，坚持市场机制与政府调控相结合，完善相关政策，建立符合市场经济的长效机制，严格市场增量准入，深入挖潜存量，提高技术水平，从而完成"十三五"节能减排目标，实现经济发展与环境改善双赢。但是，虽然省政府积极响应国家号召，实施节能减排方案，但是，由于辽宁省中部各城市高度密集，城市外延速度较快，并且随着城市居民生活水平的提高，城市生活能耗也在不断增加，碳排放问题较突出，因此辽宁省中部城市节能减排的压力更是巨大，亟待有针对性的理论或技术支持辽宁省中部城市的低碳建设。但国内此方面的研究多停留于定性研究，且南北方在碳排放构成上差异明显，因此，本书选择辽宁中部城市，对城市建成区空间形态与生活性碳排放进行定量研究，以期对今后辽宁乃至东北地区城市的低碳建设作出贡献。

国内外众多学者的研究表明：合理的空间形态能够有效地减少城市在运行当中的能源消耗，也就能够有效减少能源消耗产生的碳排放量。城市空间形态是城市化过程所致的空间结果，会对城市中居民的社会、经济生活产生深远的影响，城市空间形态可以通过影响居民的出行意愿特征、居住环境选择、热环境变化等方式，对城市碳排放产生影响（Ewing，2008）。通过城市规划和政策来调节城市空间形态的配置，例如城市密度、紧凑度、土地利用丰富度等，已被证明是降低居民生活碳排放的有效手段。不过对于这些因素针对不同地区的实用性问题，依然是缺少理论和实践支撑。但是，以城市空间形态优化为主要内容的紧凑城市、低碳城市的理论和实践正逐步成为21世纪城市可持续发展的方向。

（3）沈北碳排放形势

在众多的低碳城市建设中，工业主导型的现代城市具有特殊的意义。如沈阳、上海等一批传统的工业城市在新中国的建设和发展中发挥了重要的作用，但由于重工业比重大，资源消耗性企业多，产业结构过分依赖资源，在发展过程中产生了严重的环境问题，面临着现代工业化与城市转型的双重压力，是低碳城市建设的难点和重点。因此，以工业主导型城市为对象的现代低碳城市区域规划及动态监测的研究具有典型性与代表性。

沈阳市是典型的现代工业主导型城市，改革开放以来，随着以第三产业为主的全球经济的快速发展，以沈阳为代表的传统工业城市经济结构落后、资源环境问题日益突出。随着东北老工业基地振兴战略的实施，沈阳面临着历史地位复兴和产业结构调整升级等内在要求。为了加快沈阳的全面振兴和实现沈阳"十三五"期间的"三大目标"，市委、市政府推出了四大发展空间的战略构想。

沈北新区作为四大发展空间之一，地处沈阳、铁岭、抚顺交汇处，不仅是沈西、沈铁工业走廊的重要节点，更是沈铁工业走廊建设的主战场。因此开发沈北不仅是发展沈阳北部的需要，是实现沈阳南北协调发展的需要，还是以此为结点连接吉林、黑龙江，加快建设东北地区中心城市的需要，具有重大的战略意义。沈北新区的经济实力在沈阳市各区县大多居于前列，自从沈北新区成立以来，经济更是呈现快速发展的态势，其中人均GDP及第二产业产值和增加值均位于沈阳市其他区县的首位。2005～2009年间，全区生产总值从123亿元提高到333亿元，按2005年可变价格计算，沈北地区的生产总值年均增长率为30.15%，成为沈阳市新的增长极。在2009年间沈北新区的区域生产总值增长到333亿元，同比增长率为14%；伴随着经济的快速增长，沈北新区的二氧化碳排放量也表现出显著增加的趋势，初步碳源碳汇量的核算可以看出，沈北新区内的二氧化碳排放量远远大于其二氧化碳的吸收量，所以制定出一套可以增加沈北新区绿地固碳量的绿地优化方案是十分必要和有意义的。

**3. 问题的提出**

随着沈北新区的经济不断发展，人们的生产和生活对资源的需求量越来越大，无论是土地资源、水资源、矿产资源、生物资源等在短时期内有较大幅度的增长，但是各种资源的开发利用目前都没有太大的潜力，而经济的发展将步入一个快速发展的时期，因此，各种资源与经济发展的矛盾会越来越突出。同时，沈北新区目前局部地区工业污染严重，农业发展对环境也产生一些污染，而农业和工业对沈北新区经济发展起着重要作用。因此一方面要发展经济，农业、工业必须要发展，而且要快速发展，同时还要使生态环境质量不断提高，因此存在着工农业发展与环境保护之间的矛盾。通过综合分析，以沈北新区作为示范基地，可以采用技术集成的方式，以经济发展、资源消耗与环境污染降低的低碳愿景进行路径优化，为低碳城市的实践进行了有益的尝试。

本书研究是通过利用动态模拟的方法来预测二氧化碳在空间中的分布，再通过空间中二氧化碳浓度的高低来指导绿地的量的分布，以此来确定绿地的空间布局。但是现在国内对碳源的研究大多限制在"量"上，通过运用各种方法进行测算研究，还没有从碳源的空间格局的角度出发来研究的。流体力学软件的模拟也大多是针对污染气体的扩散，尚未对二氧化碳进行模拟研究。因此本书的重点在于模拟二氧化碳的动态扩散过程，揭示空间分布规律，用以指导绿地的布局优化。

### 1.1.2 研究目的和意义

#### 1. 研究目的

（1）本书将沈阳市沈北新区定为研究的对象，开展基于绿地固碳功能与污染物消减（植物的固碳、吸收 $SO_2$、治尘）效应相耦合的城市绿地空间布局研究，通过对二氧化碳进行空间动态模拟，确定绿地的空间布局优化，以此来改善空气的质量。

（2）随着城市人居环境的要求逐步提高，人们越来越关注称为"城市之肺"绿地的实际作用。然而，为了增加碳汇量，我们不能一味地在城市中增加绿地的面积。而是应该将城市规划与景观生态学、植物生态学相结合，通过大气动态模拟技术获取城市二氧化碳的空间分布格局，揭示二氧化碳空间分布特征，界定城市植物生态效应最佳边界，优化城市绿地系统的空间布局，从空间格局的变化增加碳汇量，从而达到在有限绿地面积下使植被发挥最优生态效应的目的。

（3）以沈阳市沈北新区为例，从大尺度的域、中尺度的建成区以及小尺度的居住区三个角度着手，应用地理信息系统技术和 CFD 软件对二氧化碳的扩散进行模拟，将理论用于实践中，最终得出适合沈北新区绿地空间格局的优化方案，同时也希望为以后城市绿地空间的优化方法提供一种理论依据。

#### 2. 研究意义

本书将探讨城市绿地系统生态规划中的定量分析与空间技术分析相结合的研究方法，以实地外业调查数据为基础，以模型模拟为手段，以绿地生态功能的静态和动态空间分析为主要内容，构建基于定量分析的城市绿地适宜空间布局，通过调整城市空间绿地的布局分布，来让有限的绿地发挥出其最优的生态功能。

（1）实践意义

辽宁中部城市地处寒地，受地理环境和区域文化影响，无论是城市空间形态还是城市碳排放量，都具有一定的特殊性。因此要在分析空间形态对生活性碳排放影响机制的基础上，具体问题具体分析，对该地区不同类型的城市建成区空间形态进行系统分类和测度计算，对城市生活性碳排放进行计算汇总，并研究两者之间的关联，从而制定出相应的减少城市生活碳排放的调控策略，对促进辽宁中部地区城市健康可持续发展具有实践意义。

建立沈北新区的 Fluent 模型模拟以二氧化碳与污染物的关联性和植物的固碳、吸收 $SO_2$、治尘的功能为基础，通过对二氧化碳进行空间动态模拟，确定绿地的空间布局优化，以此来改善空气质量，优化沈北的绿地空间格局，来形成层次清晰、功能合理的城市绿地空间布局，为城市的绿色生态建设及规划奠定了重要的学术基础。通过对沈北新区二氧化碳浓度及分布格局的分析，优化沈北的绿地空间格局。

（2）理论意义

我国城市消费全国 84％的商业能源，并产生了大量的碳排放，城市特别是城镇群区域是我国碳减排的重点。城镇群区域土地利用变化剧烈，人口多，产业活动密集，能源消耗和碳排放较高，因此，对于城镇群的低碳规划和管理具有重要的现实意义，特别是作为我国典型老工业基地的辽中城镇群，在工业快速发展、衰落和振兴的过程中，城镇群的土地利用、空间结构、产业布局、能源消耗、污染排放和碳排放均发生了巨大的变化。土地不仅仅是陆地生态系统碳源和碳汇的自然载体，更是社会经济系统碳源的空间载体，土地利用/覆被的变化深刻影响着区域和城市的碳循环，区域碳循环的速率、强度和方向在很大程度上受制于区域土地利用方式、规模、结构和强度（赵荣钦，2012）。若能够转变土地利用结构、调整土地利用方式和优化土地利用格局，不仅会有助于社会和生态环境的可持续发展，对于增加陆地碳汇、减少碳排放也会起到起着关键的作用。同时可以为国际社会解决全球变暖的问题提供解决的思路。探索城镇群区域时空动态变化与产业布局、土地利用、空间结构、能源消耗和碳排放之间的规律和耦合关系，构建低碳的发展模式，提出城镇群低碳规划方法和路径。

目前，对于城市空间形态与生活性碳排放关系的研究还处于初级阶段，还未形成系统的理论。现有的空间规划还是以传统的规划方法为主，缺少从减少碳排放的角度考虑城市空间规划，同时，一些以此角度的规划实践还处于局部探索阶段，并且主要以定性为主，缺乏相应的定量分析的支撑。因此，本书的研究是对城市空间形态研究的进一步丰富，有助于完善城市空间规划的理论体系。同时，也为东北地区城市城镇化建设提供了科学的参考。

在当前我国低碳发展战略背景下，研究通过碳排放信息的时空演化，指导城镇群的产业布局、空间布局、节能减排和土地利用变化规律和规划调控，以城乡统筹和谐发展与资源高效利用为导向，结合国家低碳发展战略，以城镇区域为对象，从城镇区域层面出发，结合 3S 技术以及各种数学模型，开展碳源碳汇信息、产业布局、空间拓展、城开放空间规划、基础设施等关键要素的动态监测，构建城镇区域监测技术集成体系并建立进行示范区的机建立将是进行城镇区域规划及动态监测的重要研究方向，它将为我国城镇区域建设与城镇健康发展提供有力的科学理性支撑。将城市规划学、景观生态学、流体力学等学科的相关理论作为研究的理论基础，来模拟二氧化碳的空间分布规律从而系统地研究城市绿地系统的生态优化策略，进一步丰富城市绿地规划的理论与方法。伴随着社会经济的发展，不同时代的人类需求造就了对绿地空间格局的不同需求。随着环境保护意识深入人心，追求环境和生态效益成为城市绿地空间格局规划的重要目标，绿地空间格局规划开始成为一种趋势。通过该论文的分析与研究，在对现有理论认识的基础上，初步归纳并整理出计算二氧化碳浓度方法的基本框架，延伸了绿地空间格局发展的理论研究。

## 1.2 相关理论研究与综述

### 1.2.1 土地利用格局相关研究理论

#### 1. 土地利用格局优化相关理论

（1）土地可持续利用理论

土地是不可再生资源，是国民经济可持续发展的基础与核心，是人类社会政治、经济各项活动的载体。随着全球经济的发展，由于人口的日益增长造成的人均空间的减少而带来的环境恶化问题已经是我们不得不面对的现实。土地、水以及能源趋向于缺乏，因此，实现土地的可持续利用成为当务之急。

土地可持续利用理论是由联合国粮食及农业组织（FAO）于1976年发表的《土地评价大纲》和1989年发表的《土地利用规划指南》首次提出，是在可持续发展理论的基础上衍生出来的。土地可持续利用的思想正式提出是1990年在新德里举行的"国际土地可持续利用系统研讨会"上。1995年，土地利用/覆被变化（LUCC）研究计划中，将土地变化的可持续性列为其核心内容。1997年，在荷兰恩斯赫德召开"可持续土地利用管理和信息系统国际学术会议"，提出从自然资源、生态环境、社会经济等方面对土地可持续利用展开评价。

土地可持续利用的定义参考可持续发展的概念，可以解释为当前的土地利用不能对后代的土地资源可持续利用构成危害，也就是说，土地资源的利用不仅要满足当代人的需求，还要满足后代的需求。土地可持续利用包括土地资源本身的高效可持续利用和土地资源与其他资源的共同持久发展两个方面的内容。土地资源可持续利用主要：1）土地资源数量配置与土地资源的总量稀缺保持一致；2）土地资源质量组合与土地资源禀赋相适应；3）土地资源的时间安排与土地资源的时序性相当；4）土地资源配置反映地区特点等方面主要内容（周宝同，2001）。

低碳土地利用是以土地可持续利用理论为指导，改变"高投入、高消耗、高污染"的发展模式。土地可持续利用理论与低碳与可持续发展相结合，强化环境保护和环境建设，改善土地利用生态环境，以实现土地资源的生态、社会、经济与环境的协同发展。因此，土地可持续利用理论是低碳土地利用的理论基础。

土地资源作为不可再生资源是人类生存和发展的基础，土地可持续利用理论提倡高效配置，利用各部门用地需求，优化土地利用管理制度，提倡土地经济、生态与文化利用相结合，走土地利用的规模化、集约化和生态化相结合的发展道路。目前，由于土地利用不合理造成水土流失、土壤污染、土地沙化等生态环境问题日趋突出，城市化进程中大量农地转为建设用地，导致生态用地减少，能源消耗增加温室气体排放，生态环境保护受到威胁这种严峻的人地关系背景下，如何通过调整用地结构，合理控制建设用地规模，集约高效用地等措施实现低碳土地利用模式成为目前研究的重点。

（2）生态环境价值理论

长期以来人类一直认为"资源无限、环境无价"，没有认识到生态环境价值问题。随着生态环境问题的日益突出，生态环境的价值逐渐被人们认识。师红聪（2013）认为，生态环境价值论是一种将西方效用价值论和马克思的劳动价值论相结合的新的价值体系。生态环境价值主要体现在生态系统服务功能上，生态系统服务功能指的是人类从生态环境中获得包括生态环境的供给、调节、文化和支持功能等各种效益（Erie，E，Lambin，B. L，Turner，2001）。生态环境价值理论要求我们在生产生活中，不仅要考虑人类的利益，同时要统筹考虑生态环境、生态系统的价值，要尊重自然规律、保护生态环境。过去人们对土地价值的认识集中在土地的社会经济价值，较少考虑土地生态环境价值，导致建设用地面积迅速扩张，林地、草地等绿化土地面积锐减，加剧了生态环境的破坏，进一步影响了人类的健康及和谐社会。近年来，人们逐渐认识到人类活动本身是导致生态环境恶化的主要原因，并深刻认识到生态环境的价值以及生态环境保护的重要性。生态环境价值论将人与生态系统作为一个有机整体，统一考虑其内在价值，是调整土地利用结构、优化土地资源配置，实现土地的社会经济价值、生态环境价值的重要理论基础。

（3）土地优化配置理论

土地资源的优化配置和土地资源的集约利用研究的基础是相通的，都是以系统控制理论、景观生态理论、可持续发展理论为前提的。对于城市而言，土地优化配置是为了实现土地利用的社会、经济和生态效益的最大化，在一定的社会经济、技术条件下，依据土地利用特性和发展需求，采取一定的科学技术、管理方法，改变土地用途或者对土地利用结构进行科学合理的配置，以达到土地的优化配置和最佳使用。

土地优化配置的主要包括4个方面的内容：1）土地利用结构优化；2）土地利用格局优化；3）土地节约集约配置；4）土地利用优化配置效益。土地利用结构优化是确定在土地上的各行业和各经济职能之间的分配，及各类用地的构成和组合关系。

土地利用空间格局优化是依据区域土地空间分布规律，在土地利用现状的基础上来调整土地利用分布，使空间格局更加合理。土地节约集约配置是土地资源优化配置的重要标志，现阶段土地资源优化配置主要是通过有效利用现有土地资源，提高土地节约集约利用程度，提高单位土地利用效率和效益来实现的。土地利用优化配置效益是充分发挥土地资源的优势，考虑土地资源的利用方式，提高土地资源配置的综合效益。通过土地利用结构调整和优化配置，促进土地的低碳利用，实现土地利用的生态、社会、经济价值最大化。

**2. 土地利用碳源碳汇相关理论**

农业生产、森林草地的退化、城市建设以及土地利用方式的变化等人类活动深刻影响着陆地生态系统的碳循环，是导致全球碳排放增加的主要因素。因此，这些人类活动对生态系统的影响程度到底多大，如何精确估算和量化这些活动的碳排放价值以及估算这些变化对于陆地生态系统的碳平衡的影响程度，有助于为全球碳源碳汇的研究提供量化的参考，并且为生态系统的可持续发展提供科学依据。

目前，对于碳排放量的估算主要有三种方法，即实测法、物料衡算法和排放系数法等。实测法主要是采用相关检测手段和计量方式来计算碳排放总量；物料衡算法是根据质量守恒定律进行定量分析的一种方法，排放系数法则是通过收集相关统计资料和数据，以政府间气候变化专门委员会（IPCC）和我国的《气候变化国家信息通报》等温室气体清单为依据，计算与碳排放相关的各种活动的碳排放系数与相应活动量的乘积而得到。

谭丹，黄贤金（2008）测算了我国东、中、西三大地区的碳排放总量，应用灰色关联度法解释了地区之间碳排放的差异性。研究结果表明，无论是碳排放量还是碳排放增速都是东部最大，其次是中部和西部。刘英、赵荣钦等（2010）构建了土地利用碳源/汇研究的理论框架和计算模型并且从土地利用的角度分析了碳源/汇的影响因素，研究对 1999～2008 年河南省不同土地利用方式的碳源/汇状况及其强度进行了分析。孙建卫等（2010）基于政府间气候变化专门委员会（IPCC）温室气体清单方法，构建了基于温室气体清单的碳排放核算框架，同时收集了我国各行业的相关统计数据资料，计算了我国 1995～2005 年间的碳排放；同时还运用因素分解方法进行了碳排放量及强度变化因素的时间序列分析。杨勇（2007）等运用 IPCC 的碳排放计量方法对天津市 2008 年主要领域的碳排放量进行了核算。

国内外学者对土地利用的碳源碳汇进行了研究。R. A. Houghton（1999）对美国土地利用变化所产生的碳效应进行了测算，结果表明在 1945 年以前由土地利用变化产生的向大气中释放的碳为 27±6Pg，而其后由于一些森林火灾的及时扑救以及在已经撂荒的土地上进行栽种植被，只累积增加了 2±2Pg 的碳。20 世纪 80 年代，由土地利用和管理所产生的净碳通量（净碳排放量）抵消了 10%～30% 的因化石燃料燃烧而排放的碳。

M. A. CASTILLO-SANTIAGO（2003）利用土地利用基础数据和高分辨率的遥感影像，以 1975～1996 年间南墨西哥恰帕斯的时间序列数据为基础，对该地区土地利用变化进行了定量化分析，并在此基础上建立了两个分析矩阵测定了森林砍伐、碳排放和土地利用变化的潜在影响因素的相关性。Canan & Crawford（2006）认为城市化带来的土地利用变化是造成了林地的退化、耕地的减少、城市基础设施的扩展、农业扩张和木材加工业的增加的主要原因，同时也带来了碳排放的增加。Koemer & Klopatek（2002）以美国凤凰城为例，对自然荒地和人工开垦用地的碳密度与人为因素造成的碳排放进行了测算，并且对干旱区城市人类活动引起的土地利用变化和碳排放进行了计算并借助地理信息系统工具对所测算的数据进行了空间分析。

Hankey & Marshall（2010）根据美国最新的城市扩展规划，基于情景分析方法，设计了美国城市的 6 种不同的扩展情景，研究了城市形态对交通工具产生的碳排放量的影响，结果表明，紧凑型城市的碳减排潜力达到 15%～20%。

国内一些学者对土地利用的碳源碳汇也进行了研究，例如，陈广生，田汉勤（2007）认为不同区域内部自然状况及社会、经济条件不同，会导致区域内各种土地利用类型的碳储量、碳通量都存在较大差异，土地利用变化对碳循环的影响强度、区域差异、碳源/汇等问题仍存在较大的空间差异和不确定性。顾凯平（2008）等通过植物分子式的方法对我国的森林碳汇量进行了估算；刘国华，傅伯杰（2008）等分析了我国森林碳储量、碳循环以及其对全球碳循环和碳平衡的影响；朴世龙等分析了我国草地植被生物量及其空间分布格局（朴世龙，2004）；方精云等（2007）对 1999～2000 年中国陆地植被碳汇进行了总体估算，得出了森林、草地、灌草丛等各种植被类型的碳汇能力；Guoliping 等对中国水稻土的温室气体排放进行了分析（Guo L P，2001）；李颖等研究了江苏省土地利用方式的碳源碳汇（李颖，2008）；赖力，黄贤金等（2011）采用 IPCC 的清单方法对中国各个省区的碳蓄积、碳汇以及各种土地利用方式造成的碳排放进行了定量测算和分析，并与国土空间规划方案的碳源碳汇对比，提出了区域土地利用结构优化的方案，认为土地利用结构优化方案的碳减排潜力约为常规低碳政策的 1/3。其中，方精云和朴世龙建立并完善了我国陆地植被碳储量和土壤碳储量的研究方法，并且在系统研究了大尺度下中国陆地生态系统的碳储量及变化，得到广泛认可和应用。

对于不同土地利用类型，其碳排放效应存在显著差异。建设用地在很大程度上增加碳排放，而林地则能补偿人类能源活动产生的碳排放。另外，土地利用方式变化带来的碳排放也有所差别，一般来说林地转化为建设用地、草地或农田会造成碳释放；反之，退耕还林、还草及开展土地复垦和整理则会增加碳汇。

**3. 生态足迹相关理论**

生态足迹模型是加拿大 William Rees 教授于 1992 年提出的一种以土地为度量单位的生态可持续性评估方法（William，1992），后经其博士生 Wackernagel 完善的一种度量人类对自然资源利用程度以及评估区域可持续发展程度方法。

生态足迹，又称生态占用，指特定区域内一定人口的自然资源消费、能源消费和吸纳这些人口产生的废弃物所需要的生态生产性土地面积。表示人类社会发展对环境的生态负荷的大小，生态足迹越大，表示人类对生态环境的破坏越大。根据以上几种土地类型，生态足迹分为耕地足迹、林地足迹、草地足迹、渔业用地足迹、建设用地足迹、化石能源用地足迹（郑怀军，2013）。

生态足迹模型一经提出，因其很好地反映了经济发展对生态所带来的压力机生态承载与压力之间的对比，而得到学者的广泛应用。徐中民，张志强（1999）等学者将生态足迹模型引入中国并开展实证研究，由于其具有较完善、科学的理论基础和简明的指标体系，以及普适性的方法，很快成为国内新的研究热点。目前，生态足迹方法应用范围从全球、国家到区域、城市、企业、学校甚至个人，行业生态足迹测算研究也得到了较快的发展。

Wackernagel（1997）对全球 52 个国家和地区的生态足迹进行了测算，人类的生态足迹已经超过了全球生态承载能力的 35%，而且，经济越发达的国家生态赤字也越严重。其中，美国人均生态足迹最大，中国也处于生态赤字状态。世界自然基金会（World Wide Fund for Nature，WWF）也利用生态足迹模型测算了全球 1960~2002 年的生态足迹和可利用的生态空间，估算了 1961~1999 年世界主要国家的生态足迹（2004）。

在我国，徐忠民，张志强（2003）依据 1999 年数据率先对中国生态足迹进行了计算。陈成忠等（2008）对 1961~2001 年的中国人均生态足迹进行分析。此外，由中国环境与发展国际合作委员会，世界自然基金会，中国科学院地理科学与资源研究所等分别于 2008 年、2010 年、2012 年发布了三份《中国生态足迹报告》，其对中国及各省份的生态足迹、生态承载力进行了计算、比较和分析。

随着生态足迹模型研究的不断深入，出现了在省级行政区和城市层次的研究，后来发展到对县域、镇等更小的行政区域进行研究分析，再发展到对微观尺度的研究，如企业足迹、校园足迹、个人足迹的研究等，并出现了特定产业/部门生态足迹研究，如旅游生态足迹、交通生态足迹、污染足迹等。另外，生态足迹的计算方法也被诸多学者结合实际应用进行改进和完善，将生态足迹方法与投入产出法、能值法和成分法等分析方法相耦合，并结合 GIS 和 RS 的应用，对生态足迹研究的时间和空间尺度进行拓展。例如，曹淑艳和谢高地（2007）用投入产出方法分别计算江苏省和中国的生态足迹，刘淼等（2008）结合能值分析方法对生态足迹进行改进，提出能值足迹法。

**4. 低碳土地利用相关理论**

探索低碳的土地利用结构、规模和方式能在很大程度上降低人为碳排放的强度和速率。国内一些学者和研究机构近年来开展了低碳土地利用优化的研究与探索。潘海啸（2010）指出我国的快速城市化进程中，资源与环境面临巨大的挑战，城市的土地利用发展模式必须得到控制，并且从土地利用的视角对低碳城市的空间布局理念进行了详细论述。张泉（2009）对国内外低碳建设理论和实践进行了总结，指出低碳城市规划主要应该关注城市形态、土地利用和城市发展、能源利用等方面，并针对低碳城市评价指标进行了探讨。郑伯红等（2013）对新疆乌鲁木齐西山新城低碳空间优化研究中，构建了不同碳排放情景模式，模拟不同规划方案碳排放动态情景，提出优化对策与建议。黄贤金（2010）认为：应通过土地资源时空配置、结构优化、规模控制、功能提升等方面有效地引导以土地利用为载体的经济社会发展方式的转变，从而推进低能耗、低排放、集约化的低碳土地利用发展方式。

游和远，吴次芳（2010）从能源消耗的角度，对30个省市的土地利用碳排放效率进行了研究，同时对26个碳排放效率非DEA的省份进行了优化，并从土地利用能源投入和对土地资源的产出配置角度进行了对策设计。王佳丽等（2010）采用数据包络分析法，对江苏省13市新一轮土地利用总体规划的用地结构的相对碳效率进行了评价，研究认为规划有助于提高区域土地利用结构的相对碳效率。汤洁等（2010）基于碳平衡的视角，利用实测数据结合遥感影像数据对吉林省通榆县土地利用结构进行分析，测算了土地利用/覆被变化对碳储量的影响，并在此基础上应用线性规划方法对土地利用结构进行优化。

余德贵，吴群（2011）建立了区域土地利用和低碳优化动态调控模型，并以江苏省泰兴市为例进行实证研究。汪友结（2011）从低碳的视角，建立城市低碳土地利用的概念模型，并初步分析了城市土地低碳利用的内部静态测度与动态调控机制。杨立等（2011）根据能源总量、土地利用现状数据和碳排放（碳吸收）的相关系数，估算了曲周县碳源和碳汇量，并采用GIS叠加分析法对土地利用现状各用地类型的碳汇适宜性进行了分类，进而以碳平衡为目标，对土地利用结构进行了调整和优化。何国松等（2012）通过对目标函数加入新的变量，采用改进的灰色多目标线性规划方法，对武汉市土地利用结构进行了优化研究，得出了在进行优化时应适当限制建设用地的大幅度扩展，适度退耕还林。

卢珂，李国敏（2010）认为，要建立面向低碳发展的土地利用模式，一方面应对城市功能区进行合理布局，优化城市土地利用结构和空间布局方式，另一方面应构建低碳生态化的土地利用模式，保护自然植被和原始地面。陈从喜（2010）认为我们必须从土地利用结构、规模、方式、布局等方面全面增强碳汇能力减少或抑制碳源的过快增长。通过低碳土地利用优化，要达到以下目标（赵荣钦，2010）：降低土地利用碳排放强度，实现土地利用的节约集约利用；增强土地利用的碳汇功能，控制建设用地规模；减少土地利用的能源消耗。形成低碳的土地利用方式和布局。通过土地利用结构优化实现土地利用的碳减排和调控目标。

综合国内外相关研究，多集中在低碳土地利用概念和内涵、城市土地利用与低碳城市、低碳土地利用模式及保障措施、低碳土地利用评价和模拟等方面。

针对低碳土地利用的概念，彭欢（2012）提出"低碳经济型土地利用"，认为低碳经济型土地利用模式就是兼顾"低碳"和"经济"，减少土地利用直接碳排放、间接碳排放；蒲春玲（2011）提出"低碳与环境友好型土地利用模式"，认为低碳土地利用本质是通过土地利用方式转变来实现碳的动态平衡及经济价值、社会价值、生态价值协调统一。赵荣钦（2010）提出低碳土地利用四大目标：降低碳排放强度、增多碳汇功能、减少能源消耗、形成低碳土地利用方式和布局，增加土地碳吸纳能力，实现土地的低碳经济型利用。

赵荣钦等（2010）结合国内外低碳经济和低碳土地利用的研究背景和实践，分析了不同土地利用方式的碳排放效应；从低碳土地利用原则、模式和对策、目标三个方面构建了低碳土地利用模式研究的理论框架，重点从土地利用结构、规模、方式和布局等方面提出了低碳土地利用的模式和对策建议，着重分析了低碳循环型农业、紧凑型城市和生态工业园等三种低碳土地利用布局方式；并提出了低碳土地利用研究的未来趋势，即区域低碳土地利用路径的差异研究、编制低碳土地利用规划、低碳国土实验区的开发和建设、低碳土地利用综合效益评价等。

目前，关于低碳土地利用的研究主要集中在实现土地低碳利用的措施和模式上，而对于低碳土地利用概念和内涵尚无统一理解，对低碳土地利用评价、预测和优化研究甚少。

### 1.2.2 碳源碳汇研究综述

#### 1. 国外碳源碳汇研究进展

到目前为止，许多发达国家已经有所行动，已经开始展开低碳城市建设相关活动，不仅在能源结构，清洁能源开发以及低碳政策法规等方面开始约束大规模城镇化建设，在低碳城市土地利用格局方面也已经有所建树，正在建设未来符合低碳城市空间发展的道路上一步步前进。

（1）低碳观念的初始阶段

从1980年开始，全球范围内已经召开多次生态环境会议来讨论关于气候变化对于生态环境产生的危害应对策略。经历多年的会议探讨，最终在1990年达成一定共识，开展气候变化应对措施，以求达到降低城市总体能源碳排放的目的。在两年后的二月，联合国环境组织通过决议草拟一份关于环境保护的国际合约，即《联合国气候变化框架公约》。但是，由于当时国家对于环境保护意识薄弱，对于威胁经济发展的环境保护公约拒不签署，最终仅有5个国家通过，同意能源碳排放的协议。该《联合国气候变化框架公约》起草的主要目的是通过限制城市工业过度生产所引起的能源消耗导致的温室气体排放，来控制大气中产生各种由于成分比例改变而产生的气候改变，最终保护地球生态环境，降低全球大气污染的目的。

（2）碳源碳汇监测阶段

尽管大多数国家没有签订《联合国气候变化框架公约》，但各个国家已经开始逐渐意识到大气污染对人类生存的紧迫性与重要性，并同时从低碳生态系统中的组成着手，开始通过实时监测各种类型碳元素组分。2001年美国印第安纳州立大学的雷蒙德发表了"利用微气象学方法对芝加哥城市环境的碳通量研究"的成果。文章作者运用气象学相关方法进行二氧化碳测算，得出植物碳汇初步结论，绿地植被在中午时二氧化碳浓度最低，同时夜晚二氧化碳浓度最高。同年美国的马兰德博士发表了"农田土壤碳汇变化的评价"中作者也进行了二氧化碳通量的研究，通过对15年来美国农田的碳汇量变化，用来指导农田植物的土地利用格局。

2002年美国亚利桑那州立大学的库姆等发表了《干旱城市环境人类活动二氧化碳排放的研究》。作者通过人的活动所引起的空气中二氧化碳变化作为研究对象，通过人的出行与生产生活活动对于周边环境的影响，监测出人为活动引起的二氧化碳含量变化。并借助二氧化碳监测仪器，得出不同时间不同地点的二氧化碳含量，同时基于二氧化碳数据进行相关分析，得出初步结论，人为引起的交通二氧化碳排放与呼吸二氧化碳排放占环境总体的80%左右。

至此，人们由对能源碳排放的关注首次开始转向生态系统中各组分的碳排放与碳吸收的关系研究，而且相关研究手段更加精细。

（3）土地利用与碳排放结合阶段

英霍夫等（2000）和米莱西等（2003）在相关研究中就认为："城市自然绿地转变为城市建设用地，可对大气总体碳库产生很大的影响，会直接导致温室气体排放不均"。

在碳排放与土地利用方面，英国是针对气候变化开始实施措施的先驱，主要是由于英国是最先产生"工业革命"的国家。近年来气候变化对地球影响越来越大，故英国率先开始实行气候变化应对策略，也是最先实践低碳城市空间规划的国家，同时在2008年通过各项研究最后正式通过《气候变化法案》，并逐渐完善。

英国的城乡规划协会（TCPA）针对城市中不同类型地区的实验监测数据，提出了"不同种类的城市空间形态类型需要有相应的低碳规划措施"。格莱泽和卡恩认为"城市规划对土地利用的方式与城市人居能源碳排放呈负相关关系"，这个理论表明了土地利用约束程度越高，人居生活水平越低，城市整体经济水平越低。

（4）城市空间形态与碳排放结合阶段

布冯等（2008）以马来西亚为例研究了城市各类产业能源消耗与城市形态的关系。通过对各类研究总结发现，"如果在城市中形成高度紧凑的空间，可以有效减少人们因为工作与商业出行所产生的里程数，从而减少出行所引起的能源排放问题，所以发展紧凑型城市空间具有一定的优势同时也具有可行性"。而在同年科学家尤因等也总结了"城市土地利用格局可以从电力与热力远程输送与城市热岛效应等三个途径来减少城市能源碳排放问题"，而这三种途径的根本原因是能源燃烧所产生的能源消耗，这三种方式相互结合共同影响城市空间形态。

（5）对全球碳汇空间情况实时关注阶段

"全球森林监察（Global Forest Watch）"软件是谷歌公司在2014年最新推出的地图监测应用软件，它可以实时显示全球森林的覆盖情况。地图数据将有多个来源，其中包括了NASA研究的森林面积覆盖率的分析数据。对于这项研究，谷歌公司表示，由于人类的不断破坏，全球的森林覆盖面积仍在不断减少，谷歌地图推出这个功能是为了让人们更加真切地了解到现今这个严峻的情况。

针对这项软件的广泛应用，世界资源研究所（WRI）相关官员表示，"全球森林监察"地图在以后将成为提高人们保护森林意识的一个重要工具。同时他还建议，全球各国各地的政府、相关执法机构以及自然资源保护论者都能够好好利用这一地图软件，并依此做好当地土地资源的监控工作，实时关注当地绿地资源现状，并采取对应的措施来减少全球森林面积不断缩水的事情发生，图1-3为北京周边森林覆盖情况图。

图1-3　北京周边森林覆盖情况图

图片来源：网络。

通过该系统数据显示，我国的森林覆盖面积达2.07亿$hm^2$，覆盖率为22%，与国家林业和草原局发布的数据非常相近，说明该系统还是有一定准确性的。从数据可以看出，由于近年来我国政府和相关民间组织的植树造林计划已经取得了很大成效。从2005~2010年的这短短6年时间，中国森林面积增加了300万$hm^2$，不过，就全国将近14亿人的人口而言，人均森林资源仍非常低。

**2. 国内碳源碳汇研究进展**

（1）初始阶段

我国古代的"风水学"研究是最早的关于土壤、空气、河流等生态环境的研究，"风水学"研究由来已久，在"风水学"理论中，中心思想是追求"天人合一"的境界，其精髓就是让大自然与人融为一体的哲学思想。"风水学"理论包含了古代人们对大自然的无限崇拜，并在建筑中也显示尤为明显，在住宅选址的过程中，按照"天人合一"的思想将住所选在依山傍水的地势环境中，也是对于古代"风水学"的尊崇与遵循。

（2）碳源碳汇研究起步阶段

国内开始对碳源碳汇的研究，起步相对比较晚，但方精云在这方面做出了一定的贡献。在2000年高等教育出版社出版了其主编的《全球生态学—气候变化与生态响应》一书，成为开启国内开始关注气候变化的先驱。

在书籍出版的第二年，方精云就结合多年的理论成果，发表了"中国森林植被碳库的动态变化"研究。作者利用改革开放20多年间的七次森林资源调查资料，采用总结的生物量换算的相关方法，从而推算了森林碳储备的数据，从而针对中国森林植被的源汇功能进行分析，得出相关结论。方精云是中国开始研究森林碳汇较早的专家之一，通过国外对碳排放关注多年的成果，各专家开始将目光由碳源转向绿地碳汇方面，并产生了较大的研究成果，有力地推进了中国在能源碳排放与绿地碳汇方面的研究进展。

由此之后的相关研究开始丰富起来，2002 年中国科学院遥感所王绍强等发表了"东北地区陆地碳循环平衡模拟分析"。作者运用遥感和地理信息技术分析了东北地区植被相关情况，得出关于东北地区的绿地植被与土壤中的碳密度值，进而通过生物量因子法计算出植被和土壤中的碳含量数据。同年北京林业大学的马钦彦等也发表了"华北地区主要森林类型含碳率分析"。

（3）城市空间结构与碳排放

从 2008 年开始，关于城市空间结构与能源碳排放关系开始更加紧密，潘海啸等理论研究认为"城市空间结构与能源碳排放相互结合可以对于城市经济发展产生一定的制约作用"，并在城市能源碳排放的基础上，从城市总体规划、区域规划与控制性规划三个层次对城市规划的编制与修订方法进行调整，同时在城市交通系统布局方面，城市功能区布局等方面进行细化调节。

同年郭晶在城市产业结构调整与城市总体格局方面，重点探讨了"城市空间结构的调整优化对于城市产业发展有重要作用，同时为城市整体产业发展的基础设施，低碳土地利用格局优化是城市经济发展"的重要依据。

在城市空间结构的研究中，潘海陈提出"低等的城市空间结构"，分析了城市交通运输领域对于城市空间结构所产生的影响，认为城市立体空间可以有效地缓解城市发展对环境产生的压力。

（4）土地利用与紧凑型城市发展阶段

2008 年李颖等以江苏省为例分析了土地利用方式的碳排放效应，分别计算分析了江苏省工业化、城市化快速发展的 10 年间，城市规划指导下的主要土地利用方式所产生的能源碳排放问题。

在 2009 年，王冗等在深圳生态城市规划实践研究中，提出了将紧凑集约利用土地与土地利用兼容控制相结合研究，这种土地利用中的功能区相互穿插结合可以有效整合城市生态空间。

到 2010 年，碳源碳汇理论开始跟城市布局结合阶段，周潮等提出"通过城市碳信息与城市空间形态的关联性，提出紧凑型城市发展策略，认为交通空间的优化是城市低碳空间优化的有效措施。"同年龙惟定等则认为低碳城市形态的主要特征也是"紧凑型城市"。

到 2012 年吴正红等发表文章认为"紧凑型城市也是现今提倡发展的城市空间形态措施，在政府职能指导下，紧凑型城市空间是合理的、符合时代现状的城市规划方式，也是城市研究中值得提倡的布局方式，是符合城市发展研究的，同时节约土地利用，也可以减少城市碳排放"，以后的各项研究显示紧凑型城市形态是现代城市发展中可以推行的布局措施。

（5）发展"零碳城市"阶段

提出"零碳城市"的概念原因是城市发展速度的加快导致温室气体中的二氧化碳浓度过高。近年来气象学研究显示，20 世纪以来全球平均温度已经上升了 0.6℃。温度的持续升高直接导致两极冰川融化、海平面上升等自然灾害的发生。

### 1.2.3 存在的问题与趋势

综上所述，城市土地利用格局与碳排放关系研究仍处在起步阶段，各类方法还在逐步完善中。但从现有的研究方法看，相应研究已从初始的纯定性研究转为定量研究，从单一城市要素的研究转为多要素综合研究。现有研究多通过定量分析的方法探讨城市空间形态与碳排放的关系。因此碳排放的测算和城市空间形态测度是相应研究的基础工作。由于碳排放源头多，相应的监测刚在发达国家开始试点，碳排放的估算与度量方法一直是学者们讨论的热点。通常可以通过经济数据、能源消耗数据等，采用统计分析、系统分析等相关方法对碳排放量及预测进行估算。我国碳排放的构成中，工业排放占很大份额，而工业部门间碳排放系数差别较大，因此工业部门碳排放的估算很受重视。如，张德英采用系统拟真的方法对我国工业部门排碳量进行了估算。王雪娜总结了目前能源类碳源排碳量的研究现状，引入系统动力学的概念，针对社会能源类碳源排碳和交通运输部门的能源类碳源排碳进行了分析和建模。马忠海估算了我国煤电能源链、核电能源链和水电能源链的温室气体排放系数，并对水电站水库水体在不同季节的温室气体排放进行了实际测量。在以上研究的基础上，仲云云、仲伟周（2012）通过计算 1995～2009 年我国 29 个省市的碳排放量，研究了各地区碳排放增长的 9 类驱动因素，揭示了我国碳排放的区域差异特征，其中人均 GDP 是促进碳排放量增长的决定因素，而产业部门能源强度的下降则是抑制碳排放增长的主要因素。

## 1.3 研究目的、方法及内容

### 1.3.1 研究目的

#### 1. 构建区域碳源碳汇分析方法

在传统生态规划的框架体系下引入低碳理念，从碳源碳汇空间分布的角度辅助城市生态规划，建立空间优化格局。由于我国的城市规划体系是在促进经济发展的基本前提下构建起来的。尽管近年来，城市规划逐渐加强生态建设、环境保护等目标的建设，但在城市规划理论和指标体系中，没有将能源消耗、碳排放量、碳汇量等作为限制性要素。应用GIS 技术，在遥感影像解译的基础上，提取空间信息、量化生态指标，结合社会、经济统计数据，从碳平衡理论出发，根据研究区实际状况与相关研究成果，选择几种要素作为城市空间的生态约束条件，制作空间分布图，相互叠加，并结合碳源碳汇的量化计算形成建立在碳源碳汇土地利用格局的基础上的区域碳平衡优化方法。

#### 2. 建筑容量提取技术的应用

对于城市碳排放的量化计算研究，从 2000 年就已经开始，主要是集中在城市各类建筑的二氧化碳的排放量计算上，但是关于碳排放如何对城市土地利用格局的影响关系，以及在空间布局上如何指导城市生态格局以进一步指导城市规划的研究几乎没有。

本书以城镇群动态监测和空间规划关键技术集成示范为目标，研究城镇群建设容量提取技术，从城市群区域空间监测、低碳规划布局将研究成果在辽中城镇群进行集成应用示范，为我国城镇群土地利用格局、功能重构、生态修复和低碳规划提供关键技术支持。

**3. 碳平衡下土地利用格局优化**

在示范区沈北新区生态规划中利用空间信息监测分析，采用定性与定量分析相结合的方法，通过对沈北新区建筑全寿命周期碳排放、碳汇固碳量的分析，基于"三源绿地"布局模式构建了沈北新区理想低碳格局，进而完成了沈北新区低碳空间规划。依据低碳空间规划对现有城市总体规划进行调整，优化了沈北新区总体碳源碳汇空间格局，调整了产业布局，有效降低了沈北新区碳排放量，为低碳城市的规划提供了理论方法和实践经验。

## 1.3.2　研究方法

**1. 遥感影像反演法**

建筑面积提取。本研究对辽宁中部城市群各城市建筑面积的提取基于高分辨率遥感影像，通过划分均质高度的斑块、提取建筑物轮廓信息和建筑投影长度信息，得到斑块内建筑物数量、建筑物基地面积以及反演得出建筑物高度等指标参数，最后得出均质斑块的建筑容量，从而得出各城市建筑面积。

均质高度的斑块划分。首先，将城市建成区内部的主要道路、次要道路、高速公路、国道、铁路等合并成为城市道路矢量线数据，再将城市建成区内部的道路矢量线数据转化为矢量面数据。通过 GIS 算法过滤掉面积极大、长度极长的矢量面数据，合并包含均质高度建筑的矢量面数据，最后只保留包含均质高度建筑的斑块矢量面数据，即均质高度斑块划分。

建筑轮廓信息提取。利用模式识别和图像分析领域的相关技术（区域标识和特征量测等）进行建筑物二维信息的提取。主要技术流程为图像预处理、边缘检测和边缘连接、去除阴影和植被、二值化、区域标识、特征量测和区域分割，最后对图像进行后期处理，矢量化入库并计算建筑物的投影面积。

建筑物高度反演。采用综合分类法、阈值分割法和边缘检测法提取建筑阴影长度。利用 eCognition 商业软件，首先对影像进行阈值分割，然后采用面向对象的方法对建筑物阴影进行分类，最后用边缘检测的方法对建筑物阴影进行边缘的细化操作，得到建筑物高度，最终得到建筑面积。应用 2013 年实地收集的不同高度的 200 个建筑物信息对结果进行验证，精度为 89%。

**2. GIS 空间分析法**

模拟辽宁省中部城市群的森林固碳潜力和速率，需对当前该区域的森林固碳状况进行合理的评估并以此进行模型参数化。需要该区域的植被、土壤固碳的详细状况和气候状况，作为最基础的模型参数化数据来源并利用生态模型模拟当前气候条件下森林的演替过程。本研究在生态系统和景观两个尺度上利用模型模拟森林植被生物量和土壤碳储量，并以此为基础分析森林固碳速率、潜力对气候变化的响应。根据树种生理属性、样点环境属性、气候变化状况利用 PnET-Ⅱ 模型模拟未来不同气候条件下不同树种的定植概率和最大潜在生物量。

**3. 景观生态学研究方法**

本书结合研究区的立地条件的空间差异和不同的植被树种、林龄组成状况划分不同的群落组成以及不同气候变化情景下的生态系统尺度上树种的定植概率和最大潜在生物量共同进入 LANDIS-II 模型的 Biomass Succession 和 Century Succession 模块进行模拟,最后得到森林植被生物量和土壤碳储量的动态。最后根据对碳储量(或生物量)的动态曲线进行微分,得到森林固碳速率;根据初始年份与碳储量(或生物量)最大值间的差异作为研究区域的固碳潜力。

**4. 多学科综合分析法**

区域空间结构演化的动态性与发展过程中各利益主体间的关系复杂性决定了不可能用单一的因素对研究对象进行系统全面的分析。利用现代地理学的地统计方法、空间计量方法、回归分析等方法,精确地拟合分析相关数据,确定城市群碳源碳汇在土地利用格局的定量关系。

## 1.3.3 研究内容

研究以基于碳源碳汇的辽宁中部城市群土地利用格局优化为研究命题,选取辽宁中部城市群为研究对象,并通过示范区沈阳市沈北地区从理论梳理、方法创新以及案例研究等方面系统地对其进行深入探究。

全书共分 10 章,具体各章节研究内容如下:

第 1 章:绪论。具体包括选题背景、研究的理论与实践意义、土地利用格局相关理论研究与碳源碳汇综述、研究目的、方法及内容以及相对应的技术路线等。

第 2 章:研究区概况及研究方法。详尽介绍了研究区概况及碳源碳汇的相关研究方法,对农田、森林碳汇方法和预案进行了介绍以及建筑容量提取在碳足迹研究中的应用进行了详细说明。

第 3 章:辽中城镇群碳源碳汇现状分析。基于遥感影像分析对辽宁中部城市群森林、农田固碳速率和潜力以及植被整体固碳潜力和土地利用碳蓄积量进行了分析计算,探讨了辽宁中部城市群碳汇的量化计算方法;依托统计年鉴等数据,采用三维建筑容量提取技术对辽宁中部城市群建筑与居民生活的碳排放进行估算,为城市群碳源碳汇的核算提供依据。

第 4 章:辽宁中部城市建成区空间形态对碳排放影响。基于 Ewing 空间形态—城市能耗框架,提出空间形态对生活性碳排放的综合影响机制。并以辽宁中部城镇群城市为例进行实证,将建成区空间形态与生活性碳排放进行回归分析,为低碳视角下的空间形态优化提供依据。

第 5 章:辽宁中部城市群碳源碳汇预案分析与调控。基于 CLUE-S 软件对城市群碳源碳汇进行预测,并通过规划预案与低碳预案的比较探讨土地利用格局的变化趋势从而对城市群碳平衡起到指导作用,并提出城市群空间形态调控建议。

第 6 章:城市碳空间分布现状研究。将对城镇群、城市建成区的研究成果应用于城市新区,对沈北新区的碳源碳汇进行核算,并分析了沈北新区的固碳速率和固碳潜力,实证了本文研究的可操作性和可行性。

第 7 章:城市环境 $CO_2$ 空间监测方法。介绍了城市二氧化碳空间监测的方法,并应用二氧化碳空间监测对沈北新区二氧化碳时空分布规律、二氧化碳分布与用地之间的关系进行了研究。并分析了二氧化碳与环境因素之间的相关性。

第 8 章:城市环境 $CO_2$ 扩散动态模拟方法。运用 CFD 模拟技术,建立沈北新区模型，利用 FLUENT 软件对沈北新区不同尺度下水平和垂直二氧化碳扩散进行了模拟。为城市低碳空间优化提供技术支持。

第 9 章：城市低碳绿地优化布局。根据二氧化碳空间监测以及扩散模拟的结果，提出基于碳平衡理念的沈北新区规划布局和实施最佳规划方案，为碳平衡理念在低碳规划中应用提供依据。

第 10 章：城市低碳规划的总结与思考。总结论文研究的主要工作与结论，介绍研究成果的创新点，提出研究的不足之处与未来需要深入的方向。

# 1.4　研究技术路线和创新点

## 1.4.1　研究的技术路线

研究的技术路线见图 1-4、图 1-5。

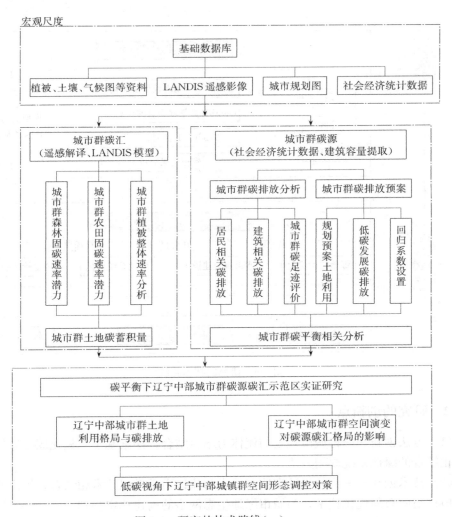

图 1-4　研究的技术路线（一）

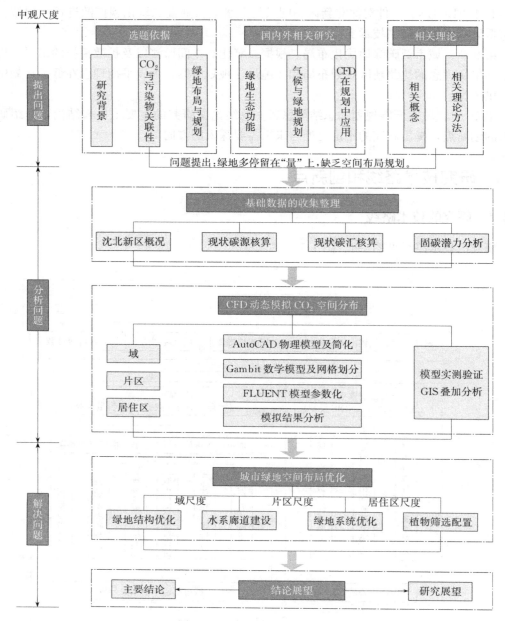

图 1-5 研究的技术路线(二)

## 1.4.2 研究的创新点

(1)方法创新——将城市规划与流体力学相结合,探索基于二氧化碳分布规律和固碳效应相结合的绿地系统规划方法;

(2)技术创新——将大气动态监测技术与流体力学模拟技术相结合,提出基于生态功能的植被空间布局优化技术,为城市绿地生态网络的构建奠定基础。

# 第2章
## 研究区概况及研究方法

## 2.1 研究区概况

辽宁中部城市群经济区是以沈阳为中心,以鞍山、抚顺、本溪、营口、辽阳和铁岭为支撑的重点区域。区域面积、人口分别占全省44%和51%,地区生产总值、地方财政收入分别占全省63%和54%。辽宁中部城市群是指以沈阳为中心,包含沈阳、鞍山、抚顺、本溪、辽阳、营口和铁岭7个城市组成的城镇密集区。

辽宁中部城市群地区在改革开放初期已经形成了中国最密集的城市地区,在全球范围内如此密集的特大和大型城市集中分布也是不多见的,成为计划经济体制创造的城市化奇迹。辽宁中部城市群的形成是工业建设、能源开发利用和中华人民共和国成立初期国家政策共同作用的结果(樊杰和盛科荣,2004)。辽宁中部城市群地区曾经在新中国工业发展史上创造了许多辉煌,为全国贡献了大量的煤炭、钢铁等自然资源,同时发达的装备制造业为新中国的发展做出了贡献。然而,进入20世纪90年代,计划经济的弊端日益显现,工业经济逐年回落,是所谓"东北现象"最集中的地区。

工业发展、能源开发等因素对辽宁中部城市群城市的土地利用格局和景观动态的影响较大,如沈阳是重工业基地,中华人民共和国成立初期工业的发展使得沈阳铁西区和大东区的城市面积增长较快;抚顺则以煤炭开采,形成城市与煤矿石山和露天矿坑共存的布局;鞍山和本溪是著名的钢都,铁矿用地、炼钢厂和矿渣用地共同影响城市的布局;辽阳是石化城,石油化工企业分布影响城市的布局;营口是港口城市,港口的发展建设影响城市的布局。辽宁中部城市群人口迅速增加,1990年总人口数为1875.82万人,2006年总人口数达到2142.09万人。辽宁中部城市群建成区面积持续增长,1990年建成区面积为567km$^2$,2003年建成区面积增长到826km$^2$,从1988~1998的11年中,沼泽湿地从景观中完全消失,居住用地面积增加,吞噬了周围的耕地。振兴东北老工业基地的国家政策对辽宁中部城市群的城市增长具有巨大推动作用,预示着辽宁中部城市群将进入一个快速的城市增长。

持续的城市增长、工业发展、人口增长等因素导致基本农田流失、林地面积减少、湿地和水域数量和质量下降、大气污染等生态环境问题,这些问题是辽宁中部城市群碳平衡的可持续发展的挑战。因此,迫切需要加强对辽宁中部城市群的城市空间增长过程和规律、碳源碳汇变化的理解和研究,提高城市群区域的城市管理水平和区域可持续发展的决策水平,统筹辽宁中部城市群的区域发展,统筹辽宁中部城市群的城乡发展,统筹辽宁中部城市群人与自然的和谐发展。

## 2.2 主要数据来源

### 2.2.1 碳源分析数据来源

土地利用数据以 Landsat TM 数据为基础，通过解译得出辽宁中部各城市土地利用类型，并在 ArcGIS Desktop 上分析得出个城市土地利用格局。

辽宁中部城市群各个城市收集了分部门、分能源品种的能源活动水平数据。部门主要参照能源平衡表分类划分；化石燃料品种主要参照国家发展和改革委员会推荐的燃料分类方法。辽宁中部城市群各个城市基于详细技术分类的活动水平数据来源包括：《辽宁省统计年鉴》《辽宁统计调查年鉴》《沈阳市统计年鉴》《鞍山市统计年鉴》《抚顺市统计年鉴》《本溪市统计年鉴》《辽阳市统计年鉴》《铁岭市统计年鉴》《营口市统计年鉴》和《中国能源统计年鉴》中有关省市能源平衡表和工业分行业终端能源消费；电力部门、交通部门等相关统计资料；具体拆分到部门如钢铁、有色、化工等行业时，根据能源分行业消费统计数据、相应行业统计数据及专家估算。

辽宁中部城市群各个城市的能源统计体系中，煤炭按照原煤、洗精煤和其他洗煤分类，并没有按照无烟煤、烟煤、炼焦煤、褐煤统计。辽宁中部城市群各个城市按照本省分煤种的煤炭产量和辽宁省煤炭调入省份的分煤种煤炭调入量按无烟煤、烟煤和褐煤来拆分，这样也可以与今后的能源统计改革保持一致。辽宁中部城市群各个城市分煤种（无烟煤、烟煤、炼焦煤、褐煤）的煤炭产量数据和详细的分煤种的调入量数据主要参照《中国煤炭工业年鉴》。由于篇幅所限，本报告列出沈阳市 2007～2014 年能源活动水平数据，同时简要列出鞍山市、抚顺市、本溪市、辽阳市、营口市和铁岭市 2010 年的能源活动水平数据，其他年份略。

沈北新区碳源统计数据主要来源于《辽宁省统计年鉴》《辽宁中部各城市统计年鉴》《中国能源统计年鉴》等统计数据。

### 2.2.2 碳汇能力分析数据来源

森林植被数据主要来源于辽宁省植被图，根据辽宁省中部城市群的植被组成，我们将研究区划分了 18 个植被类型和 15354 个群落，每个群落中各物种的林龄由各小斑中树种林龄组成信息而获得，我们以每年为单位对所有群落中的树种进行林龄归类并得到相关数据。

土壤数据来源于中国科学院南京土壤研究所制作的中国 1：100 万土壤栅格图，原始分辨率为 2km，重采样成 90m 分辨率的栅格图。本研究从中提取了辽宁中部城市群的 6 个图层：黏粒（Clay）、砂粒（Sand）、有机质（OM）、总碳（TC）、全氮（TN）和厚度（Depth）。土壤数据用于后续 PnET-Ⅱ模型和 LANDIS-Ⅱ模型的参数化。

气候数据以东北地区 96 个气象站点 1970～2000 年日均温和日降水的历史观测数据为基础，采用一元线性趋势分析和普通克里格插值等方法提取辽宁中部城市群近 30 年（1970～2000 年）的平均气候状态。并以此作为 LANDIS-Ⅱ模型初始参数化的参考基础。

　　沈北新区数据主要来源于多种数据资料，包括 5 个时相（1998 年、1992 年、1997 年、2000 年、2004 年）的 Landsat TM 遥感影像、地形图（2010 年）、沈阳城区航空影像图、沈阳城区图、沈阳市地区图（2005 年/1996～2010 年）、沈阳市城市总体规划图（2006～2020 年）等图件以及沈北新区多种社会经济统计年鉴等文字资料。

## 2.3　主要研究方法

### 2.3.1　城市群空间提取方法述评

#### 1. 均质高度的斑块划分

　　根据高分辨遥感影像，进行城市内部建筑群的均质高度斑块划分，并矢量化存储。

　　首先，将城市建成区内部的主要道路、次要道路、高速公路、国道、铁路等合并成为城市道路矢量线数据，如图 2-1($a$)，再将城市建成区内部的道路矢量线数据转化为矢量面数据，如图 2-1($b$)。

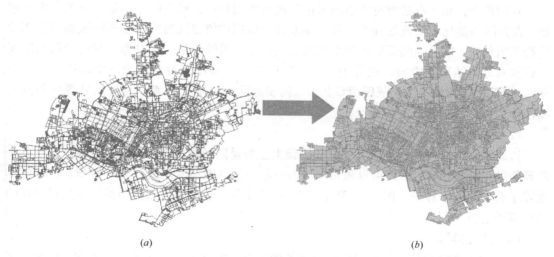

$(a)$　　　　　　　　　　　　　　　　　　　　$(b)$

图 2-1　高度斑块划分图（一）

　　依托高分辨率遥感影像并结合实地调查，对于形状、高度完全的建筑视为均质高度建筑。通过 GIS 算法过滤掉面积极大、长度极长的矢量面数据，合并包含均质高度建筑的矢量面数据，最后只保留包含均质高度建筑的斑块矢量面数据，即均质高度斑块划分（图 2-2）。

#### 2. 建筑轮廓信息提取

　　建筑物轮廓的提取利用了模式识别和图像分析领域的相关技术区域标识和特征量测等进行建筑物二维信息的提取。主要技术流程为图像预处理、边缘检测和边缘链接、阴影植被去除、图像二值化、区域标识、特征量测和区域分割，最后对图像进行后期处理，矢量化入库并计算建筑物的投影面积。

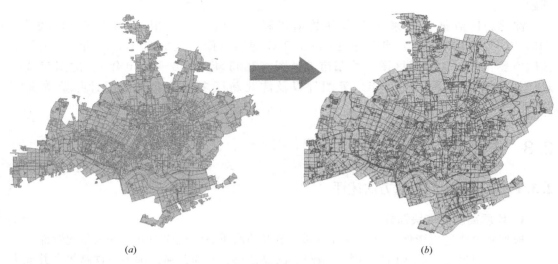

(a)                                                                (b)

图 2-2　高度斑块划分图（二）

（1）图像预处理

在图像分割前，有必要对原始图像进行适当的预处理以提高图像质量。预处理主要包括：直方图均衡化和滤波处理等。其中滤波处理采用均值滤波器或者中值滤波器对原图像进行平滑处理，以去除图像噪声和个别孤立点，改善图像质量。同时为了尽可能地去除无用背景对分割结果的影响，在分割之前，先设定一个灰度阈值（这个值要取得相对低一些），把低于该阈值的像素灰度值设为 0，初步滤除部分干扰因素。经过预处理后得到的图像作为要进行目标分割的图像。

（2）边缘检测

边缘的类型多样，在本研究的试验图像上主要是阶跃型边缘。阶跃型边缘定位于其一阶导数的局部极值点，因此可以采用图像的一阶导数（即梯度）进行边缘检测。常用的梯度算子有 Roberts 算子、Prewitt 算子、Sobel 算子等。通常可以根据图像特征选择合适的梯度算子进行检测。

（3）边缘链接

前面的边缘检测处理仅得到处在边缘的像素点。实际上，由于噪声、不均匀照明而产生的边缘间断以及其他由于引入虚假的亮度间断所带来的影响，使得到的一组像素很少能完整地描绘出一条边缘。因此，在进行边缘检测算法后紧跟着要使用边缘连接过程将边缘像素组合成有意义的缘。

（4）阴影植被去除

通过密度分割法和监督分类法基本可以获得原始图像的阴影信息，而利用归一化植被指数（NDVI）可以有效地将试验数据上的植被信息提取出来，其计算公式为：$NDVI=(NIR-R)/(NIR+R)$。对这两幅图像进行直方图分析，确定合适的阈值，得到两幅二值图像。将这两幅二值图像取"并"然后与上面边缘检测和边缘连接处理后的图像进行"与"操作，可以很好地去除图像上的建筑物阴影和植被等干扰因素的影响。

（5）图像二值化

得到经过去除干扰因素（阴影、植被）的边缘检测图像后，就要进行梯度图像的阈值化处理。借助直方图分析和人机交互的方式确定合适的阈值，可以发现目标物体（即前景）和背景内部的点低于阈值，而大多数边缘点高于阈值。然后我们将低于该阈值的像元赋值为 1，而高于该阈值的像元（即边缘像元）赋值为 0，这样可以得到黑白翻转后的结果图像。

（6）区域标识

区域标识是进行独立区域的特征量测和统计处理的关键步骤。经过初步分割，二值图像被分为一系列区域，为了进一步区分建筑物目标区域与噪声区域，需要对图像中所有独立区域进行标识，然后才能够进行区域的特征测量，提取建筑物目标。区域标识的基本思想是：第一从图像的某一位置出发，逐一像素进行扫描，对于同一行中不连通的行程（灰度相同）标上不同的号，不同的列也标上不同的号；第二是逐次扫描全图，如果两个相邻的行（列）中有相连通的形成则下行（列）的号改为上行（列）的号；第三是对标记的号进行排列，则可得到图像中不连通区域的标识序列。得到了图像中目标区域的标识序列，就可以对每一个感兴趣目标进行特征量测。

（7）特征量测和区域分割

图像的形状量测是基本的图像测量方式。通常，图像上目标区域的几何形状参数主要包括周长、面积、最长轴、方位角、边界矩阵和形状系数等。由于进行建筑物目标分割，此处选定面积特征进行目标的特征量测。根据区域标识结果，对图像中的目标区域进行面积特征量测，即计算出各个区域所包含的像素个数。选定能够度量区域大小的面积（像素数）这个特征参数来去除小目标和孤立点，留下那些最有可能是建筑物的大小合适的区域。这里的阈值选取可以根据实际情况（如图像分辨率、不同区域）做调整。

经过初步的区域分割基本可以得到较为明显的目标分割结果，但是仍然存在较大面积的阴影、道路等目标的干扰，因此需要进行进一步的统计区域分割。由于建筑物形状多样、大小不一，应该根据特定的研究需要确定适合于该类目标提取的特征。本研究利用区域凸面积与区域面积的比值判断该区域是建筑物还是非建筑物。具体方法是首先分别进行面积和凸面积的计算，得到图像中所有目标区域的两类特征值，然后进行其比值的统计计算，最后选取合适的比例系数，对图像进行统计区域分割，从而得到建筑物目标区域。

整套建筑轮廓提取过程可以商业软件 Envi5.0 的辅助下自动完成如图 2-3 所示。发现对象，并进行边缘监测，影像分割与合并。

设置阈值，包括面积（像素）、延长线、紧密度、标准差、NDVI 等。剔除干扰，得到二值化的图像（图 2-4）。

特征提取结果输出，可以选择以下结果输出：矢量结果及属性、分类图像及分割后的图像，高级输出包括属性图像和置信度图像、辅助数据包括规则图像及统计输出（图 2-5～图 2-7）。

**3. 建筑物高度反演**

建筑物高度的提取采用目前很成熟的阴影长度法，即通过高分辨率遥感影像的垂直于

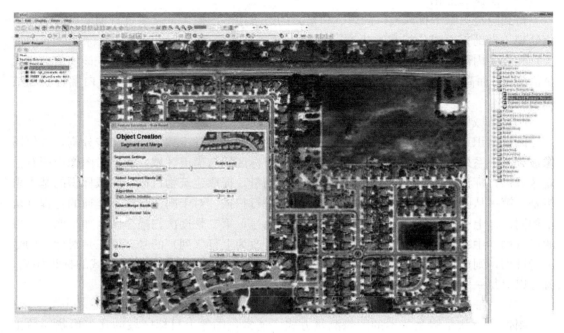

图 2-3　建筑轮廓提取图（一）

图 2-4　建筑轮廓提取图（二）

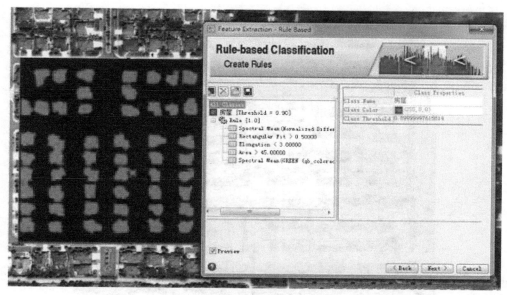

图 2-5　建筑轮廓提取图（三）

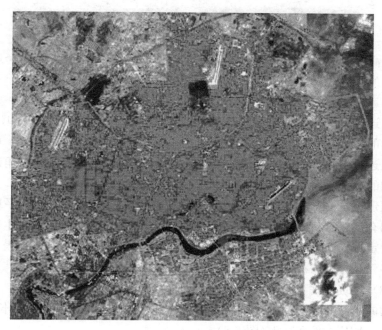

图 2-6　建筑轮廓提取总体图

建筑物阴影的阴影长度来反演。首先采用人为干扰的计算机方法来提取出垂直于建筑物的阴影长度，这种半自动提取方法需要先计算角点最近距离，然后进行长度和角度筛选，最后进行统计平均，并将提取出的阴影长度矢量化入库。接下来根据之前实测的建筑物高度来反演阴影长度和建筑物实际高度的关系系数，最后将矢量化的阴影长度乘以反演的系数得到阴影反演建筑物的高度，根据高度范围来划分建筑的层数。（说明：为了进行快速提

图 2-7　建筑轮廓提取细部图

取，每个均质高度斑块只提取其内部一个建筑物的阴影长度，也就是说每个斑块只需要反演一个建筑物的高度，从而简化模型，提高运算效率。）原理如下：

高分辨率遥感影像由于其独有的特点，使得在其上提取城市建筑物的一些基本属性信息成为可能，这些基本属性信息包括建筑物的地理位置、建筑物的高度和建筑物的面积等。而建筑物的阴影在其中扮演了重要角色，因为通过提取建筑物的阴影，可以计算其投影长度，再通过对太阳、卫星、建筑物和阴影的相对几何位置关系进行三角函数运算，进而求得建筑物的高度、面积等属性信息。

阴影提取建筑物信息的条件：（1）建筑物处于平原地带，且四周地表平坦，无地形因素的干扰，如有些建筑物，因为其地基在道路以下，其在道路上的阴影发生偏移，此种情况阴影估算肯定会受到影响。（2）建筑物外部结构比较简单，而且垂直地表。此种情况有很多，如很多建筑物屋檐都有女儿墙等，或者建筑物外形不是规则的矩形，而是呈一定的曲线形状。（3）建筑物垂直于地球表面。

设建筑物的高度为 $H$，建筑物阴影的实际长度为 $S$，建筑物阴影可见长度为 $L_2$，卫星高度角为 $\alpha$，太阳高度角为 $\beta$（图 2-8）。

如图 2-8($a$)，当太阳和卫星的方位相同，即太阳和卫星位于建筑物的同一侧时，建筑物阴影的实际长度 $S = H/\tan\beta$，遥感图像上可见的阴影长度为：

$$L_2 = S - L_1 = H/\tan\beta - H/\tan\alpha \tag{2-1}$$

可以求得这种情况下建筑物高度 $H$ 和可见阴影长度之间的公式为：

$$H = L_2 \times \tan\alpha \times \tan\beta / (\tan\alpha - \tan\beta) \tag{2-2}$$

当太阳和卫星的方位相反，即太阳和卫星位于建筑物的两侧时，建筑物阴影的实际长

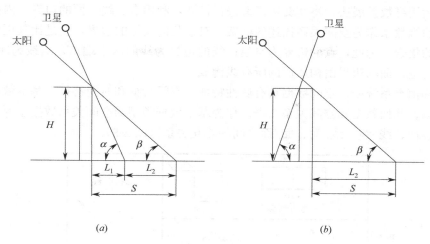

图 2-8 建筑高度反演原理图

度 $S$ 和遥感图上可见的阴影长度 $L_2$ 相等，此时 $L_1 = 0$。所以这种情况下建筑物高度 $H$ 和可见阴影长度之间的公式为：

$$H = L_2 \times \tan\beta \tag{2-3}$$

综合以上两种情况的分析可以得知通过阴影求建筑物高度的两种方法：第一，如果已知遥感卫星图片中卫星的相关参数信息，如太阳高度角，太阳方位角和卫星高度角等，便可结合遥感图像中建筑物阴影的可见长度利用公式(2-1)和公式(2-2)求出实际建筑物的高度。第二，如果遥感卫星图片的卫星参数未知，在这种情况下，同一幅遥感图像内的卫星参数信息相同，设

$$K_1 = \tan\alpha \times \tan\beta \ / \ (\tan\alpha - \tan\beta) \tag{2-4}$$

$$K_2 = \tan\beta \tag{2-5}$$

无论在哪种情况下，$K_1$ 和 $K_2$ 都为常数：

$$H = L_2 \times K_i \quad (i = 1, 2) \tag{2-6}$$

即建筑物实际高度和其在遥感图像中在太阳光投射方向上的阴影长度成正比。在这种情况下，可以通过获得当地某一建筑物的实际高度来反求 $K_i$，从而计算出其他建筑物的高度信息。前期大量的实地采样的楼高信息既可以用来反演参数 $K_i$，也可以用来监测反演的结果。

阴影的提取可以用时下流行的商业软件，基本都可以自动提取出来建筑物阴影信息，阴影的长度计算可以用分辨率乘以像元数来获得，也可以将提取的阴影信息矢量化后用商业软件来量测。

### 4. 均质斑块建设容量计算

通过之前三个步骤的积累，得到了均质高度划分的斑块以及每个斑块内部的均质高度、均质高度建筑的投影面积。

最终计算各斑块的单位面积建设容量为：

斑块建设容量＝(单体建筑投影面积×建筑高度×斑块内建筑数量)/斑块面积

首先将建筑轮廓矢量面数据转化为矢量点数据（以其几何中心为代表的点数据），接着利用判断点在多边形内部的算法即可统计斑块内部点的数量，也就是均质高度建筑轮廓数量。

因为需要统计斑块内部均质高度建筑的数量，这里参考 GIS 算法中的维数扩展 9 交

31

集模型。运用维数扩展法，将 9 交集模型进行扩展，利用点、线、面的边界、内部、余之间的交集的维数来作为空间关系描述的框架。对于几何实体的边界，它是比其更低一维的几何实体的集合。为此，点的边界为空集；线的边界为线的两个端点，当线为闭曲线时，线的边界为空；面的边界由构成面的所有线构成。

在地理信息系统中，空间数据具有属性特征、空间特征和时间特征，基本数据类型包括属性数据、几何数据和空间关系数据。作为基本数据类型的空间关系数据主要指点/点、点/线、点/面、线/线、线/面、面/面之间的相互关系（图 2-9）。

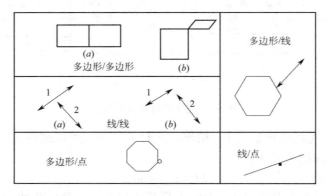

(a) 相接关系示例

(b) 相交关系示例

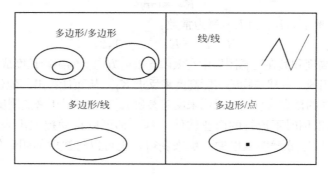

(c) 真包含关系示意图

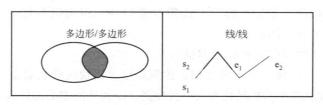

(d) 叠置关系示例

图 2-9　空间数据关系图

　　判断多边形是否在多边形内，只要判断多边形的每条边是否都在多边形内即可。判断一个有 $m$ 个顶点的多边形是否在一个有 $n$ 个顶点的多边形内复杂度为 $O(m \times n)$。

　　判断点是否在多边形内，判断点 $P$ 是否在多边形中是计算几何中一个非常基本但是十分重要的算法。以点 $P$ 为端点，向左方作射线 $L$，由于多边形是有界的，所以射线 $L$ 的左端一定在多边形外，考虑沿着 $L$ 从无穷远处开始自左向右移动，遇到和多边形的第一个交点的时候，进入到了多边形的内部，遇到第二个交点的时候，离开了多边形……所以很容易看出当 $L$ 和多边形的交点数目 $C$ 是奇数的时候，$P$ 在多边形内，是偶数的话 $P$ 在多边形外。但是有些特殊情况要加以考虑。如图 2-10(a)、(b)、(c)、(d) 所示。在图 2-10(a) 中，$L$ 和多边形的顶点相交，这时候交点只能计算一个；在图 2-10(b) 中，$L$ 和多边形顶点的交点不应被计算；在图 2-10(c) 和 (d) 中，$L$ 和多边形的一条边重合，这条边应该被忽略不计。如果 $L$ 和多边形的一条边重合，这条边应该被忽略不计。

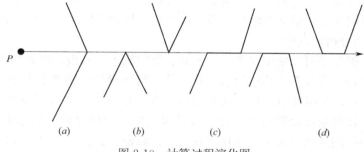

(a)　　　　　(b)　　　　　(c)　　　　　(d)

图 2-10　计算过程演化图

　　本书为了统一起见，我们在计算射线 $L$ 和多边形的交点的时候，（1）对于多边形的水平边不作考虑；（2）对于多边形的顶点和 $L$ 相交的情况，如果该顶点是其所属的边上纵坐标较大的顶点，则计数，否则忽略；（3）对于 $P$ 在多边形边上的情形，直接可判断 $P$ 属于多边形。

　　由算法原理可知判断点在多边形内比判断多边形在多边形内的算法要容易得多，故在统计斑块内部均质高度建筑数量时，只讨论其几何中心是否在斑块内部即可。首先将建筑轮廓矢量面数据转化为矢量点数据（以其几何中心为代表的点数据），接着利用判断点在多边形内部的算法即可统计斑块内部点的数量，也就是均质高度建筑轮廓数量（图 2-11）。

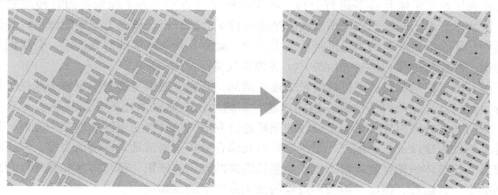

图 2-11　均质高度建筑轮廓数量图

统计好建筑数量即可进行斑块内部建筑物的随机选取工作，以斑块内部平均高度和平均基底面积作为斑块内均质高度的随机选取建筑的高度和底面积。

## 2.3.2 城市群碳源研究方法述评

"碳足迹"概念是在"生态足迹"理论和模型基础上发展起来，主要是指在人类生产和消费活动中所排放的与气候变化相关的气体总量，相对于其他碳排放研究的区别，碳足迹是从生命周期的角度出发，破除所谓"有烟囱才有污染"的观念，分析产品生命周期或与活动直接和间接相关的碳排放过程。碳足迹分析方法从生命周期的视角分析碳排放的整个过程，并将个人或企业活动相关的温室气体排放量纳入考虑，可以深度分析碳排放的本质过程，进而从源头上制定科学合理的碳减排计划（Christopher & Weber，2008）。

碳足迹研究中的主要方法有两类（Wiedmann & Minx，2007）：一是"自下而上"模型，以过程分析为基础；二是"自上而下"模型，以投入产出分析为基础。这两种方法的建立都依据生命周期评价的基本原理。各方法逐渐应用到不同尺度的碳足迹研究与特定产业/部门的碳足迹分析研究中。

不同尺度的碳足迹研究集中在个人、家庭、组织机构、城市、国家和产品等尺度。个人碳足迹是针对每个人日常生活中的衣、食、住、行所导致的碳排放量加以估算的过程。2007年6月20日，英国环境、食品及农村事务部（Defra）在其官方网站发布二氧化碳排放量计算器，让公众可以随时上网计算自己每天生活中排放的二氧化碳量；2006年以来，我国国内一些网站也公布了二氧化碳排放量计算器，让公众可以借鉴使用。个人碳足迹计算都属于自下而上类型，即依照个人日常生活中实际消费、交通形态为估算依据。另有一种计算方法是依据"自上而下"模型，如以家户收支调查为基础，辅以环境投入产出分析，计算出一国中各家庭或是各收入阶层的碳足迹的平均概况（王微等，2010）。对于家庭的碳足迹核算是国外碳足迹研究中起步较早，且相对较为成熟的内容。Christopher和Weber（2008）等运用区域间投入产出分析模型（MRIO）和生命周期评价方法，结合消费支出调查，分析了国际贸易对美国家庭碳足迹的影响。家庭尺度碳足迹研究的另一个主要方向是对于碳足迹模型的评价分析。组织机构尺度的碳足迹分析主要集中在企业和学校两个方面。

特定产业/部门的碳足迹研究多对工业碳足迹、交通碳足迹、建筑碳足迹、供水系统碳足迹和医疗卫生碳足迹等进行分析。在工业碳足迹方面，为了探索更为合理的减排途径，国外学者对不同能源发展模式的碳足迹进行了对比分析，认为若低碳能源可以替代化石燃料，那么电力产业的碳足迹将会大大减少，此外，越来越多的研究证实，金属铜和水泥的生产及使用过程会排放大量的 $CO_2$ 等温室气体。

随着源自交通工具的碳排放增长率逐年增加，研究交通碳足迹对于缓解全球变暖具有十分重要的意义。国内外学者在道路修建、车辆生产、燃料消耗等方面开展了一系列研究，然而大多数国内外关于交通领域的碳足迹研究都只是关注交通活动的某一方面，如道路等基础设施建设、车辆生产、车用燃料以及综合分析交通活动对环境压力等。但还缺乏对交通系统整体的碳足迹评价，也就是包括道路的施工、使用、破坏拆除和循环处理以及车辆的生产、运行、报废、再循环过程的全生命周期的碳排放。

建筑碳足迹多以生命周期评价（LCA）方法的基本概念和理论框架为基础，建立建

筑物能源消耗和 $CO_2$ 排放量的数学计算模型。在分析建筑生命周期时，主要以建材生产、建造施工、居住使用、破坏拆除和废建材处理五个阶段为主。用全生命周期评价法对传统民居进行碳足迹评价时，因为传统民居的建筑材料和施工工艺的独特性，其原理以及数据计算方法还有待进一步完善。尤其在数据获取方面，建立完善的、准确的、实用的建筑 LCA 数据库，对绿色建筑的研究与发展，以及传统建筑的再生都具有很大的推动作用。

碳足迹分析方法从全新视角计算与评价碳排放，对正确而全面地评估温室气体效应具有十分重要的现实意义。我国的碳足迹研究仍处于起步阶段，因此，在碳足迹的概念内涵、研究方法和尺度上均有待于进一步加强。

**1. 居民相关碳足迹模型**

居民相关碳足迹主要来源于居民生产生活中消耗的能源所排放的碳，即为能源消费的碳足迹，它反映了人类能源消费对生态空间的占用情况。

能源碳足迹源于生态足迹，是生态足迹中的一部分。随着研究的不断深入，能源碳足迹模型在原来生态足迹中能源消耗部分足迹计算的基础上进行不断改进，比较有代表性的改进模型有两种：一是尝试用区域净初级生产力来代替区域的碳吸收能力（方恺等，2010）；二是尝试用净生态系统生产力来代替区域的碳吸收能力（赵荣钦等，2010）。

本书采用基于净初级生产力的改进模型对居民相关碳足迹进行计算，具体计算模型公式为：

$$EEF = \frac{C}{NPP_{reg}} \tag{2-7}$$

$$C = \sum_{i}^{n} E_i \times f_i \times c_i \tag{2-8}$$

$$NPP_{reg} = \sum_{j=1}^{m} \frac{A_j \times NPP_j}{A} \tag{2-9}$$

式中　EEF——能源足迹总量（$hm^2$），用每年的足迹总量和人口数据可以得到人均能源足迹；

　　C——碳排放总量（t）；

　　$i$——主要能源消费种类；

　　$E_i$——第 $i$ 种能源消费量原始数据（kg）；

　　$f_i$——第 $i$ 种能源标准煤折算系数；

　　$c_i$——第 $i$ 种能源的碳排放系数；

　　$NPP_{reg}$——区域净初级生产力（$t/hm^2$）；

　　$NPP_j$——第 $j$ 类土地的净初级生产力（$t/hm^2$）；

　　$A_j$——第 $j$ 类土地总面积（$hm^2$）；

　　A——区域土地总面积（$hm^2$）。

本研究中主要考虑的土地类型包括耕地、林地和草地三种，年净初级生产力参考 Venetoulis 等（2008）计算结果：耕地为 $4.243t/hm^2$、林地为 $6.583t/hm^2$、草地为 $4.835t/hm^2$；能源标准煤折算系数和碳排放系数参考相关研究成果（史安娜和李淼，2011；蒋金荷，2011）。

**2. 建筑相关碳足迹模型**

根据城市建筑活动的全生命周期，整个建筑活动可划分为建材准备、施工和拆除三个阶段。其中，建材准备阶段碳足迹主要指因建材生产时机械的能源消耗、生产制备时的化学变化及建材从工厂运输至建筑工地的能源消耗所产生的碳足迹；施工阶段的碳足迹主要指施工中机械设备、车辆的能源消耗及建筑垃圾运输及处理过程产生的碳足迹，即包括施工中产生的能源碳足迹和垃圾碳足迹两部分；拆除阶段的碳足迹主要指建筑物在拆除中使用的机械设备、车辆的能源消耗以及建筑垃圾运输、处理产生的碳足迹。

（1）建材准备阶段

具体计算模型公式为：

$$TE = \sum_i m_i \left[ EF \times (1 - \alpha \times ESR) + IF \times (1 - \alpha) + L \times TF \right] \tag{2-10}$$

式中　　TE——建材准备阶段碳足迹（kg/m²）；

　　　　$m_i$——建材 $i$ 的消耗量（kg/m²）；

　　　　EF——建材生产中因能源消耗引起的温室气体排放因子（kg/kg）；

　　　　$\alpha$——建材在建筑拆除后的回收系数（%）；

　　　ESR——建材回收后重新生产过程中的节能率（%）；

　　　　IF——建材生产制备时因化学变化产生的温室气体排放因子 [kg/(kg·km)]；

　　　　L——建材运输距离（km），根据《中国统计年鉴》我国公路货运量占总货运量约 75%，其他为铁路运输及水运，因此假定建材运输全部采用公路运输，且运输距离为 20km；

　　　　TF——公路运输排放因子 [kg/(kg·km)]。

（2）施工阶段垃圾碳足迹

建筑垃圾中除木材外其余 4 种建材均为不可降解，同时考虑到木材的垃圾产量较少，因此木材降解产生的碳足迹忽略不计。因此，施工阶段垃圾碳足迹主要包括建筑垃圾从施工场地运输到垃圾处理地的能源消耗及垃圾处理时机械运作的能源消耗产生的碳足迹，具体计算模型公式为：

$$WE = m \times (L \times TF + EF) \tag{2-11}$$

式中　　WE——施工阶段垃圾碳足迹（kg/m²）；

　　　　m——建筑垃圾的产量（kg），采用建材施工损耗比例 $\beta$（%）计算；

　　　　L——建筑垃圾运输距离（km），参考龚志起（2004）研究结果取为 30km；

　　　　TF——建筑垃圾运输排放因子，同建材准备阶段运输排放因子 [kg/(kg·km)]；

　　　　EF——垃圾处理中机械运作的能源消耗排放因子（kg/kg）。

**3. 土地利用碳排放估算**

《2006 年 IPCC 国家温室气体清单指南》（以下简称《2006 年 IPCC 清单》）（IPCC，2006）中提到三种基于土地利用数据分析土地利用碳排放的方法：第一种是只有各期土地利用总面积，无土地利用间转化数据；第二种是有土地利用总面积和土地利用转移矩阵的数据；第三种是有空间明晰的土地利用转移矩阵的数据。本文采用《2006 年 IPCC 清单》中提到的第一种方式，计算辽宁省中部城市土地利用的碳排放量，完成土地利用直接碳排放量测算。

JPCC 于 2006 年公布国家温室气体清单指南（WMO & UNEP，2006），其中将温室气体的排放源分为能源，工业过程和产品用途，农业、林业和其他土地利用，废弃物 4 部分。

**4. 低碳土地利用评价**

（1）低碳土地利用理论基础

低碳土地利用基于土地可持续利用理论、生态环境价值理论、脱钩理论、生态经济系统理论和土地优化配置理论等提出。

所谓低碳土地利用，是指在低碳经济这一新型发展模式的要求下，土地利用应抛开单一的"经济导向型"标准，重视土地的生态价值，提高土地的利用效率，降低土地利用碳排放强度，因地制宜地采取和推广"低排放、高效率、高效益"的土地利用方式。是指以可持续发展思想为指导，以减量化、再利用、再循环为原则，通过土地利用结构调整、布局优化、集约利用，增加碳汇，减少碳源，降低碳排放，形成低排放、高效率、高效益的土地利用方式，实现土地利用碳排放降低和生态价值、社会价值、经济价值协调一致的土地功能实现的过程。具体来说，可以从"减排"和"增汇"两方面着手，减少土地利用直接碳排放、间接碳排放，增加土地碳吸纳能力，实现土地的低碳利用（刘金花）。

低碳土地利用包含：

1）以可持续发展思想为指导；

2）遵循减量化、再利用、再循环"3R"原则；

3）低碳土地利用调控通过土地资源优化配置实现，也就是土地利用结构调整和布局优化；

4）降低土地利用碳排放；

5）强调土地生态效益、经济效益、社会效益的协调统一。

（2）评价指标选取原则

低碳土地利用评价指标体系的构建是低碳土地利用从理论研究进入实践应用的重要环节，也是确定土地利用是否低碳的量化标准和指引土地朝着低碳化方向发展的重要依据。评价指标的选取要满足全明性、科学性、针对性、动态性和可操作性等要求。

（3）评价指标构建

基于低碳土地利用内涵和低碳土地利用评价指标选取原则，构建由目标层、支持层和指标层组成的指标体系。

**目标层：**低碳土地利用指数（Low-Carbon Land-Use Index，LCLUI），是为了定量反映不同区域不同时间的低碳土地利用程度的差异。该指标是反映土地自然生态、社会经济、环境质量等综合属性的指标。

**支持层：**为进一步反映区域土地利用系统各子系统低碳利用程度，以市域为研究尺度，设计了三个支持层：自然生态（Natural-Ecological Index，NI）、社会经济（Social-Economic Index，SI）、环境质量（Environmental Index，EI）。

**指标层：**指标层是具体描述每一准则层影响土地低碳利用的基础性指标。低碳土地利用模式首先要求土地可持续利用，因此采用可持续评价方法-生态足迹法作为指标构建基础，相关指标的选取多基于生态足迹模型中的生态压力以及其与社会、经济、碳排放耦合的复合指标。低碳土地利用除了要求土地集约利用，实现土地经济价值最大化外，同时提出了土地利用的目标-低碳。因此，在评价指标体系中加入土地利用碳排放相关指标。主要从自然生态、社会经济和环境质量三个方面选择，主要选择万元 GDP 碳足迹、人均碳足迹和人均碳排放量等。

（4）数据标准化处理

评价时，需要对各评价指标进行标准化处理，数据标准化处理方法主要采用极值标准化法。通过数据标准化处理，原始数据转换为无量纲化指标值，然后根据模型进行综合测评。

极值标准化方法是基于数据最大值、最小值，处理后的标准化值处于 [0,1] 间。公式如下：

$$X_i = \frac{x_i - X_{\min}}{X_{\max} - X_{\min}} \tag{2-12}$$

式中　$X_i$——指标的标准化值；

$x_i$——指标的实际值；

$X_{\min}$——指标最小值；

$X_{\max}$——指标最大值。

（5）评价模型

低碳土地利用评价模型公式为：

$$\mathrm{LCLUI} = \mathrm{NI} \times \mathrm{W_{bi}} + \mathrm{SI} \times \mathrm{W_{bi}} + \mathrm{EI} \times \mathrm{W_{bi}} \tag{2-13}$$

式中　LCLUI——低碳土地利用指数；

$\mathrm{W_{bi}}$——$i$ 指标所属支持层权重；

NI——自然生态分指数；

SI——社会经济分指数；

EI——环境质量分指数。

## 2.3.3　城市群碳汇研究方法述评

气候变化影响陆地生态系统的碳储量，研究表明陆地生态系统碳储量与气候变化有显著的正相关性，特别是末次间冰期以来，但不同区域的生态系统碳储量随气候变化具有较大差异性（吴海斌，郭正堂等.2001）。即便不受气候变化的影响，土壤和植被中的碳也会随着自然演替发生变化，李元寿等用地统计学的基本原理与方法（半方差分析）分析了青藏高原高寒草甸区土壤有机碳的变异特性（李元寿等 2009）。

陆地生态系统碳储量及其变化除了受气候变化及其自身演替的影响，受人类活动影响越来越显著。国内外多位学者的研究表明人类对自然资源的开发利用及开发利用方式对有机碳储量的变化和陆地生态系统碳循环的影响。de Jong 等应用 20 世纪 70 年代的 LULC 地图和 20 世纪 90 年代的卫星影像，估算了墨西哥恰帕斯 selva Lacandona 地区 3 个亚区的土地利用/土地覆被变化及其对碳通量的影响（de Jong，2000）。李家永等以千烟洲试验站为例，通过实测对比分析了红壤丘陵区不同土地利用方式对有机碳储量的变化和陆地生态系统碳循环的影响（李家永，2001）。结果表明，受人为活动干扰强烈的农田及人工草地系统有机碳储量较低。刘子刚等通过对湿地开发引起的碳释放的经济损失的估算，评价了湿地碳储存的价值及其附加效益，提出保护和增强湿地碳储存功能的经济手段（刘子刚，2002）。李凌浩综述了不合理的土地利用，如草原开发和过度放牧对草原生态系统土壤碳储量影响（李凌浩，1998）。

**1. 样地调查方法**

生物量研究的传统方法可分为直接测定法和间接测定法。间接测定法主要有二氧化碳平衡法（气体交换法）、微气象场法（昼夜曲线法）（张慧芳等，2007）。二氧化碳平衡法是将森林生态系统的叶、枝、干和土壤等组分封闭在不同的气室内，根据气室 $CO_2$ 浓度变化计算各个组分的光合速率与呼吸速率，进而推算出整个生态系统二氧化碳的流动和平衡量（薛立和杨鹏，2004）。微气象场法则与风向、风速和温度等因子测定相结合，通过测定从地表到林冠上层 $CO_2$ 浓度的垂直梯度变化来估算生态系统 $CO_2$ 的输入和输出量（张元元，2009）。

直接测定法主要是收获法，也是国内外野外样地调查最普遍的研究方法。可分为三类：皆伐法、平均木法和相对生长法（张志等，2011）。皆伐法是将一定单位面积上的林木，逐个地伐倒后测定其各部分（树干、枝、叶、根系等）的鲜重，并换算成干重，将各部分的重量合计，即为单株树木的生物量。将各个单株生物量相加，得到林分的乔木层生物量。林下植物的生物量测定也在样方单位面积上采用此法。皆伐法的精度高，但花费时间和人工多，破坏性大，实际操作中难度较大（薛立和杨鹏，2004）。平均木法是根据样地每木调查的资料计算出全部立木的平均胸高断面积，选出代表该样地最接近这个均值的数株标准木，伐倒后求出平均木的生物量，再乘以该林分单位面积上的株数，得到单位面积上林分乔木层的生物量（赵敏和周广胜，2004）。这种方法比较适用于林木大小具有小的或中等离散度的正态频率分布的林分，如人工林（冯仲科和刘永霞，2005）。根据不同的测树因子（胸径、高度、断面积、干材积）可以得到不同的标准木，因此生物量估算误差较大。相对生长法是在样地每木调查基础上，根据林木的径级分配，按径级选取大小不同的标准木，一般在株数较多的中央径级选取 2~3 株，其他径级各选取 1~2 株，需注意对两端的径级特别是最大的径级至少要选一株标准木，按前述的标准木调查方法，测定林木的各种生物量，再根据林木的各种生物量与某一测树学指标之间存在的相关关系，利用数理统计配置回归方程（薛立和杨鹏，2004）。实际操作中，常选用胸径作为代表性的测树学指标。基于传统方法而改进的生物量蓄积量转换方法（罗云建等，2009）、生物量换算因子法和连续生物量扩展因子法等（张志等，2011），更加合理地表达了森林生态系统各组成部分生物量分级信息，也被广泛地应用在森林生物量估算工作中。传统方法计算森林生物量精度比较高，但因生态系统的空间异质性，很难向大尺度推广，只适合小尺度的生物量研究（巨文珍和农胜奇，2011）。然而它为大尺度的森林生物量模型构建提供了样本数据，是大尺度森林生物量研究的基础。

（1）遥感信息参数方法

随着遥感技术的发展，在各种尺度上，多源遥感数据已经作为一种替代手段来定量研究森林地上生物量或碳储量（张志等，2011），且可以实现高精度、大面积的生物量估算。各种遥感估测的方法中，最常用到的是基于逐步回归方程的方法，即利用多光谱卫星遥感数据及相关的植被指数（NDVI、RVI、SAVI 等）与森林样地生物量建立回归关系（张志等，2011）。基于冠层反射率的雷达数据反演模型也可以和森林样地结构与地形、卫星入射角、地面属性以及卫星数据辐亮度等之间建立了更具有物理意义的联系，实现森林生物量估算（陈尔学，1999）。一些基于非参数的方法，如 K-近邻法（许东等，2008），支持向量机法（岳彩荣，2012），人工神经元网络方法（范文义等，2011）等，也被用来估测森林地上生物量。

（2）模型模拟方法

模型模拟法是通过数学模型估算森林生态系统生物量与碳储量信息的研究方法（张萍，2009）。模型是研究大尺度森林生态系统生物量的必要手段，按照模型构建机理可以分为经验模型、半经验模型、机制模型（韩爱惠，2009）。经验模型多是基于实地观测数据构建起来的数量方程，常用的 3 种类型为：线性模型，非线性模型，多项式模型（许俊利和何学凯，2009）。线性模型和非线性模型，根据自变量的多少，又可分为一元或多元模型。非线性模型应用最为广泛，其中相对生长模型 CAR 模型和 VAR 模型最具有代表性，是所有模型中应用最为普遍的两种模型（李明泽，2010）。半经验模型是在结合野外实测数据因子的基础上，考虑生态系统内部的运行机制，力图用可量化的主导因子最好地表达生态系统自然状态下的运行模式。代表性的模型有 Holdridge 生命带模型，Chikugo 模型和综合自然植被净第一性生产力模型（周广胜，1998）。机制模型主要是依据植被的光合作用、呼吸作用、分解和物质循环等过程的相互作用机理模拟森林植被碳循环。这种模型可以准确地描述在全球气候变化的情况下，各生理过程的相互影响，也可以长期地预测森林碳、水、氮等随气候变化而产生的一系列反应。代表模型有 Biome-BGC 模型，LANDIS 模型（韩爱惠，2009）。

**2. 农田生物量估算方法**

作物植被碳储量是全球陆地生态系统碳库的重要组成部分。目前我国国内估算作物植被碳储量的方法主要有：参数估算法、遥感资料反演法和环境参数模型法。

（1）参数估算法

该方法是将作物生物量通过一定的转换系数换算成碳储量。样地尺度的作物植被碳储量估算采用含碳率将作物样方生物量进行直接转换；而其余尺度作物植被碳储量的估算，则利用相关作物的统计数据及估算参数来进行估算（方精云等，2007；罗怀良，2009）。其计算公式如下：

$$S = \sum_{i=1}^{n} S_i = \sum_{i=1}^{n} C_i \times Q_i \times (1 - f_i) / E_i \tag{2-14}$$

$$D = S/A = \sum_{i=1}^{n} S_i / A \tag{2-15}$$

式中　$S$——区域作物植被碳储量（t）；

$S_i$——第 $i$ 类作物的碳储量（t）；

$C_i$——第 $i$ 类作物的含碳率（%）；

$Q_i$——第 $i$ 类作物产量（t）；

$E_i$——第 $i$ 类作物的经济系数（收获指数）（%）；

$f_i$——第 $i$ 类作物收获部分（果实）的水分系数（%）；

$n$——作物种类数；

$D$——区域作物平均碳密度（t/hm$^2$）；

$A$——区域耕地面积（$hm^2$）。

（2）遥感资料反演法

应用遥感方法可以快速获取作物植被碳储量的空间分布及其变化，估算土地利用变化对植被碳储量的影响常用此方法。该方法一般先利用高时空分辨率遥感影像估算植被生物量和净第一性生产力，然后分析土地利用对碳储量的影响（方精云等，2004；姜群鸥等，2008）。国内学者（方精云，2007）利用各省区作物平均生物量密度与相应的平均 NDVI（均一化植被指数）进行统计回归，再利用所得回归方程以及农业统计数据和各年份的 NDVI 数据，估算不同年份农业植被生物量碳密度的空间分布及时间变化。

（3）环境参数模型法

该方法是利用环境因子与陆地植被生产力之间的关系，建立模型，间接推算陆地植被生物量和碳储量变化。近年来，国内学者分别采用生态系统机理性模型（如 CEVSA）（孙睿和朱启疆，2001）、改进的光能利用率模型（陶波等，2003）、过程模型（如 CASA）（朴世龙等，2001）以及多种模型相结合（高志强和刘纪远，2008）对作物净初级生产力（碳储量）进行模拟研究。

**3. 森林土地利用模型简介**

森林土地利用的结构、功能、过程及其对外界干扰的响应是森林土地利用生态学研究的核心内容（桑卫国等 1999）。森林生态系统的分布存在着空间上的广泛性和时间上的持久性。传统的森林群落调查方法难以研究森林土地利用的演替动态以及对外界干扰的响应。森林生长及其对外界环境的变化所产生的响应相对比较缓慢，存在较长的时间滞后效应（Ma et al. 2014）。研究长时间大范围内的森林土地利用对诸如气候变化的外界环境改变存在着极大的困难。因此，森林土地利用模型的产生成为解决这一难题的重要手段。森林土地利用模型不仅需要包括森林自身生理过程和演替动态，更需要将外界环境的变化和干扰进行合理的简化，从而反映到森林土地利用结构和功能的动态之中。

森林土地利用模型是建立在对森林生理生态过程、种间竞争、经营管理、空间干扰及其交互作用理解的基础之上，结合不同生境条件、物种组成特征等信息对森林的结构、功能的动态进行模拟的一种有效工具。模型的建立不单单是为了对未来可能的情况进行预测评估，同时也是对复杂的生态过程进行简化的思维过程。在利用森林土地利用模型进行研究的时候，我们可以根据不同生态过程和外界干扰条件设置不同的模拟情景参数，并提出假设，从而回答传统森林群落调查研究方法难以回答的问题。同时，我们还可以对模型的灵敏度和不确定性进行分析，从而能够合理评价模拟结果的有效性和准确性。

模拟森林土地利用动态变化的模型很多，Horn 等（1989）把它们大致分为两大类：分析模型（analytical models）和模拟模型（simulation models），根据研究范围尺度的不同，模拟模型又分为林窗模型和空间直观森林土地利用模型（spatially explicit forest landscapemodel）。空间直观森林土地利用模型是一种在土地利用尺度上模拟异质森林土地利用的生态过程的模型，主要包含三方面的内容：（1）土地利用异质性，这是空间直观森林土地利用模型的基本特点；（2）土地利用尺度上生态过程的模拟；（3）考虑模拟对象的空间位置及相互间的作用。与其他模型相比较，空间直观森林土地利用模型具有如下优点：（1）空间直观森林土地利用模型追踪模拟对象的空间位置及其相互间的作用，加深我们对生态过程和土地利用对外界环境变化响应的理解；（2）空间直观森林土地利用模型可进行较大时空尺度上的预测评估，这是林窗模型无法实现的；（3）空间直观森林土地利用模型对多个尺度生态过程的考虑有助于进行尺度推译，比如模拟小尺度上种子传播过程对大尺度上森林土地利用变化的影响。因此，空间直观森林土地利用模型已成为研究森林土地利用动态演替的有效方法。尤其是随着计算机技术的提高以及森林生态学和土地利用生态学理论与方法的发展，空间直观森林土地利用模型大量地被应用于森林土地利用变化及其对全球变化的响应研究中（徐崇刚 2006，周宇飞 2007）。空间直观土地利用模型成为在大时空尺度上研究森林土地利用对多种全球变化及其相互作用下响应的有用手段。

（1）空间直观土地利用模型的演化过程

空间直观森林土地利用模型起源于土地利用生态学和森林林窗模型的结合。森林林窗模型源于 20 世纪 70 年代（Botkin et al. 1972）。林窗模型主要基于如下 4 个假设（Bugmann 2001）。

1）森林土地利用被简化为不同的小斑块（100~1000m$^2$）；

2）斑块内部被认为是均质的；

3）树冠层被假设为极薄地分布在树干的上部；

4）斑块之间没有相互作用。

上述 4 个假设在很大程度上简化了森林群落的结构。在计算机运算能力有限的情况下，这些假设使得对森林生态系统的模拟成为可能，从而出现了大量的林窗模型（图 2-12）。

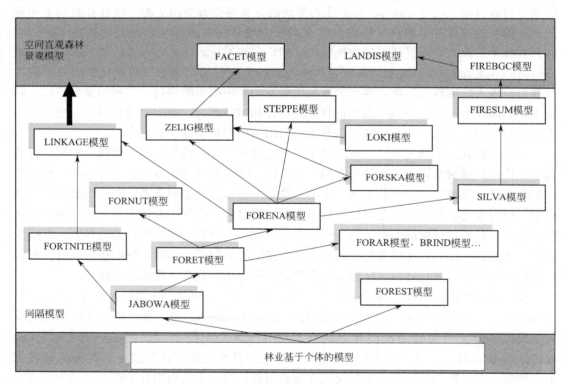

图 2-12　空间直观景观模型的发展

图片来源：Urban and Shugart 1992；徐崇刚 2006。

随着计算机技术的发展和对模拟过程的考虑加深，很多研究开始扩展林窗模型的初始假设。研究者开始引入种子传播等生态过程来模拟斑块之间的相互作用。但是，林窗模型不能模拟景观空间过程，同时也不考虑空间关系。随着景观生态学的产生和发展，林窗模型这一缺陷更加明显。景观生态学产生的一个重要原因是其对传统生态学演替顶级理论的改进和提升（Lavers and Haines-Young 1994）。在自然和人类干扰下，极少有生态系统能达到演替顶级。与传统生态平衡不同，在景观生态学中景观平衡是指在特定干扰下的景观尺度上的动态平衡状态（Turner et al. 1993）。

目前比较有影响的空间直观森林景观模型有 DISPATCH（Baker et al. 1991），CAS-CADE（Wallin et al. 1994），EMBYR（Gardner et al. 1996），FACET（Urban et al. 1999b），HARVEST（Gustafson and Crow 1994，1996，1999），Fire-BGC（Keane et al. 1995）和 SORTIE（Pacala et al. 1993，Pacala et al. 1996）等（表 2-1）。前 4 个模型仅模拟干扰或采伐单一的景观过程，不考虑植被或土地利用信息，没有对植被动态进行模拟，无法模拟森林景观对多种景观过程交互作用的响应。后 3 个模型由于受到计算能力的限制，只能在很小的空间（<100hm$^2$）上进行模拟。而且，它们无法考虑景观水平上的空间干扰过程。

部分森林空间直观景观模型的基本信息 表 2-1

| 模型名称 | 开发者 | 开发时间 | 建模地点 | 特征 |
| --- | --- | --- | --- | --- |
| Fire Gradient Model | Kessell | 1976 年 | 美国南加利福尼亚州丛林 | 最早的空间直观景观模型，模拟火干扰格局和火后演替 |
| DISPATCH | Baker | 1991 年 | 美国明尼苏达州森林 | 模拟干扰状况改变对景观格局的影响 |
| REFIRES | Davis 和 Burrows | 1994 年 | 美国南加利福尼亚州丛林 | 模拟植被和干扰动态 |
| HARVEST | Gustufson 和 Crow | 1994 年 | 美国印第安纳州森林 | 模拟不同管理措施对森林景观的影响 |
| EMBYR | Gardner 等 | 1996 年 | 美国黄石国家公园 | 模拟火干扰动态 |
| LANDIS | Mladneoff 等 | 1996 年 | 美国威斯康星州北方森林 | 模拟森演替及干扰对森林景观的影响 |
| Fire-BGC | Keane 等 | 1996 年 | 美国落基山冰川国家公园 | 模拟火干扰过程 |
| FORMOSAIC | Liu 和 Ashton | 1998 年 | 东南亚热带雨林 | 森林景观动态预测模型 |

资料来源：引自周宇飞. 景观模型初始化及空间分辨率对模拟结果的影响，Effects of Initial Assignation Approaches and Spatial Resolution on Simulation of Forest Landscape Model［D］. 沈阳应用生态研究所. 中国科学院沈阳应用生态研究所，2008.

为了能够模拟土地利用空间过程，威斯康星大学麦迪逊分校的 Mladenoff 等人结合了样地尺度上的 JABOWA-FORET 林窗模型（Botkin et al. 1972，Shugart 1984，Botkin 1993）和土地利用尺度上的 LANDSIM 模型（Roberts 1996）开发建立了空间直观森林土地利用模拟模型 LANDIS（He and Mladenoff 1999，Mladenoff and He 1999）。该模型模拟群落水平上的森林演替过程（包括种子传播、树种定植、种间竞争）、土地利用水平上的空间过程（包括火烧、风倒、采伐、病虫害等）及其相互作用。LANDIS 模型根据不同的预案设置，模拟不同土地利用过程或环境干扰驱动下的森林演替过程。模型基于栅格数据，追踪森林不同林龄组的存在与否的状态来评估森林的物种组成、生物量等状态。LANDIS 模型可以模拟较大空间范围内（$10^4 \sim 10^7$hm$^2$）不超过 100 个树种的异质森林土地利用。它的空间分辨率可在较大范围内灵活调整，象元大小从 10m 到 500m 不等。模型自开发后已在 40 多个国家和地区的研究项目中得到采用，包括美国、加拿大、英国、芬兰、瑞士、苏格兰、印度、中国东北等（Franklin et al. 2001，He et al. 2002，Pennanen and Kuuluvainen 2002）。贺红士等建立了空间土地利用模型与林窗模型无缝联合理论，并用来预测美国森林对气候变化的反应（He et al. 1999，He et al. 2002）。他们用林窗模型来逐个模拟单一树种在不同生境中对气候变化的生长响应，再将这种响应转化为土地利用模型的输入参数（树种定植系数 Species establishment probability），再利用土地利用模型模拟树种的种子扩散、生长、死亡以及对诸如林火干扰、采伐等空间干扰的响应。这种理论更加贴切森林生长的合理过程，提高了模拟的真实性与可靠性。

近年来，空间直观景观模型被广泛地应用于森林景观生态学研究中，尤其是在探索森林景观对全球气候变暖的响应（Baker et al. 1991，He et al. 1999），人类经营管理（采伐、种植等）对森林的影响（Gustafson and Crow 1994，1996，1999，Shifley et al. 2000），空间干扰（火烧、风倒等）对森林景观格局的影响（Shang et al. 2004），森林病虫害对森林景观格局的影响（Sturtevantet al. 2004a），以及景观格局设计（Perera et al. 2003，Larson et al. 2004）等研究中发挥了重要作用。同时，空间直观景观模型的模拟结果还为其他生态模型的参数输入提供参考（Akcakaya 2001）。

目前，LANDIS 模型得到了广泛的关注和应用，研究人员开始关注对已有模型的内部算法进行改进（Yang et al. 2004），并扩展了不同的模块。基于对森林生理生态过程和大尺度的空间干扰的考虑程度不同，LANDIS 模型在 2004 年以后分为了两个新的升级版本，LANDIS Pro 和 LANDIS-Ⅱ模型。LANDIS Pro 模型更加侧重于对大空间尺度上的干扰过程，而 LANDIS-Ⅱ模型则更加关注对森林生态系统生理过程以及大气-植被-土壤间相互作用关系。两个模型都在原有的 LANDIS 模型的基础框架之上开发了一系列的模块用于考虑更多的森林生态过程。两个模型目前最新的版本分别为 LANDIS Pro7.0 和 LANDIS-Ⅱ v6.0。LANDIS Pro7.0 模型的优势在于其增加了对每个林龄组中树种数量的考虑，从而可以定量地模拟森林斑块像元内树木个体的生长、死亡状况，并使得森林的生长过程得到了合理的简化，提高了计算机模型运算的效率。因此，LANDIS Pro7.0 模型的模拟范围也进一步扩大，最大可达千万公顷（Wang et al. 2014）。LANDIS-Ⅱ模型则对森林生态系统过程的考虑更为深刻，同时其结合了其他样点尺度的生态系统模型，把大气-植被-土壤过程与森林景观动态进行了有机的结合，考虑了更为细致的生理过程（Scheller and Mladenoff 2004，Scheller et al. 2008）。但也正因为如此，LANDIS-Ⅱ模型对于计算机运算能力的要求更高。在目前条件下，LANDIS-Ⅱ模型的模拟范围一般不超过 500 万 hm$^2$。

（2）空间直观景观模型的运行机制

元胞自动机（Cellular automation）理论是空间直观景观模型的建模理论依据。元胞自动机是建立在栅格阵列属性基础上的关于数学关系的建模途径。栅格模型是元胞自动机的一种表现形式，在栅格中按照地理位置来确定有机个体，从简单的邻域相互关系规则中推导出复杂的个体间相互作用的过程（Wolfram 1984）；另一种基于元胞自动机的建模途径是渗透模型（Percolation model），它来自分形维数理论和排列的空间属性，常被用于分析空间干扰在景观中的扩散及传播。目前，空间直观森林景观模型的建模水平是建立在森林景观生态学、空间干扰机制、元胞自动机理论和渗透阵列的数学方法及其相互交错影响的建模途径的基础之上的（徐崇刚 2006，周宇飞 2007）。

空间直观景观模型在模拟大范围的森林景观时，会产生大量的结果数据。这些结果都是含有地理信息在内的森林景观的结构、组成和功能的动态。为了能够高效地分析模拟的结果，地理信息系统（GIS）软件通会与空间直观景观模型结合在一起。地理信息系统通常用来储存、分析、处理以及显示带有地理位置属性的空间数据（邵国凡等 1991）。地理信息系统与空间直观景观模型进行有机结合是模型结果表现的一个基本特征，而且地理信息系统已成为空间直观景观模型的通用开发环境（常禹等 2001，Pennanen and Kuulu-vainen 2002）。模型与地理信息系统的连接是通过对模型输出或输出数据之间相互调用和读取来实现的。地理信息系统可以简单高效地建立模型输入参数文件以及对模型输出结果进行系统地分析。同时，地理信息系统还提供了相应的方法用于分析多尺度、多过程的空间直观景观模型的输出结果。由于受到计算机的运算能力的限制，目前极少有景观模型直接嵌入到地理信息系统软件中，常用的方法仍是采用与 GIS 软件进行耦合分析的方法。

（3）空间直观森林景观模型的发展趋势

空间直观森林景观模型的发展从最初样点尺度上关注森林生长过程的林窗模型，逐步向空间直观化的方向发展。模型从仅考虑单一的生长过程向耦合空间干扰、种间竞争、种子扩散等多过程发展。空间直观景观模型目前已经能够输出包括生物量、土壤碳储量在内的森林生态系统功能参数。此外，模型模拟的时空范围也在不断地扩大。已有大量关于空间直观景观模型的研究在回顾模型发展历程基础之上（Mladenoff and Baker 1999，常禹等 2001，郭晋平等 2001，Mladenoff 2004，Perry and Enright 2006，He 2008），同时对空间直观景观模型的发展趋势进行了相应总结（徐崇刚 2006，周宇飞 2007）。空间直观森林景观模型的发展趋势主要概括为以下几个方面：

1）模型需要更多地考虑人类经营策略下森林的动态过程，提高模型的实用性和预测结果的准确性；

2）标准化模型的输入参数，同时建立森林树种属性的数据库并确立建模的标准，扩展模型的适用性；

3）开发针对模拟结果有效的验证方法，采取多尺度、多途径的验证方法，提高模拟结果的可信度；

4）加强对模型不确定性和随机性的评价，筛选出敏感输入参数，进一步完善对生态过程模拟的机制。

**4. 森林景观模型模拟方法概述**

树种组成、林龄结构、生物量以及碳储量是森林景观模型模拟的主要对象。而这些结果的得到是建立在对森林演替过程和空间干扰过程进行细致分析的基础之上。森林演替过程模拟成为森林景观模型建模的核心框架，如何将森林的演替过程简单有效地反映到模型的计算机算法中成为森林景观模型建模的关键问题。传统方法中，林窗模型建立了植被-生态过程响应的关系，很好地模拟了森林的演替动态。然而，林窗模型仅适应在样点尺度进行模拟，如果推译到景观尺度，则会导致模型计算量过大超过了计算机的运算能力，降低了模型模拟的效率。因此，在景观尺度上，通常用简化的方式来代替森林演替的过程，通常的方法有三种：

（1）空间过程替代法

这种方法不直接模拟样点尺度上的森林演替过程，而是采用空间差异来代替演替过程。例如，DISPATCH 和 ONFIRE 模型根据距上一次火烧时间间隔来代表林龄（Baker et al. 1991，Li et al. 1997）。FIRESCAPE 模型采用距上一次火烧时间间隔来反映森林可燃物的累积量（Cary 1998）。HARVEST 模型则采用距上一次采伐时间间隔来代表林龄（Gustafson and Crow 1996），实际上并不直接模拟森林演替，而采用空间代替时间的方法。在经常遭受毁灭性火干扰的生态系统中，火烧后，植被演替则回到起点。这类生态系统中，空间过程替代法则能有效地模拟演替过程。

（2）演替路径法

采用演替路径法的模型包括：EMBYR（Gardner et al. 1996，Hargrove et al. 2000），LANDSUM（Keane et al. 2002）和 SIMPPLLE（Chew et al. 2004）。在群落演替动态中，不同的森林群落类型表示不同的森林演替阶段（Successional stage）。演替阶段是森林物种和年龄在特定环境条件的一种组合。演替路径（Successional pathway）是演替阶段之间的发展过程。根据顶极演替理论，在无干扰条件下，所有演替路径向着一个顶级群落或潜在植被型靠近。演替阶段之间的转化主要依靠一定时间的生长或外界对森林生长进行干扰后产生。因此，可以使用状态转化概率（马尔科夫链）来预测森林从一个演替阶段转化到另一个演替阶段。演替阶段、外界干扰以及转化概率可以由样点水平模型结合多时相数据以及野外观测的方法而获得。在演替路径法中，它假设所有的演替进程和演替阶段都是已知的，不允许有未知的演替阶段。所以该方法通常只能用于稳定生态系统的预测，而在模拟存在改变森林演替进程的因子时有着很大的局限性。

（3）生活史特征法

生活史特征法则根据物种的生物学属性来预测物种在外界干扰作用下的变化。对物种演替和分布有影响的属性参数主要包括寿命、成熟年龄、萌发、竞争力（耐阴性）、扩散和对干扰的抵抗力（耐火性）等。利用此类方法的模型输出结果既可以是单个物种的动态，也可以是物种功能组（Functional type）的动态。在生活史特征方式中，森林的演替过程主要决定于是根据样点尺度上物种间竞争过程。在无干扰条件下，高竞争力的物种会排挤低竞争力的物种，从而获得更多的生境单元，达到稳定的演替顶级群落。然而，空间干扰及其交互作用能够改变物种的竞争力。干扰后，物种的恢复与它的寿命、成熟度、结实能力、萌发能力以及环境适宜性密切相关。采用生活史特征法的森林景观模型包括基于矢量多边形的 LANDSIM（Roberts 1996）和基于栅格的 LANDIS（Mladenoff 2004）。相比演替路径法，生活史特征法在模拟森林的演替过程时更加灵活，且不需要预先设定演替阶段。生活史特征法的另一个优点是可以有效地模拟生态系统中重要的种子扩散过程。多个物种代表群落，每个物种都会随环境改变而发生相应的变化。

通过利用以上三种方法对森林演替过程进行建模的时候，对大气-植被-土壤间的能量传递和物质循环的考虑较为欠缺。为了解决这一问题，森林景观模型通常与能反映植被生理过程的生态系统模型耦合进行模拟。以样点尺度上的生态系统模型对森林中不同树种生长及其与环境之间的相互作用关系为基础，再根据不同树种在不同环境条件下的功能表现来反映它们的竞争能力大小，从而进一步将竞争能力量化为景观模型的输入参数来进行森林演替过程的模拟。这种做法的优势在于不仅考虑了小尺度上的森林树种生长过程，同时也将较大尺度上的空间干扰以及森林植被相互作用关系包含着模型内，使得模型的模拟结果更为可靠。LANDIS模型在耦合预测的研究中展现出较好的模拟结果，同时LANDIS模型灵活的参数输入规则使得各种生态系统模型都可以被耦合其中。在已有的研究中，LINKAGES模型和PnET模型是被耦合到LANDIS模型中最为广泛的两个生态系统模型（Xu et al. 2007，Li et al. 2013）。此外，也有研究利用概率模型（Logistic模型）来预测物种竞争能力（布仁仓2006，Bu et al. 2008），进而作为LANDIS模型的输入参数来模拟空间干扰对森林演替的影响。

## 2.3.4　城市群碳源碳汇预案分析方法

考虑到LUCC在全球变化中的重要作用以及问题本身的复杂性，在国际地圈生物圈计划（IGBP）和国际全球环境变化人文因素计划（IHDP）两大国际组织的共同倡导下，于1991年组建了一个特别委员会，以研究自然科学家和社会科学家联手进行LUCC研究的可行性（罗湘华等，2000）。从此，各国科学家对LUCC进行了广泛而持久的研究。在过去10多年中，LUCC的研究内容从早期的热带雨林砍伐的全球气候变化效应扩展到不同空间尺度（地方、区域和全球）的土地利用/覆被变化过程、驱动机制以及资源、生态、环境效应（主要是大气化学、气候、土壤、水文水资源、生物多样性等方面），对LUCC在环境变化中的作用和地位有了更加全面而深刻的认识（Lambin et al.，2000）。

IGBP和IHDP执行15年，取得了巨大进展，并于2002年进入了一个新的阶段（Guy et al.，2002）。作为IGBP八大核心研究计划和IHDP五大核心计划之一的LUCC研究，也发展到了"Global Land Project（GLP）"阶段。2003年，IGBP和IHDP为GLP制定了研究重点并提出了相关的科学问题（Moran，2003），为新时期LUCC研究指明了方向。和以往不同的是，这一阶段的LUCC研究加强了和IGBP其他项目（尤其是全球陆地生态系统变化项目"GCTE"）之间的合作，更加注重土地变化科学（Land change science）的综合研究。在进行LUCC研究时，重视把研究对象看成是一个由人与自然环境构成的耦合系统，既要研究人类活动引起的土地利用/覆被变化导致的生态环境影响，更要研究这种影响对人类福利的反作用以及人类如何通过决策来对此做出响应。2005年IGBP和IHDP联手为GLP制定了科学计划和实施策略（Ojima et al.，2005），使得新时期的土地利用/覆被研究更具有可操作性。在IGBP I 阶段，主要侧重于研究LUCC的过程、驱动机制和建模以及资源、生态、环境效应。进入IGBP II 阶段后，除了继续深化前一阶段的研究内容外，更注重研究人类面对LUCC及其效应的影响机制，如何在土地利用决策中降低风险性，实现可持续发展。然而，LUCC研究并没有因为全球土地利用/覆被变化研究进入GLP阶段而过时，相反，GLP研究能否取得成功在很大程度上还依赖于高质量的区域LUCC研究成果，LUCC研究作为GLP深入研究的基础，依然是全球变化研究的前沿领域。

### 1. 土地利用/覆被变化研究进展

土地利用/覆被变化研究是景观生态学的基础研究内容，许多学者利用景观格局指数和模型来描述LUCC，取得了极有价值的成果（Riitter et al.，1995；Gustafson and Parker，1992；Gustafson，1998），这些研究有以下特点：（1）以遥感数据（航空相片、卫星影像等）为基础；（2）以GIS为主要工具；（3）采用许多数学方法（如分维分析、地统计学等）对景观镶嵌体的空间格局进行量化；（4）时间尺度一般在几十年到一百年左右；（5）空间尺度一般在几百平方公里到几万平方公里。

在过去的十余年里，区域尺度的LUCC研究取得了长足的进步。科学家们在区域尺度上的LUCC研究主要有以下几种类型：

1）行政单元，如大洲、国家及其下属的省、市、地区等（刘纪远，布和敖斯尔，2000；程国栋等，2001；刘纪远等，2002；刘纪远等，2003；李秀彬，1999）。

2）LUCC变化典型地区，如城市边缘地区、经济发达地区以及沿海地区（曾辉，1998；顾朝林，1999；朱会义等，2001；王波等，2001；田光进，2002；何书金等，2002；袁艺等，2003；高峻等，2003；郝润梅，2004；周青等，2004；李卫锋、王仰麟等，2004）。

3）脆弱生态地区，如黄土地区（史纪安等，2003）、绿洲地区（姜琦刚，高村弘毅，2003；曹宇、欧阳华等，2005；王国友等，2006）、干旱地区（张华等，2003）、农林/农牧交错区（赖彦斌等，2002），以及喀斯特地区等（张惠远等，2000）。

（1）LUCC格局与过程

格局与过程在LUCC研究中占有极其重要的地位。LUCC研究的主要领域包括格局与过程、驱动力、模拟预测、资源生态环境效应，在这四个方面中，格局与过程研究处于基础地位，其他三个方面都建立在它的研究结果之上，结果的质量直接决定了后续研究的可信度。格局与过程研究的实质在于如何通过有效的手段来了解研究区的土地覆被、土地利用结构在研究时段内发生了何种变化，其关键在于如何准确地获取土地利用/覆被信息。随着空间对地观测技术、遥感解译技术、地理信息系统技术以及海量数据处理技术的出现，为不同尺度上的LUCC研究提供了可能。

早期的LUCC研究主要在全球尺度上展开，主要集中在森林、耕地和建设用地方面。20世纪下半叶，世界各地的土地利用变化通过累积效应，致使全球尺度上土地覆被发生了明显的变化，这种变化对全球的整体生态环境状况和人类社会的可持续发展产生了巨大的影响。全球土地覆被制图一度成为全球重要内容。为监测全球和大陆尺度上的植被状况，自20世纪80年代开始筹划利用NOAA/AVHRR的1km分辨率遥感数据建立全球陆地应用数据集，之后该项工作并入IGBP计划之中而成为IGBP-DIS的一部分。全球1kmAVHRR陆地数据集的最主要应用就是产生标准化差植被指数（NDVI），通过NDVI值生成全球陆地覆盖图并用于监测季节性植被状况与变化（Loveland et al.，1997）。利用NDVI分类图，还可以研究冰川进退和沙漠的变化等。土地覆被格局制图是LUCC研究的基础，把不同时期的格局进行比较，才能弄清楚土地覆被变化过程。随着近代工业化和城市化进程的加快，城市面积的不断扩大在土地利用变化中显得日益重要。尽管城市面积仅占地球表面的1%左右，但其扩展速度却很快。据估计，1960年以来，发展中国家的城市面积在以每年3.5%～4.8%的速度扩大。而且，城市的延伸取代了农业和自然生态系统，加上城市是温室气体排放的主要来源，以及城市作为最集中的生产和消费中心的地位，决定了这种土地利用变化对全球变化的重要意义。

进入20世纪90年代后期，在IGBP和IHDP等国际组织的倡导下，区域和地方尺度的LUCC研究开始得到更多的关注。在研究手段上，除了利用MSS和TM影像作为LUCC动态研究的数据源外，航片以及高分辨率的Spot、Quickbird等卫星影像也在小尺度上得到了广泛的应用。此外，微波遥感和高光谱遥感技术的发展，使得 LUCC 过程研究在深度和广度上不断发展。目前，卫星遥感影像已成为最主要的地面信息数据源。

尽管遥感技术（RS）、地理信息系统技术（GIS）以及全球卫星定位技术（GPS）的发展极大地推动了 LUCC 过程研究，但在 LUCC 过程研究中还存在着一些不可忽视的问题。一方面，在一些地形比较崎岖破碎的山区，地表"同物异谱"和"异物同谱"的现象比较普遍，这在很大程度上降低了遥感解译的精度。为了获取高质量的土地覆被图，需要进行深入的实地调查，摸清不明地类。然而，当研究区域尺度较大时，限于人力、物力，难以对研究区进行全面、深入的实地踏勘，建立足够可靠的遥感解译标志。另一方面，遥感解译中存在较大的主观随意性，解译结果受解译者的专业知识结构、对研究区的熟悉程度等因素的影响，不同的人对同一幅卫星影像解译出来的结果往往存在较大的差别。其结果是，不同专业背景的人员解译的土地覆被数据之间很难进行直接的对比，这对数据的共享和研究成果的推广带来了较大的负面影响。

（2）LUCC 驱动机制

从 1995 年 IGBP 和 IHDP 联合建立的 LUCC 核心计划一直到现在的 GLP，驱动力的研究一直都是重要内容之一（李秀彬，1996）。土地利用变化可以从人类个体行为和社会群体行为两个层面上得到解释（李秀彬，2002），在 LUCC 计划兴起之初，Turner 等认为，引起 LUCC 的可能（人类）因素可分为六大类，即人口、富裕程度、技术、政治经济、政治结构以及观念和价值取向（Turner et al.，1993），奠定了后来 LUCC 驱动力研究的基本框架。各国科学家经过十余年的集中研究，在 LUCC 的驱动力的诊断及模型构建等方面取得了长足的进步。

科学家们注重驱动力的多因素综合研究，在驱动力的作用机制、模拟和预测等方面做了大量工作。对人口增长、收入、政策、市场、土地权属、社会变革、农业技术及城市化等对土地利用结构、土地覆被变化、耕地流失以及森林砍伐和恢复等的影响机理进行了分析（Dubroeucq et al.，2004；Veldkamp et al.，1997；Luckman et al.，1995）。在 LUCC 建模方面，多集中在区域尺度上，注重自然因素和社会经济因素的综合考虑，注重模型的空间表达性和预测能力，也注重模型在不同空间尺度上的整合（1999b，2001；Hubacek，2001；Pontius，2001；Rounsevell et al.，2003；Overmars et al.，2003）。

我国对于 LUCC 驱动力的研究相对晚于国外，但我国土地开发利用时间长、地域差异明显、社会经济条件变化剧烈（尤其是新中国成立 70 多年来），为开展 LUCC 研究提供了良好的条件。在过去的 20 多年间，我国学者围绕各级行政单元（张明等，1997；龙花楼，李秀彬，2002）、LUCC 剧烈地区（史培军等，2000；蒙吉军等，2002）等的土地利用和土地覆被变化的过程、驱动力诊断，数学建模与预测（刘盛和，何书金，2002；汤君友等，2003；张永民等，2003；陈佑启，Verburg P H，2000a，2000b，2000c）等方面开展了大量研究。在驱动力方面，一般认为人口变化、经济发展、政策体制、技术进步、城市化、工业化、市场变化、全球化、观念和知识体系以及突发事件等是推动 LUCC 的主要原因。在驱动因素诊断和驱动机制分析方面，一般是通过典型相关分析、主成分分析、回归分析等定量分析手段和定性的对比分析来确定 LUCC 驱动因子，或对区域 LUCC 的可能影响因子进行直接的定性分析，以确定这些因素在 LUCC 中的作用大小和影响机理。

从目前掌握的文献来看，虽然LUCC驱动力研究取得了很大进步，尚存在以下不足：

1) 驱动因素在不同时空尺度和不同区域背景条件下的多样性以及它们之间相互联系的复杂性，要求开展驱动力的综合研究（蔡运龙，2001a）。以往的研究主要侧重于人口、经济发展、农业技术、收入等对区域LUCC的单因素影响分析，而对其他因素（如城市化、政策体制以及全球化等）以及它们之间是如何共同作用于LUCC涉及较少。

2) 在驱动因子诊断方面，一般是根据收集的统计资料，把区域土地利用/覆被的空间变化和相应的社会经济指标进行相关分析、典型相关分析、主成分分析或回归分析，以确定某一地类变化的主要影响因子。这种方法强调通过定量的方法来诊断驱动因子（蒙吉军等，2003；马其芳等，2003），但所得到的结果和地类变化之间的解释关系往往并不是很令人满意，而且常受到所收集资料和数据的限制而不能全面揭示LUCC的驱动因素及其动力机制，仅靠单纯的定量分析不能很好地满足LUCC驱动力研究的需要。因此，如何从众多的影响因素中筛选出LUCC后的真正驱动因子，揭示其驱动机制，需要从不同的角度对驱动因子进行诊断，分析其驱动机制，包括深入实地，对农户、政府官员等土地利用决策者进行调查。

3) LUCC过程以及主导驱动因素及其作用机制在随时空条件的变化而不同，需要系统地选择有代表性的典型地区、热点地区或脆弱地区作为案例进行深入的剖析。

**2. 变化模型与预测**

土地利用/覆被变化的数学建模一直是LUCC研究的重要内容。近年来，许多学者在如何引入合适的方法描述、模拟和预测区域LUCC方面开展了广泛的研究。根据现有的研究文献来看，LUCC模型可以分为三大类：一是用来定量描述研究区在某一时期土地覆被变化速率和幅度的模型，如单一土地利用动态度、土地利用度、土地覆被重心等。二是用来模拟和预测土地覆被变化的模型，一般是通过相关分析、典型相关分析、主成分分析等定量分析手段和定性的机理分析来诊断影响土地覆被变化的驱动因子，并在此基础上运用回归分析，建立各种土地利用/覆被类型和各驱动因子间的回归方程，以预测其未来变化。这种方法对于LUCC来说，虽可预测出未来土地利用/覆被在数量上的变化，但空间表达性差，无法回答未来LUCC "where" 和 "how" 的问题。三是用来模拟和预测土地覆被数量和空间变化的模型，具有较强的空间表达性，可较为全面地模拟LUCC。这方面的模型主要有 Agent-based 模型（Huigen，2004；Ligtenberg et al.，2004；Evan et al.，2004）、GTR模型（龙花楼，李秀彬，2001）、CLUE和CLUE-S模型（Verburg et al.，2002；张永民等，2003，2004；刘淼，2007；彭建，蔡运龙，2008）、马尔可夫模型（贾华等；1999）、元胞自动机模型（Wu，1998；Syphard et al.，2005；汤君友等，2003）、元胞自动机和系统动力学相结合的模型（何春阳等，2004，2005），以及SLEUTH（黄秋昊，2005；蒲卿，2005；刘淼，2007）和CLUE-S结合的模型（邓祥征，2004）。

CA模型可以模拟土地覆被在时间上的动态变化，具有较好的空间表达性，但该模型也存在不少问题，例如，模型重视生物物理因素对土地利用变化的影响，淡化了人类活动在土地利用变化中的作用，这与人类活动是LUCC的主要驱动因素的客观事实不相符（蒲卿等，2005；汤君友等，2003）。

Agent-based 模型较之元胞自动机模型更为完善，该模型一方面运用元胞自动机模拟影响LUCC的生物物理因素，另一方面通过引入 Agent（土地经营者个体或社会群体组织）来模拟人类的土地利用决策过程，模型设计更为合理，模拟效果也比较理想，得到了较为广泛的应用（Barredo et al.，2003；Syphard et al.，2005），但制约该模型应用的主要挑战是需要详细的小尺度数据（如家庭调查数据）来构建决策分析模型，仅靠遥感解译得到的 LUCC 结果不能满足模型需要。

SD 模型是建立在控制论、系统论、信息论基础上的，以研究反馈系统的结构、功能和动态行为为特征的一类动力学模型，能够从宏观上反映土地利用系统的结构、功能和行为之间的相互作用关系，从而考察系统在不同情景下的变化和趋势，为决策提供依据。但该模型缺乏空间概念使得模型很难将模拟结果在空间上予以直观的表达（蔺卿等，2005），为了克服这种缺陷，有的学者尝试将系统动力学模型和元胞自动机模型进行整合，在 LUCC 的时空动态模拟中取得了令人满意的效果（何春阳等，2004，2005）。

GTR 模型是传统模型的扩展，它将城市化作为土地利用变化的主要驱动因子，当地的自然条件也被考虑到了模型中，并与城市化一起并列为模型的两大解释成分。其中的 Thunen 成分包括城市中心人口和农村与城市间的距离，代表着来自区域城市中心的影响方面的两个状态变量。Ricardian 成分包括代表当地自然条件的海拔和坡度这两个自然条件变量（龙花楼，李秀彬，2001）。由于 GTR 模型是将城市化作为土地利用变化的主要因子，其适用范围受到明显的限制。

SLEUTH 模型是城市增长与土地利用变化模型，由两个细胞自动机模型耦合在一起，即城市增长模型 UGM（Urban Growth Model）和土地利用变化模型 LCDM（Land Cover Deltatron Model）（Clark et al.，1997；Clark and Gaydo，1998）。该模型基于地方过去的城镇发展过程，引入地形、现存城镇分布、道路、时间和随机因素，模拟非城镇土地利用类型到城镇用地类型的转变，目的是考察新增长城市区域是如何吞噬周围土地，影响自然环境的。SLEUTH 模型的缺点是只能模拟有限数量的土地利用类型变化，类型数量过多将降低模拟精度；最重要的是没有考虑土地利用变化的社会经济驱动因素（吴晓青和刘淼，2007）。

CLUE 及 CLUE-S 模型把研究区按照一定的尺寸网络化，通过空间分析模块和非空间分析模块的配合来模拟和预测研究区土地利用的时空变化。和其他模型相比，CLUE 模型具有几大优点：（1）可以整合 LUCC 的生物物理和人口、技术、富裕程度、市场、经济条件以及态度和价值取向等人类驱动因素，还可将一般模型难以考虑的政策等宏观因素纳入其中；（2）可以整合研究不同空间尺度的区域 LUCC 过程和驱动力；（3）可以综合模拟多种土地利用类型的时空变化；（4）可以对不同的土地利用情景模式进行模拟，为决策提供更加科学的依据。综合看来，该模型兼顾了土地利用系统中的社会经济和生物物理驱动因子，并在空间上反映土地利用变化的过程和结果，具有更高的可信度和更强的解释能力。解决社会经济因子的空间化问题将使该模型更加完善（蔺卿等，2005），是一种比较完善和理想的 LUCC 模型（彭建，蔡运龙，2008）。

**3. 景观格局动态变化模拟预测**

（1）模型介绍

CLUE（The Conversion of Land Use and its Effects）模型是由荷兰瓦格宁根（Wageningen）大学的 Veldcamp 等于 1996 年提出的，用来经验地定量模拟土地覆被空间分布与其影响因素之间关系的模型（Veldcamp et al.，1996b）。起初该模型主要是用以模拟国家和大洲尺度上的 LUCC，并在中美洲（Kok and Winograd，2002）、中国（Verburg and Chen，2000）、印度尼西亚的爪哇（Verburg et al.，1999）等地区得到了成功应用。由于空间尺度上较大，模型的分辨率很粗糙，每个网格内的土地利用类型是由其相对比例代表。而在面对较小尺度的 LUCC 研究中，由于分辨率变得更加精细，致使 CLUE 模型不能直接应用于区域尺度上。因此在原有模型的基础上，Verburg 等于 2002 年对 CLUE 模型进行了改进，提出了适用于区域尺度 LUCC 研究的 CLUE-S（The Conversion of Land Use and its Effects at Small Regional Extent）模型（Verburg，2002）。2002 年 10 月发布了 CLUE-S 2.1 版，目前最新版本为 2.4。CLUE-S 模型在区域尺度上获得了比较成功的应用，对于土地利用变化的模拟具有良好的空间表达性，该模型推出后，随即在国际 LUCC 学界引起广大学者的关注。近年来，我国一些学者开始尝试运用这一模型来研究我国一些地区的土地利用/覆被变化（张永民等，2003；段增强等，2004；陈佑启，Verburg P H，2000a，2000b；摆万奇等，2005；刘淼，2007；彭建，蔡运龙，2008）。

（2）模型原理

CLUE-S 模型分为两个模块（图 2-13），即非空间需求模块（或称非空间分析模块）和空间分配过程模块（或称空间分析模块）。非空间需求模块计算研究区每年所有土地利用类型的需求面积变化；空间分配过程模块以非空间需求模块计算结果作为输入数据，在基于栅格为基础系统上根据模型规划对每年各种土地利用类型的需求进行空间分配，实现对土地利用变化的空间模型。目前，CLUE-S 模型只支持土地利用变化的空间分配，而非空间的土地利用变化需要事先运用别的方法进行计算或估计，然后作为参数进入模型。土地利用需求的计算方法多种多样，可以运用简单的趋势外推法、情景预测法，也可以运用复杂的宏观经济学模型，具体情况视研究区内最重要的土地利用变化类型以及需要考虑的变化情景而定。

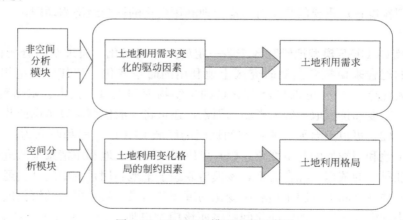

图 2-13　CLUE-S 模型流程示意图

在实际操作中，土地利用变化空间模拟的实现需要 4 个方面数据的支撑（图 2-14），即空间政策和限制、土地利用需求预测、土地利用类型转移设置和各土地利用类型分布的空间适宜性分析。

空间政策与土地权属会影响到土地利用变化的格局，空间政策与区域限制主要是要指明哪些区域是因为特殊的政策或地权状况而在模拟期内不发生变化的区域，如自然保护区

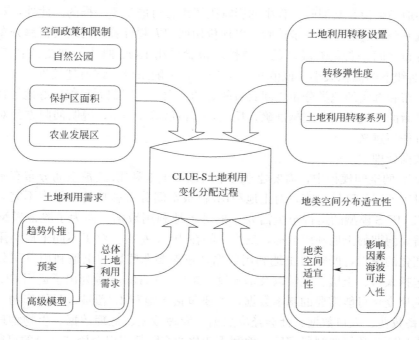

图 2-14 CLUE-S 模型的数据支撑体系

的森林，或国家划定的基本农田保护区等。

土地利用类型转移设置会影响到模拟的时间动态变化，对于每一种地类，需要表明其转移弹性（conversion elasticity），即在研究期内，一种地类转移为其他地类的可能性大小，一般用一个 0～1 之间的值来表示，当这个值越接近 1，说明其转移的可能性就越小，反之越大，例如建设用地转移为其他地类的可能性很小，可设为 1，耕地既可转化为草地，也可转化为建设用地，还可转化为园地，其值就比较小。

用地需要预测的关键是要科学计算出每一种土地利用类型在预测期内的需求量，可以是正的，也可以是负的，这一步工作是独立于 CLUE-S 模型之外，即在运行模型之前就要事先计算好。

在土地利用类型的空间分布适宜性分析中，需要计算出每一种地类在区域内每一个空间位置上出现的概率大小，然后比较同一位置上各种地类的出现概率，以确定哪种地类占优。出现概率的计算一般用二元逻辑斯蒂（Logistic）回归分析法计算，公式如下：

$$\text{Log}\left(\frac{P_i}{1-P_i}\right) = \beta_0 + \beta_1 X_{1,i} + \beta_2 X_{2,i} + \cdots\cdots + \beta_n X_{n,i} \tag{2-16}$$

式中     $P_i$——地类（如耕地、林地、水域、建设用地等）$i$ 在某一位置上出现的概率；

        $X_{n,i}$——地类分布格局影响因子（包括比较稳定的因子，如海拔、地形、坡度、动态较大的因子，如人口密度，距离交通道路的距离等）$n$ 在该位置上的值；

$\beta[\text{Exp}(\beta)]$——各影响因子的回归系数。

回归系数计算的实现途径较多，最常用的是 SPSS。在计算中，回归系数的显著性检验置信度一般至少要大于 95%（即 $\alpha \leqslant 0.05$），低于该值的影响因子不能进入回归方程。

对于每一种地类来说，其回归方程中的影响因子组合可能是不一样的。此外，对于由此得到的地类概率分布还需进一步检验，以评价用回归方程计算出的地类概率分布格局与真实的地类分布之间是否具有较高的一致性，检验采用 ROC 曲线（即受试者工作特征曲线），即看曲线下的面积大小。该值介于 0.5～1，一般来说，该值越接近于 1，说明该地类的概率分布和真实的地类分布之间具有较好的一致性，回归方程能较好地解释地类的空间分布，其后的土地利用分配越准确；反之，若该值等于 0.5，说明回归方程对地类分布的解释没有任何意义。

（3）数据处理

在 LUCC 的空间模拟中，需要建立一个对区域土地利用/覆被空间分布有重要影响的因子库。对于不同的区域而言，对土地利用/覆被空间分布影响的因子库不完全相同。一般来说，CLUE-S 模型的运行至少需要一期的土地利用数据。而为了验证模型模拟的精度，至少需要两期的土地利用数据，最好间隔在 10 年左右。对于不同土地利用类型空间格局动态变化的模拟，既需要土地利用数据，还需要那些影响土地利用空间分布的因子库，主要包括人口、土壤、气候以及基础设施条件。Verburg 等列出了运用 CLUE-S 模型模拟土地利用变化可能需要的基本数据，主要包括土地利用/覆被、具体作物（播种面积和产量）、畜牧业、人口数据、社会经济数据、管理数据、地理数据、生物物理数据等方面，具体采用哪些数据要视研究区土地利用变化的实际情况以及资料本身的可得性。一般来说，相当一部分数据可以从人口地图和农业人口普查数据上获得。为了能更加准确地反映研究区的实际情况，社会经济数据的行政级别应尽可能详细，以满足统计需要（表 2-2）。

CLUE-S 模型中可能需要的具体数据及其用途　　　　　　　　　　表 2-2

| 名称 | | 用途 |
| --- | --- | --- |
| 总体土地利用/覆被 | 耕地 | 所有土地利用变化模拟 |
| | 临时作物 | |
| | 永久作物 | |
| | 草地 | |
| | 林地 | |
| | 其他地类 | |
| 具体作物(播种面积和产量) | 谷物 | 播种面积作用于作物分布模拟 产量用于作物产量模拟 |
| | 经济作物 | |
| | 豆类 | |
| | 块茎作物 | |
| | 油料作物 | |
| | 蔬菜 | |
| 畜牧业 | 牛的数量 | 用于牲畜分布模拟 |
| | 猪的数量 | |
| | 羊的数量 | |
| | 家禽的数量 | |

| 名称 | | 用途 |
|---|---|---|
| 人口数据 | 人口密度 | 用于各种模拟 |
| | 农村人口密度 | |
| | 城市人口密度 | |
| | 劳动力 | |
| | 农业劳动力 | |
| 社会经济数据 | 文盲率 | 当作为重要驱动力时可用 |
| | 收入或 GDP | |
| 管理数据 | 灌溉面积 | 用于作物产量模拟 |
| | 复种指数 | |
| | 施肥 | |
| | 机械化 | |
| 地理数据 | 距离城镇距离 | 用于所有模拟 |
| | 距离主要公路距离 | |
| | 距离主要河流距离 | |
| 生物物理数据 | DEM | 用于所有模拟,可酌情选择 |
| | 地势 | |
| | 地貌 | |
| | 土壤肥力 | |
| | 土壤物理属性 | |
| | 土壤抗侵蚀性 | |
| | 水浸 | |
| | 降水 | |
| | 气温 | |
| | 干旱月数 | |

资料来源：Verburg P H，Soepboer W，Veldkamp A，et al. Modeling the spatial dynamics of regional land use：the CLUE-S model. Environmental Management，2002，30（3）：391405.

（4）模拟方法

基于 CLUE-S 模型的基本原理，在具体案例研究中，进行土地利用/覆被变化模拟的具体操作步骤一般如下：

回归系数计算。首先，准备一期土地利用/覆被数据，将其作为模拟时段初始时的土地利用状况，土地利用/覆被数据一般是遥感解译数据或现成的土地利用图。其次，收集相关的土地利用格局影响因子的资料，如 DEM、地貌图、水系图、交通图、城镇分布图、人口密度图、GDP 图等，并将其制作成具有一定分辨率和统一坐标系统的栅格图（由于分辨率的大小会直接影响到像元的数量以及以后的运算量，具体设置需要考虑研究区的具体空间尺度）。再次，先在 ArcGIS 平台下，把 Grid 格式转化为 ASCⅡ格式，然后借助于 CLUE-S 下的 Converter 模块，把 ASCⅡ数据转化成 SPSS 可以识别的列数据，最后在

SPSS 平台下，导入转化好的土地利用/覆被数据和影响因素列数据，并对每一种地类与其所选的影响因素之间进行二元 Logistic 回归分析，求得相应的回归系数，并将其作为参数输入到 CLUE-S 模型中（即 regression results 设定）。

土地利用需求数据。运用趋势外推法、情景分析法、宏观经济模型等方法，分别预测各地类在预测期末可能的土地利用需求量，并作为参数输入到模型中（即 Demand 文件设定，可以有多种预案设定）。

限制区域设定。若区域内有限制区域，即在模拟期间不会发生变化的区域，需要将其制作成单独的文件输入模型中，若没有此类区域，则需要制作一个完整的研究区空白边界文件输入模型中（即 Region_no-park 或 Region_park 设定）。

驱动因子文件制作。在 CLUE-S 模型中，需要将驱动因子按照一定的顺序制作成"*.fil"文件，供模型运行时调用。这一步是模型模拟中最为关键也是最容易出问题的地方，一定要确保各文件在像元数量和大小上完全一致，否则会导致模型不收敛。

主参数设定。模型的运算还涉及一系列的主参数（main parameters），在运算之前需要先行设定。主要包括以下内容（表 2-3）。

变化矩阵制作。确定预测期内，在一定情景模式下，各主要地类之间相互转移的可能性矩阵，若 A 地类可以转化成 B 地类，则为 1，否则为 0。

计算概率密度图。在模型运算之前，可以计算每一地类空间分布概率密度图，供研究者查看它们在研究区内的可能分布情况。这一步骤为可选，可以直接跳过。

运行模型。当上述参数均设置正确以后，即可运行模型。在进行一定次数的迭代后，当土地利用的空间分配结果和需求预测的实际数量之间的差值达到一定的阈值时，模型收敛。

将模拟结果转化为可视化的地图。由于 CLUE-S 模型模拟的结果是 ASCⅡ格式，需要在 ArcGIS 平台下，运用 Toolbox 工具转化为可视化的 Grid 格式。

需要指出的是，在模拟之前，需要对模型进行检验，即用两期遥感解译的数据，将模拟结果和实际情况之间进行对比，评价模型效果的准确度。

CLUE-S 模型中的主要参数 表 2-3

| 编号 | 参数名称 | 类型 |
| --- | --- | --- |
| 1 | 土地利用类型数量 | 整数型 |
| 2 | 区域数量(包括限制区域) | 整数型 |
| 3 | 回归方程中的最大自变量数 | 整数型 |
| 4 | 总的驱动因子数 | 整数型 |
| 5 | 行数 | 整数型 |
| 6 | 列数 | 整数型 |
| 7 | 像元面积 | 浮点型 |
| 8 | 原点 X 坐标 | 浮点型 |
| 9 | 原点 Y 坐标 | 浮点型 |
| 10 | 土地利用类型的数字编码 | 整数型 |
| 11 | 土地利用转移弹性编码 | 浮点型 |

| 编号 | 参数名称 | 类型 |
|------|----------|------|
| 12 | 迭代变量 | 浮点型 |
| 13 | 模拟起始和结束年份 | 整数型 |
| 14 | 动态变化解释因子的数字和编码 | 整数型 |
| 15 | 输出文件选项（1,0,-2或2） | 整数型 |
| 16 | 区域具体回归选项（0,1或2） | 整数型 |
| 17 | 土地利用初始状况（0,1或2） | 整数型 |
| 18 | 邻域计算选项（0,1或2） | 整数型 |
| 19 | 空间位置具体附加说明 | 整数型 |

（5）研究方法

应用面积统计柱状图和变化图对面积变化进行统计分析，统计各土地利用类型现状和在不同预案下的变化情况。

1）景观指数分析法

景观指数能够反映研究区的整体变化情况，特别是反映景观的破碎化程度和多样性的变化。根据各景观指数的生态学意义和实用性（邬建国，2000；李秀珍等，2004），选取下列指数：

①总斑块数（NP）

其取值范围为NP≥1。在类型水平上，它等于景观中某一斑块类型的总个数；在景观水平上等于景观中所有斑块的总数。它是一个非常简单且直观的景观指标，能够反映景观的空间格局，经常被用来描述整个景观的异质性，其值的大小与景观的破碎化程度有很好的正相关性，一般的规律是NP大，其景观的破碎化程度就高，相反，NP值小，表示景观的破碎化程度低。

②香农多样性指数（SHDI）

当SHDI＝0时表示整个景观是由一个斑块组成的；随着SHDI值的增大，说明斑块类型增加或者是各斑块类型在景观中呈现均衡化趋势分布；其取值范围为SHDI≥0。它是一种基于信息论的测量指标，能够反映出景观的异质性，特别是对景观中各斑块类型非均匀分布状况较为敏感，强调稀有斑块类型对信息的贡献，对于比较和分析不同景观或同一景观不同时期的多样性与异质性是十分重要。当一个景观系统中土地利用越丰富，其破碎化程度也越高，不定性的信息含量也越大，SHDI值也越高。

③香农均匀度指数（SHEI）

当SHEI＝0时表明景观仅由一种斑块类型组成，并无多样性而言；当SHEI＝1时表明景观中各斑块类型均匀分布，具有最大的多样性。其取值范围为0≤SHEI≤1。该指数与SHDI一样是比较不同景观或同一景观不同时期多样性变化的指标，当SHEI值较小时，说明景观受一种或少数几种斑块类型所支配，当SHEI接近于1时，表明景观中没有明显的优势类型，并且各斑块类型在景观中均匀分布。

④蔓延度指数（CONTAG）

其取值范围为0＜CONTAG≤100，当CONTAG值较小时表明景观中存在许多小的斑块；当 CONTAG 趋近于 100 时，表明景观中有连通性极高的优势斑块类型存在。它主要是用来描述景观中不同斑块类型的团聚程度或延展趋势，是描述景观空间格局的指标。一般高蔓延度值说明景观中某种优势斑块类型形成了良好的连接性，相反则说明景观具有多种要素的密集格局，景观的破碎化程度较高。

⑤聚集度（AI）

取值范围为 0≤AI≤100，其计算基于邻域并且单次计数（single-count）法进行，其值越大，目标景观类型斑块的聚集程度越大。单类型景观无计算此指数必要。

指数计算基于美国俄勒冈州立大学森林科学系开发的景观指数计算软件 FRAG-STATS version3.3 中以 grid 文件格式（网格为 250m×250m）在景观水平上进行运算。

2）Kappa 指数系列

Kappa 指数一般用来评价遥感图像分类的正确程度和比较图件，由 Cohen 在 1960 年提出。把前一期和后一期的景观类型图进行空间叠加，得到景观类型在两幅图上的转移矩阵，以此计算 Kappa 指数，公式为：

$$Kappa = \frac{P_o - P_c}{P_p - P_c} \tag{2-17}$$

式中，$P_o = P_{11} + P_{22} + \cdots\cdots + P_{JJ}$，两期图件上类型一致部分的百分比，即观测值；$P_c = R_1 \times S_1 + R_2 \times S_2 + \cdots\cdots + R_J \times S_J$，后一期景观类型图上的期望值；$P_p = R_1 + R_2 + \cdots\cdots + R_J$，前一期与后一期景观类型变化程度，即真实值，两个图完全相同的情况下等于 1。

如果两期图完全一样，则 Kappa=1；如果观测值大于期望值，则 Kappa>0；如果观测值等于期望值，则 Kappa=0；如果观测值小于期望值，则 Kappa<0。通常，当 Kappa≥0.75 时，两图件间的一致性较高，变化较小；当 0.4≤Kappa≤0.75 时，一致性一般，变化明显；当 Kappa≤0.4 时，一致性较差，变化较大（表 2-4）。

**两图件的转移矩阵（CJ 代表景观类型 J）** 表 2-4

| 前一期景观图 | 后一期景观图 | | | | |
|---|---|---|---|---|---|
| | C1 | C2 | …… | CJ | 合计（Total） |
| C1 | $P_{11}$ | $P_{12}$ | …… | $P_{1J}$ | $S_1 = SUM(P_{1j})$ |
| C2 | $P_{21}$ | $P_{22}$ | …… | $P_{2J}$ | $S_2 = SUM(P_{2j})$ |
| …… | …… | …… | …… | …… | …… |
| CJ | $P_{J1}$ | $P_{J2}$ | …… | $P_{JJ}$ | $S_J = SUM(P_{Jj})$ |
| 合计（Total） | $R_1 = SUM(P_{J1})$ | $R_2 = SUM(P_{J2})$ | …… | $R_J = SUM(P_{JJ})$ | 1 |

Pontius 等人进一步发展了 Kappa 系数的家族，它们可以量化数量错误（Quantity Error）和位置错误（Location Error）。数量错误是由于两幅图上景观类型百分比的差异而引起的，而位置错误是由于同类像元空间错位而引起的。在土地利用变化过程中，保持景观类型面积的能力可分为：无（简称 NQ）、中等（简称 MQ）和完全（简称 PQ）。在 NQ 情况下，无法保持景观类型面积，景观类型空间上随机分布，各类型占据相同的面积；在 PQ 情况下，完全保留了景观类型原面积；MQ 的情况位于 NQ 和 PQ 之间。同样在土地利用变化过程中，保持像元空间位置的能力可分为：无（简称 NL）、中等（简称

ML）和完全（简称 PL）。在 NL 情况下，无法确定景观类型的空间位置，各景观类型在空间上随机分布；在 PL 情况下，完全准确地保持了景观类型的空间位置，两个图件完全相同；ML 的情况是位于 NL 和 PL 之间（表 2-5）。

**百分比正确程度的分类**　　　　　　　　表 2-5

| 保持数量能力 | 确定位置的能力 | | |
|---|---|---|---|
| | 无(None,NL) | 中等(Medium,ML) | 完全(Perfect,PL) |
| 无(None,NQ) | $1/J$ | $(1/J)+\text{KLocation}\times[\text{NQPL}-(1/J)]$ | $\sum\limits_{j=1}^{J}\min((1/J),R_j)$ |
| 中等(Medium,MQ) | $\sum\limits_{j=1}^{J}(S_j\times R_j)$ | $P_。$ | $\sum\limits_{j=1}^{J}\min(S_j,R_j)$ |
| 完全(Perfect,PQ) | $\sum\limits_{j=1}^{J}R_j^2$ | $\text{PQNL}+\text{KLocation}\times(1-\text{PQNL})$ | 1 |

表中，$J$＝景观类型总数；$j$＝某个景观类型；$S_j$＝类型 $j$ 在前一个图上的百分比；$R_j$＝类型 $j$ 在后一个图上的百分比；$\text{KLocation}=(P_。-\text{MQNL})/(\text{MQPL}-\text{MQNL})$。利用以上数据，可以计算不同的 Kappa 系数，分别为：

①标准 Kappa 系数：简称 KStandard，以 MQNL（土地利用变化的驱动力仅有中等保持数量的能力，而没有保持空间位置的能力）作为期望值，评价综合信息变化的 Kappa 系数。

$$\text{KStandard}=\frac{P_。-\text{MQNL}}{1-\text{MQNL}} \tag{2-18}$$

②随机 Kappa 系数：简称 KNo，是以 NQNL（土地利用变化的驱动力既没有保持数量的能力，又没有保持空间位置的能力）作为期望值的 Kappa 系数，评价景观综合信息的变化。

$$\text{KNo}=\frac{P_。-\text{NQNL}}{1-\text{NQNL}} \tag{2-19}$$

③位置 Kappa 系数：简称 KLocation，以 NQNL（土地利用变化的驱动力既没有保持数量的能力，又没有保持空间位置的能力）作为期望值，以 MQPL（土地利用变化的驱动力既有中等保持数量的能力，又有完全保持空间位置的能力）作为真实值的 Kappa 系数，用来评价空间位置信息的变化。

$$\text{KLocation}=\frac{P_。-\text{MQNL}}{\text{MQPL}-\text{MQNL}} \tag{2-20}$$

④数量 Kappa 系数：简称 KQuantity，以 NQML（土地利用变化的驱动力没有保持数量的能力，而有中等保持空间位置的能力）作为期望值，以 PQML（土地利用变化的驱动力既有完全保持数量的能力，又有中等保持空间位置的能力）作为真实值的 Kappa 系数，可用来评价数量信息的变化。

# 第3章

## 辽中城镇群碳源碳汇现状分析

## 3.1 辽宁中部城市群碳汇分析

针对未来不同气候条件下不同树种的定植概率和最大潜在生物量，本研究利用 PnET-II 模型进行模拟。景观尺度上，一方面结合研究区的立地条件的空间差异和不同的植被树种、林龄组成状况划分不同的群落组成；另一方面再结合不同气候变化情景下的生态系统尺度上树种的定植概率和最大潜在生物量共同进入 LANDIS-II 模型的 Biomass Succession 和 Century Succession 模块进行模拟，最后得到森林植被生物量和土壤碳储量的动态。最后根据对碳储量（或生物量）的动态曲线进行微分，得到森林固碳速率；根据初始年份与碳储量（或生物量）最大值间的差异作为森林固碳潜力。

### 3.1.1 辽宁中部城市群森林固碳速率和潜力

为了使植被固碳速率模拟结果从多方面（数量、空间等）体现气候变化的影响，本研究中植被固碳速率的结果从两个尺度来进行描述：区域尺度和城市尺度。区域尺度上则是考虑辽宁中部城市群总体的森林植被固碳速率变化状况。城市尺度上，我们主要根据 LANDIS-II 模型模拟结果，分别统计分析辽宁中部城市群的七个城市之间的植被碳储量变化状况以及计算植被固碳速率。

#### 1. 森林碳储量

森林地上植被碳储量在 1970～2014 年的动态主要是通过 LANDIS-II 模型的 Biomass Succession 模块模拟得到。以 1970～2014 年间每年森林景观整体、各区域以及各树种植被碳储量的变化值作为森林固碳速率，根据森林植被碳储量微分得到森林固碳速率的动态变化。植被固碳速率（Plant Carbon Sequestration Rate，PCSR，t/hm² 10a-1）计算公式如下：

$$PCSR = \frac{CCC \cdot (B_b - B_a)}{T} \tag{3-1}$$

式中　PCSR——植被固碳速率；

　　　CCC——生物量含碳率转化系数；

　　　$B_b$、$B_a$——时间 $b$ 和时间 $a$ 的生物量；

　　　　T——时间 $a$ 到时间 $b$ 的时间间隔。

不同气候条件下的植被固碳速率都参照本公式进行计算。以辽宁中部城市群 2000 年模拟的森林植被碳储量与 2014 年森林植被碳储量真实值的差值作为该区域植被固碳潜力（Plant Carbon Sequestration Potential，PCSP，$t/hm^2$）计算公式如下：

$$PCSP = c \cdot (B_{max} - B_{2014}) \tag{3-2}$$

式中　PCSP——植被固碳潜力；

$c$——植被生物量含碳率一般转化系数（取值 0.45，生物量含碳率转化系数算术平均值）；

$B_{max}$、$B_{2014}$——模拟时出现的最大森林植被碳储量与 2014 年森林植被真实碳储量值。

（1）区域尺度

根据 LANDIS 模拟得出了辽宁中部城市群 2014 年的森林碳密度分布，总体来看，辽宁中部城市群的森林碳密度呈现中部最高，东部和东南部较少的分布趋势。辽宁省中部城市群最高的碳密度是 57.9$t/hm^2$，平均碳密度为 41.79$t/hm^2$，中部城市群总的森林碳储量为 $1.23 \times 10^8 t$。

（2）城市尺度

辽宁中部城市群分为七个城市，我们分别分析了 7 个城市的森林植被碳密度的差异。2014 年辽宁中部城市群中森林碳密度最高的是沈阳市 47.99$t/hm^2$。最低的为本溪市 38.54$t/hm^2$。辽宁中部城市群各城市森林碳密度从大到小依次是：沈阳市＞辽阳市＞营口市＞铁岭市＞鞍山市＞抚顺市＞本溪市。总碳储量从大到小依次是：抚顺市＞本溪市＞鞍山市＞铁岭市＞营口市＞辽阳市＞沈阳市（表 3-1）。

**2014 年辽宁中部城市群各市森林碳储量**　　　　　表 3-1

| 城市 | 碳密度（$t/hm^2$） | 总碳储量（t） |
|---|---|---|
| 鞍山市 | 42.41 | 19695633 |
| 本溪市 | 38.54 | 25786175 |
| 抚顺市 | 39.96 | 33979728 |
| 辽阳市 | 45.84 | 8583878 |
| 沈阳市 | 47.99 | 3259412 |
| 铁岭市 | 44.91 | 19422379 |
| 营口市 | 45.13 | 12104903 |

**2. 森林固碳速率**

（1）区域尺度

从整个研究区的区域尺度分析（图 3-2），辽宁中部城市群的森林固碳速率总体呈现中部和中南部最高，东部和南部最低。辽宁中部城市群的固碳速率最高值为 0.258$t/(hm^2 \cdot a)$，而辽宁中部城市群森林区域的平均固碳速率为 0.212$t/(hm^2 \cdot a)$。

（2）城市尺度

辽宁中部城市群的 7 个城市中，辽阳市的平均森林固碳速率最高，为 0.226$t/(hm^2 \cdot a)$；最低的为沈阳市，19.88$t/(hm^2 \cdot a)$。鞍山市、本溪市、抚顺市、铁岭市和营口市的平均森林固碳速率分别为 0.210$t/(hm^2 \cdot a)$、0.212$t/(hm^2 \cdot a)$、0.211$t/(hm^2 \cdot a)$、0.217$t/(hm^2 \cdot a)$ 和 0.206$t/(hm^2 \cdot a)$（图 3-1）。

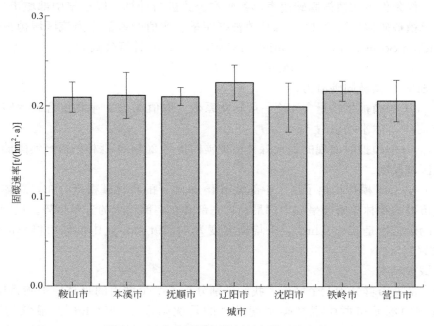

图 3-1　辽宁中部城市群各市森林固碳速率

### 3. 森林固碳潜力

（1）区域尺度

区域尺度上，辽宁中部城市群的森林植被固碳潜力总体上呈现出北部和南部高，中部低的趋势，整个研究区区域尺度上最大的森林单位面积固碳潜力约为 86.81t/hm²，而区域平均单位面积固碳潜力为 20.01t/hm²。区域总的固碳潜力为 $5.88 \times 10^7$t。

（2）城市尺度

辽宁中部城市群七个城市的固碳潜力差异较大。单位面积最高的固碳潜力城市为沈阳市，29.33t/hm²；本溪市最低，为 18.06t/hm²。不同城市之间的平均单位面积固碳潜力顺序为：沈阳市＞铁岭市＞营口市＞辽阳市＞鞍山市＞抚顺市＞本溪市。七个城市中森林总固碳潜力最大的是抚顺市，为 $1.65 \times 10^7$t；沈阳市最小，为 $1.99 \times 10^6$t（表 3-2）。

辽宁中部城市群各城市森林固碳潜力表　　　　　　　　　　　　　表 3-2

| 城市 | 单位面积固碳潜力（t/hm²） | 固碳潜力（t） |
| --- | --- | --- |
| 鞍山市 | 20.33 | 9439388 |
| 本溪市 | 18.06 | 12083288 |
| 抚顺市 | 19.41 | 16501284 |
| 辽阳市 | 20.48 | 3834923 |
| 沈阳市 | 29.33 | 1991839 |
| 铁岭市 | 21.52 | 9306756 |
| 营口市 | 21.03 | 5641989 |

### 3.1.2　辽宁中部城市群农田固碳速率和潜力

以农田碳密度作为因变量，植被指数作为自变量，通过回归分析选取合适的植被指数作为预测因子，进行碳密度分析与模拟，以此建立估测辽宁中部城市群的回归模型，对区域碳储量进行模拟。

**1. 农田碳储量**

（1）区域尺度

通过遥感反演，我们得到了辽宁中部城市群 2014 年的农田碳密度分布，总体来看，辽宁中部城市群的农田碳密度呈现中部和南部最高，西部和北部较少的分布趋势。辽宁省中部城市群农田的最高碳密度是 $53.6t/hm^2$，平均碳储量为 $16.3t/hm^2$，中部城市群总的农田碳储量为 $5.00×10^7t$。

（2）城市尺度

2014 年辽宁中部城市群中农田碳密度最高的是本溪市 $24.22t/hm^2$。最低的为沈阳市 $13.34t/hm^2$。碳储量最大的是沈阳市 $1.42×10^7t$，其次是铁岭市，碳储量最少的是本溪市 $3.24×10^6t$。辽宁中部城市群各城市农田碳密度从大到小依次是：本溪市＞抚顺市＞营口市＞辽阳市＞鞍山市＞铁岭市＞沈阳市。总碳储量从大到小依次是：沈阳市＞铁岭市＞鞍山市＞抚顺市＞辽阳市＞营口市＞本溪市（表3-3）。

辽宁中部城市群农田碳储量　　　　　　　　　　表3-3

| 城市 | 碳密度($t/hm^2$) | 碳储量(t) |
|---|---|---|
| 鞍山市 | 16.02 | 6385587 |
| 本溪市 | 24.22 | 3238858 |
| 抚顺市 | 22.15 | 5235441 |
| 辽阳市 | 18.85 | 4448183 |
| 沈阳市 | 13.34 | 14183328 |
| 铁岭市 | 15.38 | 12248854 |
| 营口市 | 21.63 | 4234694 |

**2. 农田固碳速率**

（1）区域尺度

从整个研究区的区域尺度分析（图 3-2），辽宁中部城市群的农田固碳速率总体呈现中部最高，北部和西部最低。农田的固碳速率最高值为 $0.12t/(hm^2 \cdot a)$，而辽宁中部城市群农田区域的平均固碳速率为 $0.078t/(hm^2 \cdot a)$。

（2）城市尺度

辽宁中部城市群的 7 个城市中，辽阳市的农田平均固碳速率最高，为 $0.085t/(hm^2 \cdot a)$；最低的为鞍山市，$0.072t/(hm^2 \cdot a)$。农田固碳速率从大到小依次是：辽阳市＞营口市＞铁岭市＞本溪市＞抚顺市＞沈阳市＞鞍山市。

**3. 农田固碳潜力**

（1）区域尺度

区域尺度上，辽宁中部城市群的农田植被固碳潜力总体上呈现出北部和西部高，中部

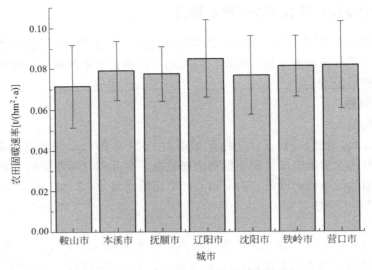

图 3-2 辽宁中部城市群各市农田固碳速率

低的趋势。整个研究区区域尺度上最大的农田单位面积固碳潜力约为 40.57t/hm²，而区域平均单位面积固碳潜力为 12.78t/hm²，区域总的固碳潜力为 $3.91 \times 10^7$ t。

（2）城市尺度

单位面积最高的农田固碳潜力城市为营口市，13.54t/hm²；本溪市最低，为 10.60t/hm²。不同城市之间的农田单位面积固碳潜力顺序为：营口市＞沈阳市＞辽阳市＞铁岭市＞鞍山市＞抚顺市＞本溪市。7 个城市中森林总固碳潜力最大的是沈阳市，为 $1.41 \times 10^7$ t；本溪市最小，为 $1.42 \times 10^6$ t（表 3-4）。

辽宁中部城市群各城市农田固碳潜力 表 3-4

| 城市 | 单位面积固碳潜力（t/hm²） | 固碳潜力（t） |
| --- | --- | --- |
| 鞍山市 | 12.64 | 5037047 |
| 本溪市 | 10.60 | 1415412 |
| 抚顺市 | 11.46 | 2707075 |
| 辽阳市 | 12.97 | 3058417 |
| 沈阳市 | 13.26 | 14083244 |
| 铁岭市 | 12.73 | 10119118 |
| 营口市 | 13.54 | 2646735 |

### 3.1.3 辽宁中部城市群植被整体固碳速率和潜力分析

#### 1. 辽宁中部城市群植被整体碳储量

辽宁中部城市群的碳储量分布总体呈现西北农田区域碳储量较低，东南森林区域碳储量较高，最高碳密度为 57.9t/hm²。辽宁中部城市群的平均碳密度为 28.38t/hm²，总的碳储量为 $1.73 \times 10^8$ t。

辽宁省中部城市群中，碳密度最大的是本溪市，36.08t/hm²；最小的为沈阳市，

15.00t/hm$^2$。而总碳储量最大的是抚顺市，3.92×10$^7$t；最小的是辽阳市，为1.30×10$^7$t（表3-5）。

辽宁中部城市群各市碳储量分布

表3-5

| 城市 | 碳密度(t/hm$^2$) | 森林碳储量(t) | 农田碳储量(t) | 总碳储量(t) |
|------|------|------|------|------|
| 鞍山市 | 29.80 | 19695633 | 6385587 | 26081220 |
| 本溪市 | 36.08 | 25786175 | 3238858 | 29025033 |
| 抚顺市 | 35.92 | 33979728 | 5235441 | 39215169 |
| 辽阳市 | 30.42 | 8583878 | 4448183 | 13032061 |
| 沈阳市 | 15.00 | 3259412 | 14183328 | 17442740 |
| 铁岭市 | 25.07 | 19422379 | 12248854 | 31671234 |
| 营口市 | 34.91 | 12104903 | 4234694 | 16339597 |

**2. 辽宁中部城市群植被整体固碳速率**

从整个研究区的区域尺度分析，辽宁中部城市群的固碳速率总体呈现西北低，东南高的趋势。固碳速率最高值为0.258t/(hm$^2$·a)，而辽宁中部城市群的平均固碳速率为0.142t/(hm$^2$·a)。

辽宁中部城市群的7个城市中，固碳速率最大的是本溪市，为0.19t/(hm$^2$·a)，最小的为沈阳市。固碳速率从大到小顺序为：本溪市＞抚顺市＞营口市＞辽阳市＞鞍山市＞铁岭市＞沈阳市（图3-3）。

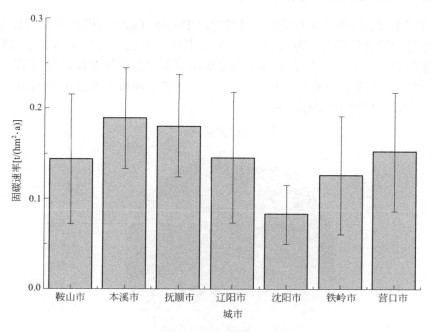

图3-3  辽宁中部城市群各市固碳速率

**3. 辽宁中部城市群植被整体固碳潜力**

辽宁中部城市群的固碳潜力总体呈现西北低，东南高的分布趋势。整个研究区区域尺度上最大的单位面积固碳潜力约为 86.81t/hm², 而区域平均单位面积固碳潜力为 16.06t/hm², 区域总的固碳潜力为 $9.79 \times 10^7$t。

单位面积最高的单位面积固碳潜力城市为营口市, 17.62t/hm²; 沈阳市最低, 为 13.99t/hm²。不同城市之间的单位面积固碳潜力顺序为: 营口市＞抚顺市＞本溪市＞鞍山市＞辽阳市＞铁岭市＞沈阳市。7 个城市中总固碳潜力最大的是铁岭市, 为 $1.94 \times 10^7$t; 本溪市最小, 为 $6.89 \times 10^6$t (表 3-6)。

辽宁中部城市群各城市固碳潜力　　　　　　　　　　　　表 3-6

| 城市 | 单位面积固碳潜力<br>（t/hm²） | 森林固碳潜力<br>（t） | 农田固碳潜力<br>（t） | 总固碳潜力<br>（t） |
|---|---|---|---|---|
| 鞍山市 | 16.49 | 9439388 | 5037047 | 14476435 |
| 本溪市 | 16.64 | 12083288 | 1415412 | 13498700 |
| 抚顺市 | 17.46 | 16501284 | 2707075 | 19208359 |
| 辽阳市 | 16.10 | 3834923 | 3058417 | 6893340 |
| 沈阳市 | 13.99 | 1991839 | 14083244 | 16075083 |
| 铁岭市 | 15.49 | 9306756 | 10119118 | 19425874 |
| 营口市 | 17.62 | 5641989 | 2646735 | 8288724 |

### 3.1.4　辽宁中部城市群土地利用碳蓄积量

根据辽宁中部各城市土地利用组成计算得出中部城市总碳蓄积量为 33923.50 万 t。其中, 林地碳蓄积量总量最大, 为 22215.06 万 t; 其次为耕地, 为 9380.4 万 t; 建筑用地的碳蓄积量也较大, 为 1372.42 万 t; 湿地和草地的碳蓄积总量分别为 679.74 万 t 和 250.51 万 t; 其他类型碳蓄积总量最小, 为 25.41 万 t。辽宁中部城市群各土地利用类型碳蓄积量占总碳蓄积量的比例组成见图 3-4。

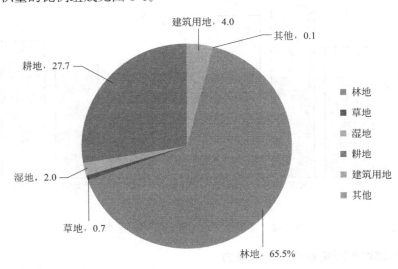

图 3-4　辽宁中部城市群土地利用类型碳蓄积量百分比组成

辽宁中部各城市不同土地利用类型碳蓄积量计算结果见表 3-7 和图 3-5。从结果分析可得，各城市总碳蓄积量由高到低依次为抚顺、铁岭、本溪、鞍山、沈阳、营口和辽阳，这与各城市土地利用组成有关。其中，抚顺和本溪的林地面积较大，铁岭的林地和耕地面积均较大，因此这三个城市的碳蓄积总量较高，而辽阳和营口的辖区总面积相对较小，所以得出的碳蓄积总量明显低于其他城市。

从各城市不同土地利用类型碳蓄积量组成情况来看，沈阳以耕地碳蓄积量最大，而其他 6 个城市均为林地碳蓄积量最大，占各城市土地利用碳蓄积总量比例均超过 50%，其中本溪和抚顺的占比相对较高，分别达 89.0% 和 85.1%；沈阳、营口和辽阳建筑用地碳蓄积量占比相对较高，分别为 9.7%、7.1% 和 6.1%，其他城市占比均不足 5.0%。各城市土地利用碳蓄积量占比组成见图 3-6。

**辽宁中部各城市土地利用碳蓄积量**　　　　　　　　　　表 3-7

| 土地利用类型 | 碳蓄积量(万 t) | | | | | | | |
|---|---|---|---|---|---|---|---|---|
| | 沈阳 | 鞍山 | 抚顺 | 本溪 | 营口 | 辽阳 | 铁岭 | 合计 |
| 林地 | 799.70 | 3504.68 | 6100.09 | 4999.84 | 1909.08 | 1429.72 | 3471.96 | 22215.06 |
| 草地 | 29.38 | 44.85 | 59.15 | 33.63 | 22.42 | 15.85 | 45.23 | 250.51 |
| 湿地 | 188.59 | 36.90 | 66.83 | 94.70 | 135.29 | 65.19 | 92.24 | 679.74 |
| 耕地 | 3200.08 | 1216.15 | 853.63 | 422.37 | 547.88 | 699.39 | 2440.85 | 9380.34 |
| 建筑用地 | 455.59 | 219.19 | 91.90 | 65.61 | 199.54 | 143.51 | 197.08 | 1372.42 |
| 其他 | 10.55 | 2.88 | 0.00 | 0.64 | 4.63 | 0.80 | 5.91 | 25.41 |
| 合计 | 4683.89 | 5024.64 | 7171.60 | 5616.79 | 2818.85 | 2354.45 | 6253.27 | 33923.50 |

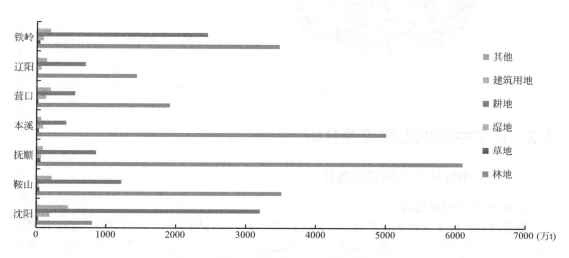

图 3-5　辽宁中部各城市土地利用碳蓄积量

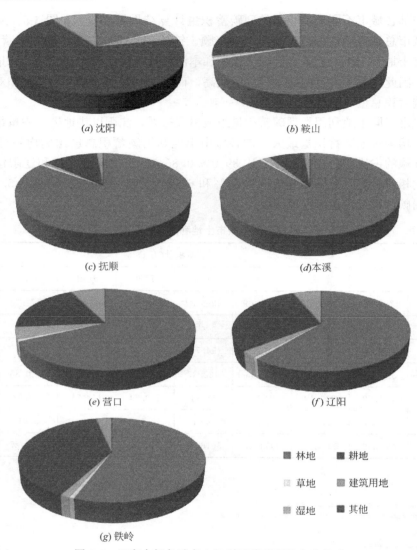

图 3-6　辽宁中部各城市土地利用碳蓄积量占比组成

## 3.2　辽宁中部城市群碳源分析

### 3.2.1　辽宁中部城市群碳足迹现状

#### 1. 居民相关碳足迹现状

随着全球气候变化越来越受关注，碳足迹应运而生，特别是近年来得到很多国家和研究者的关注，相关研究日益丰富。目前，针对碳足迹的定义主要可分为两类。第一类认为碳足迹源于生态足迹，是生态足迹的一部分，即吸收化石燃料燃烧排放的二氧化碳所需的生态承载面积（赵荣钦和黄贤金，2010），也就是人类生活中能源消费排放的二氧化碳所产生的能源足迹，是生态足迹中占比较大的主要影响因素。第二类认为是人类活动的碳排放总量（邓宣凯等，2012）。本书综合考虑人类生活消耗的煤炭、焦炭、汽油、柴油、煤油、燃料油、天然气和电力等能源消费产生的碳足迹和建筑碳足迹，即将碳足迹分为建筑相关和居民相关两部分，并从人均碳足迹和碳消费总量两个层面综合反映研究区内各城市的碳足迹。

**2. 居民能源消费碳排放量现状**

本研究居民相关碳足迹分析中主要考虑煤炭、焦炭、汽油、柴油、煤油、燃料油、天然气和电力等能源类型，各能源的折算系数和碳排放系数见表 3-8。

居民主要消费能源碳排放转换系数　　　　表 3-8

| 指标 | 煤炭 | 焦炭 | 汽油 | 煤油 | 柴油 | 燃料油 | 天然气 | 电力 |
|---|---|---|---|---|---|---|---|---|
| 折算系数 | 0.7143 | 0.9714 | 1.4714 | 1.4714 | 1.4571 | 1.4286 | 1.3300 | 0.1229 |
| 碳排放系数 | 0.7559 | 0.855 | 0.5538 | 0.5714 | 0.5921 | 0.6185 | 0.4483 | 0.6800 |

根据能源消费数据和计算模型，计算得出中部城市群各城市居民能源消费碳排放量，结果见表 3-9。

辽宁中部城市群各城市居民能源消费碳排放总量（万 t/a）　　表 3-9

| 城市 | 煤炭 | 焦炭 | 汽油 | 煤油 | 柴油 | 燃料油 | 天然气 | 电力 | 总计 |
|---|---|---|---|---|---|---|---|---|---|
| 沈阳 | 1042.31 | 70.58 | 3.01 | 117.62 | 40.58 | 15.19 | 10.25 | 17.70 | 1317.23 |
| 鞍山 | 1213.17 | 82.15 | 3.50 | 136.90 | 47.23 | 17.68 | 11.93 | 20.60 | 1533.16 |
| 抚顺 | 606.87 | 41.09 | 1.75 | 68.48 | 23.63 | 8.84 | 5.97 | 10.30 | 766.93 |
| 本溪 | 566.24 | 38.34 | 1.64 | 63.89 | 22.05 | 8.25 | 5.57 | 9.61 | 715.58 |
| 辽阳 | 389.55 | 26.38 | 1.13 | 43.96 | 15.17 | 5.68 | 3.83 | 6.61 | 492.29 |
| 营口 | 602.08 | 40.77 | 1.74 | 67.94 | 23.44 | 8.77 | 5.92 | 10.22 | 760.88 |
| 铁岭 | 1086.14 | 73.55 | 3.14 | 122.56 | 42.29 | 15.83 | 10.68 | 18.44 | 1372.61 |

从表 3-9 的结果可以看出，辽宁省中部城市群的 7 个城市居民能源消费碳排放总量在 492.29 万～1533.16 万 t/a，鞍山碳排放量最大，辽阳最低；其他城市中，铁岭和沈阳碳排放量较高，均超过千万吨；抚顺、营口和本溪次之（图 3-7）。

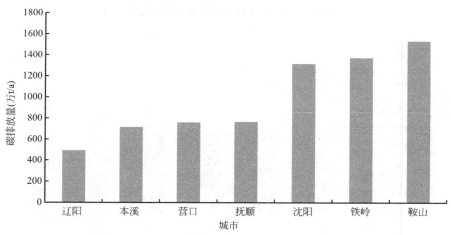

图 3-7　辽宁省中部城市群各城市居民消费碳排放量

**3. 辽宁中部城市群各城市居民相关碳足迹**

根据上述计算得出的各城市能源消费碳排放量和城市净初级生产力，通过改进的碳足迹模型计算得出辽宁中部城市群各城市的碳足迹总量，结果见表 3-10。

辽宁中部城市群各城市居民相关碳足迹 表 3-10

| 城市 | 沈阳 | 鞍山 | 抚顺 | 本溪 | 辽阳 | 营口 | 铁岭 |
|---|---|---|---|---|---|---|---|
| 碳足迹(万 $hm^2$) | 289.64 | 277.28 | 126.39 | 116.38 | 91.49 | 134.38 | 264.63 |
| 人均碳足迹($hm^2$) | 0.40 | 0.79 | 0.58 | 0.76 | 0.51 | 0.58 | 0.88 |

　　从表中结果可以看出，辽宁中部城市群各城市居民相关碳足迹总量范围在 91.49 万～289.64 万 $hm^2$ 之间，辽阳碳足迹总量最小，沈阳最大；其他城市中，鞍山和铁岭总量较高，其次为营口、抚顺和本溪；人均碳足迹范围在 0.40～0.88$hm^2$ 之间，沈阳最小，铁岭最大；其他城市中鞍山和本溪较高，其次为营口、抚顺和辽阳。综合来看，辽阳的碳足迹总量和人均碳足迹均为中部城市群中较小，抚顺和营口水平均居中，这与城市规模、产业结构、人口数量等因素有关（图 3-8、图 3-9）。

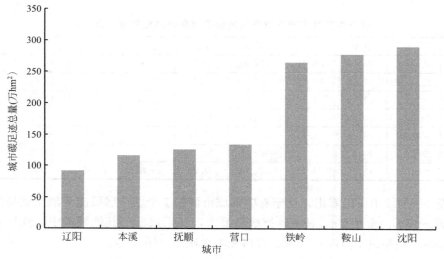

图 3-8　辽宁中部城市群各城市碳足迹总量

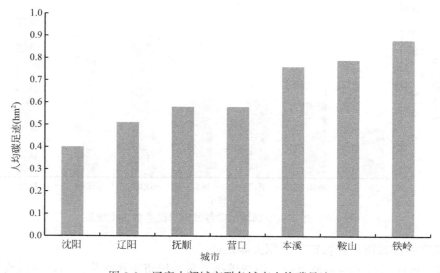

图 3-9　辽宁中部城市群各城市人均碳足迹

### 3.2.2 城市群建筑相关碳足迹分析

#### 1. 建材准备阶段碳足迹

根据研究区内建筑特点及建材消费量大小，本研究选取水泥、钢材、木材、砖和沙等5种主要建材计算建材准备阶段的碳足迹，模型中各项指标参数综合参考相关研究结果，具体结果见表3-11。

建材准备阶段碳足迹模型指标参数表　　　　表 3-11

| 指标 | | 水泥 | 钢材 | 木材 | 砖 | 沙 |
|---|---|---|---|---|---|---|
| 建材消耗量[①] | 砖混 | 149 | 25 | 7 | 375 | 445 |
| | 钢混 | 246 | 59 | 8 | 607 | 417 |
| 温室气体排放因子 | EF | 0.71 | 1.46 | 0.14 | 0.09 | 0.004 |
| | IF | 0.333 | 1.059 | — | — | — |
| 公路运输排放因子 | | $15.9 \times 10^{-5}$ | | | | |
| 回收系数[①] | | 10 | 90 | 20 | 50 | 60 |
| 节能率[①] | | 20 | 60 | 10 | 100 | 100 |

[①] 参考文献 Fang You et. al，2011；其他指标参考：汪静，2009；龚志起，2004。

根据上述指标及模型计算，砖混结构建筑的水泥、钢材、木材、砖和沙的准备阶段碳足迹分别为 $148.8kg/m^2$、$20.2kg/m^2$、$1.2kg/m^2$、$28.8kg/m^2$ 和 $14.9kg/m^2$，砖混结构建材准备阶段碳足迹为 $213.9kg/m^2$；钢混结构建筑的水泥、钢材、木材、砖和沙的准备阶段碳足迹分别为 $245.6kg/m^2$、$46.1kg/m^2$、$1.1kg/m^2$、$29.2kg/m^2$ 和 $2.0kg/m^2$，砖混结构建材准备阶段碳足迹为 $324.0kg/m^2$。

#### 2. 施工阶段碳足迹

（1）施工阶段能源碳足迹

施工阶段能源碳足迹采用投入产出法进行计算，即利用建筑业能源消耗量统计数据除以当年在建施工面积，得到单位建筑面积能源消耗量，再乘以相应排放因子，即得出施工阶段能源碳足迹，其中建筑业能源消耗及在建施工面积数据取自《中国统计年鉴》和《辽宁省统计年鉴》。此部分研究结果为多年平均值，为 $22.69kg/m^2$。

（2）施工阶段垃圾碳足迹

根据不同类型建筑中各种建材消耗量与建材施工损耗比例，计算得出各种建材的垃圾产生量。其中，砖混结构建筑的水泥、钢材、砖和沙的垃圾产生量分别为 $4.47kg/m^2$、$1.25kg/m^2$、$11.25kg/m^2$ 和 $13.35kg/m^2$，总垃圾产生量为 $30.32kg/m^2$；钢混结构建筑的水泥、钢材、砖和沙的垃圾产生量分别为 $7.38kg/m^2$、$2.95kg/m^2$、$18.21kg/m^2$ 和 $12.51kg/m^2$，总垃圾产生量为 $41.05kg/m^2$；结果见表3-12。

建筑施工阶段垃圾产生量（$kg/m^2$）　　　　表 3-12

| 指标 | | 水泥 | 钢材 | 砖 | 沙 |
|---|---|---|---|---|---|
| 建材消耗量 | 砖混 | 149 | 25 | 375 | 445 |
| | 钢混 | 246 | 59 | 607 | 417 |

续表

| 指标 | | 水泥 | 钢材 | 砖 | 沙 |
|---|---|---|---|---|---|
| 建材损耗比例 | | 3 | 5 | 3 | 3 |
| 垃圾产生量 | 砖混 | 4.47 | 1.25 | 11.25 | 13.35 |
| | 钢混 | 7.38 | 2.95 | 18.21 | 12.51 |
| 合计 | 砖混 | 30.32 | | | |
| | 钢混 | 41.05 | | | |

按照对建筑施工中产生的垃圾进行填埋、堆肥和焚烧等不同处理方式,根据周晓萃等(2012)研究结果,施工阶段垃圾处理中机械运作的能源消耗排放因子见表 3-13。

建筑施工阶段垃圾处理中机械运作的能源消耗排放因子　　　　表 3-13

| 处理方式 | 燃油耗量（kg/t） | 电力耗量（kWh/t） | 燃油排放因子（kg/kg） | 电力排放因子（kg/kWh） | 能源消耗排放因子（kg/kg） |
|---|---|---|---|---|---|
| 填埋 | 0.23 | 1.26 | | | 0.0018 |
| 堆肥 | 0.0039 | 89.3 | 3.25 | 0.835 | 0.0746 |
| 焚烧 | 0 | 794 | | | 0.663 |

根据砖混结构和钢混结构建筑垃圾排放量、垃圾运输排放因子和机械运作的能源排放因子,按照施工阶段垃圾碳足迹计算模型,得出砖混结构和钢混结构施工阶段垃圾碳足迹(WE)分别为 $0.20kg/m^2$ 和 $0.27kg/m^2$。

**3. 建筑拆除碳足迹**

拆除建筑所产生的碳足迹主要来源于拆除过程中所使用的机械设备和车辆所消耗的能源以及垃圾在运输和处理过程中所消耗的能源。其中,垃圾运输和处理过程所产生的碳足迹计算模型与施工阶段产生的碳足迹计算模型相同,拆除阶段的垃圾产生量采用相关研究得出的经验数据,为 $1300kg/m^2$（朱东风等,2010）,计算得出建筑拆除的垃圾碳足迹为 $8.54kg/m^2$;拆除过程中所使用的机械设备和车辆所消耗的能源产生的碳足迹参考 T. Ramesh 等(2010)的研究结果,取值为 $2.16kg/m^2$;因此,综合拆除过程中机械设备和车辆能源消耗碳足迹与垃圾运输和处理碳足迹,得出建筑拆除所产生的碳足迹为 $10.70kg/m^2$。

**4. 辽宁中部城市群各市建筑相关碳足迹**

通过对建筑相关过程的建材准备阶段碳足迹、施工阶段碳足迹和拆除阶段碳足迹分析,综合得出砖混结构和钢混结构建筑相关碳足迹分别为 $247.14kg/m^2$ 和 $357.26kg/m^2$。各种建材中,水泥对碳足迹贡献最大,这主要与建筑的水泥用量大、生产过程中消耗能源多等因素有关;而从建筑过程的各阶段来看,建材准备阶段的碳足迹对整个建筑碳足迹贡献较大,在砖混结构和钢混结构建筑中的贡献占比均超过 80%;同时考虑到辽宁中部城市建筑结构中砖混结构占比较大的特点,并参考［《建筑施工手册》（第四版）（2003）第二分册,建筑施工手册（第四版）编写组］,得出辽宁中部城市的建筑相关碳足迹为 $269.16kg/m^2$。

## 3.2.3 辽宁中部城市群三维建筑容量

**1. 均质斑块建设容量计算**

辽宁中部城市均质斑块建设容量计算结果见图 3-10。

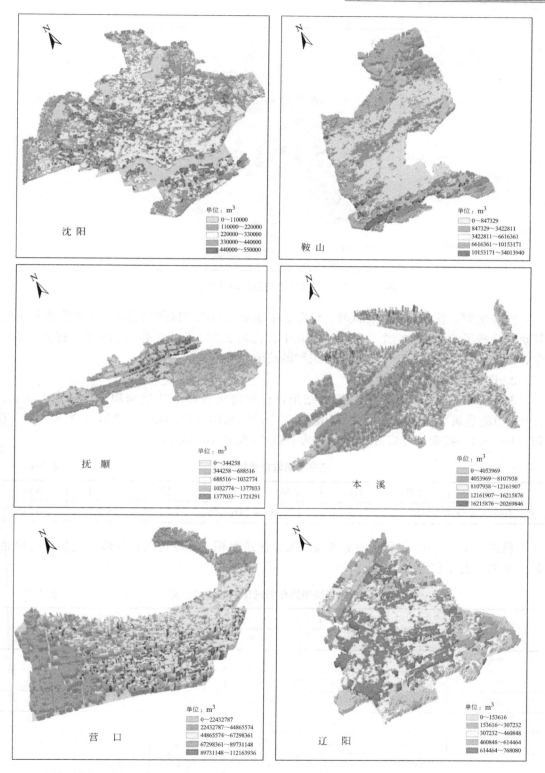

图 3-10　辽宁中部城市均质斑块建设容量

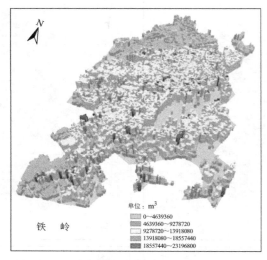

单位：m³
0～4639360
4639360～9278720
9278720～13918080
13918080～18557440
18557440～23196800

铁 岭

图 3-10 辽宁中部城市均质斑块建设容量（续）

完成沈阳、鞍山、抚顺、铁岭、辽阳、本溪和营口城市区的高分辨率遥感影像的正射校正。完成了沈阳 67727 个、鞍山 16840 个、抚顺 20760 个、铁岭 10379 个、辽阳 15597 个、本溪 15686 个和营口 19021 个建筑物的轮廓提取。

**2. 辽宁中部城市建筑面积**

基于辽宁中部城市建筑容量提取结果，计算得出各城市建筑面积，结果见表 3-14。7 个城市的建筑平均高度高低顺序为沈阳（15m）＞鞍山（11.64m）＞铁岭（11.45m）＞辽阳（10.9m）＞抚顺（9.51m）＞营口（9.47m）＞本溪（6.98m）。

辽宁中部城市建筑面积 表 3-14

| 城市 | 沈阳 | 鞍山 | 抚顺 | 本溪 | 营口 | 辽阳 | 铁岭 |
|---|---|---|---|---|---|---|---|
| 建筑面积(万 m²) | 64640.62 | 57894.84 | 9123.98 | 3108.86 | 4753.17 | 5872.71 | 3709.06 |

根据 2011～2013 年辽宁中部各城市竣工建筑面积，计算得出逐年新增建筑碳排放总量，结果见表 3-15。

辽宁中部城市逐年新增建筑碳排放总量 表 3-15

| 城市 | 竣工面积(万 m²) | | | 新增碳排放量(万 t) | | |
|---|---|---|---|---|---|---|
| | 2011 年 | 2012 年 | 2013 年 | 2011 年 | 2012 年 | 2013 年 |
| 沈阳 | 3301.7 | 4125.7 | 2924.3 | 888.7 | 1110.5 | 787.1 |
| 鞍山 | 669.6 | 742.2 | 140.4 | 180.2 | 199.8 | 37.8 |
| 抚顺 | 629.9 | 589.9 | 957.8 | 169.5 | 158.8 | 257.8 |
| 本溪 | 629.0 | 806.9 | 168.9 | 169.3 | 217.2 | 45.5 |
| 营口 | 1189.9 | 1034.6 | 485.9 | 320.3 | 278.5 | 130.8 |
| 辽阳 | 267.9 | 332.7 | 15.8 | 72.1 | 89.5 | 4.3 |
| 铁岭 | 940.1 | 1238.3 | 918.5 | 253.0 | 333.3 | 247.2 |

从表 3-15 中各城市建筑碳排放量逐年变化结果分析：从空间角度来看，各城市中沈阳各年的竣工建筑面积均明显高于其他城市，所以各年新增建筑碳排放总量明显高于其他城市，从 2011～2013 年，新增碳排放总量在 787.1 万～1110.5 万 t 之间，2012 年最高；辽阳各年的竣工建筑面积均最小，其各年建筑新增碳排放总量仅为 4.3 万～89.5 万 t，沈阳的碳排放总量约为辽阳碳排放总量的 12～183 倍；其他城市的建筑新增碳排放总量在 37.8 万～333.3 万 t 之间，因此可以看出，辽宁中部城市建筑新增碳排放总量空间差异较大。

从时间角度来看，2011～2013 年间，各城市的建筑新增碳排放总量基本为 2012 年最高，2013 年最低，2011 年居中；2012 年各市碳排放总量在 89.5 万～1110.5 万 t 之间，而 2013 年为 4.3 万～787.1 万 t 之间，2011 年年末 72.1 万～888.7 万 t 之间。各城市新增建筑碳排放总量逐年变化结果见图 3-11。

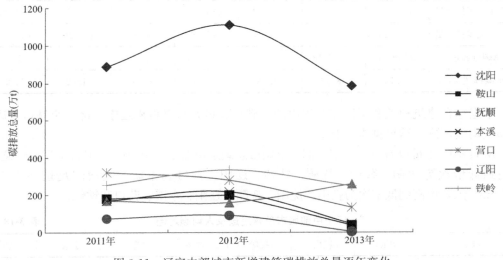

图 3-11　辽宁中部城市新增建筑碳排放总量逐年变化

## 3.2.4　辽宁中部城市群碳足迹分析

### 1. 辽宁中部城市建筑碳足迹

根据上述计算得出的单位建筑面积碳足迹和辽宁中部城市建筑面积，计算得出辽宁中部城市建筑总碳排放量，结果见表 3-16。

从表中结果可知，辽宁中部城市建筑相关碳排放量范围在 836.78 万～17398.67 万 t 之间，沈阳最高，这与沈阳建筑面积较大有关。

辽宁中部城市建筑相关碳排放总量　　　　　　　　　　表 3-16

| 城市 | 沈阳 | 鞍山 | 抚顺 | 本溪 | 营口 | 辽阳 | 铁岭 |
|---|---|---|---|---|---|---|---|
| 碳排放量(万 t) | 17398.67 | 15582.98 | 2455.81 | 836.78 | 1279.36 | 1580.70 | 998.33 |

### 2. 辽宁中部城市碳排放总量

综合辽宁中部城市建筑相关碳排放总量和居民相关碳排放总量，得到各城市总碳排放量，结果见表 3-17。

从表中结果可知，辽宁中部城市建筑与居民生活总体碳排放量在 1552.36～18175.90 万 t 之间，由高到低依次为：沈阳、鞍山、抚顺、铁岭、辽阳、营口和本溪，各城市间差异较大。铁岭以居民相关碳排放为主，占比在 58% 左右；而其他 6 个城市建筑相关碳排放量在总碳排放量中占比较高，占比在 53.9%～92.9% 之间，特别是沈阳和鞍山超过 90% 的碳排放量来自建筑相关排放，可以看出城市建筑规模对于城市的碳排放和碳足迹影响较大。

辽宁中部 7 城市人均碳排放量在 7.85～48.93t 之间，由高到低依次为鞍山、沈阳、抚顺、辽阳、本溪、营口和铁岭。

辽宁中部城市碳排放量（万 t）　　　　　　　　　　　表 3-17

| 城市 | 沈阳 | 鞍山 | 抚顺 | 本溪 | 营口 | 辽阳 | 铁岭 |
|---|---|---|---|---|---|---|---|
| 建筑相关碳排放量 | 17398.67 | 15582.98 | 2455.81 | 836.78 | 1279.36 | 1580.70 | 998.33 |
| 居民相关碳排放量 | 1317.23 | 1533.15 | 766.93 | 715.58 | 760.88 | 492.29 | 1372.61 |
| 总碳排放量 | 18715.90 | 17116.13 | 3222.74 | 1552.36 | 2040.24 | 2072.99 | 2370.94 |
| 人均碳排放量(t) | 25.74 | 48.93 | 14.78 | 10.19 | 8.78 | 11.52 | 7.85 |

根据综合建筑相关和居民相关得出的总碳排放量，折算得出辽宁中部 7 个城市总碳足迹和人均碳足迹，结果见表 3-18。

从表 3-18 中可以看出，辽宁中部 7 个城市总碳足迹在 252.46 万～4115.33 万 $hm^2$ 之间，由高到低依次为沈阳、鞍山、抚顺、铁岭、辽阳、营口和本溪。人均碳足迹在 1.51～8.85$hm^2$/人，由高到低依次为鞍山、沈阳、抚顺、辽阳、本溪、营口和铁岭。

辽宁中部城市总碳足迹及人均碳足迹　　　　　　　　表 3-18

| 城市 | 沈阳 | 鞍山 | 抚顺 | 本溪 | 营口 | 辽阳 | 铁岭 |
|---|---|---|---|---|---|---|---|
| 总碳足迹(万 $hm^2$) | 4115.33 | 3095.50 | 531.11 | 252.46 | 360.32 | 385.25 | 457.11 |
| 人均碳足迹(hm²/人) | 5.66 | 8.85 | 2.44 | 1.66 | 1.55 | 2.14 | 1.51 |

**3. 辽宁中部城市群万元 GDP 足迹分析**

根据辽宁省中部各城市 GDP 总量与总足迹计算得出万元 GDP 足迹，结果见图 3-12。辽宁中部各城市万元 GDP 足迹范围为 0.21～1.18$hm^2$/万元，由高到低依次为鞍山、沈阳、铁岭、抚顺、辽阳、营口和本溪。

图 3-13 显示了辽宁中部各城市 GDP 总量与总碳足迹之间趋势，从图中可以看出，各城市的碳足迹总量大小与 GDP 总量的高低趋势基本一致，GDP 较高的城市，碳足迹总量较大。7 个城市中，沈阳、鞍山的 GDP 总量和碳足迹总量均较高。

**3.2.5　辽宁中部城市土地利用碳排放结果分析**

根据辽宁中部各城市土地利用组成计算得出中部城市总碳排放量为 14332.09 万 t。其中，建筑用地碳排放总量最大，为 13730.72 万 t，占总碳排放量的 95.8%；其次为林地，为 581.00 万 t；耕地和草地分别占总碳排放量的 0.13% 和 0.01%；水域和其他

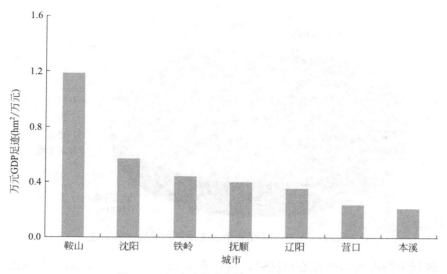

图 3-12　辽宁中部各城市万元 GDP 足迹

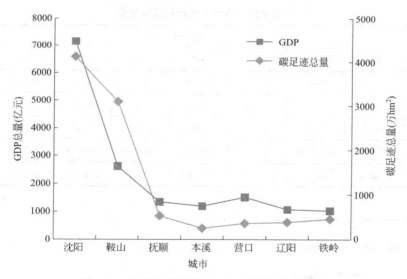

图 3-13　辽宁中部各城市 GDP 总量与总碳足迹

类型假定无碳排放量。辽宁中部城市群各土地利用类型碳排放量占总碳排放量的比例组成见图 3-14。

辽宁中部各城市不同土地利用类型碳排放量计算结果见表 3-19 和图 3-15。从结果分析可得，各城市总碳排放量由高到低依次为沈阳、鞍山、铁岭、营口、辽阳、抚顺和本溪，这与各城市总辖区面积及建筑用地面积有关。其中，沈阳、鞍山和铁岭建筑面积和辖区面积明显较大，因此这三个城市的碳排放总量较高，而营口市尽管辖区面积相对较小，但建筑面积相对较高，所以其碳排放量也较高；而抚顺和本溪林地面积较大，其碳排放总量明显低于其他城市。可以看出，建筑用地对城市碳排放量影响较大。

从各城市不同土地利用类型碳排放量组成情况来看，各城市的建筑用地碳排放量在城

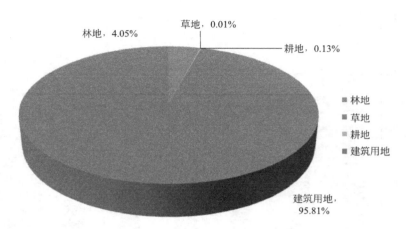

图 3-14　辽宁中部城市群各土地利用碳排放量组成

市总碳排放量中的占比均具有绝对优势，占比在 83.3%～99.4%之间。各城市土地利用碳排放量占比组成见图 3-16。

辽宁中部各城市土地利用碳排放量　　表 3-19

| 类型 | 碳排放量（万 t） | | | | | | | |
|---|---|---|---|---|---|---|---|---|
| | 沈阳 | 鞍山 | 抚顺 | 本溪 | 营口 | 辽阳 | 铁岭 | 合计 |
| 林地 | 20.91 | 91.66 | 159.54 | 130.76 | 49.93 | 37.39 | 90.80 | 580.99 |
| 草地 | 0.14 | 0.21 | 0.28 | 0.16 | 0.10 | 0.07 | 0.21 | 1.17 |
| 耕地 | 6.55 | 2.49 | 1.75 | 0.86 | 1.12 | 1.43 | 5.00 | 19.20 |
| 建筑用地 | 4558.06 | 2192.98 | 919.48 | 656.42 | 1996.30 | 1435.76 | 1971.72 | 13730.72 |
| 合计 | 4585.66 | 2287.34 | 1081.05 | 788.20 | 2047.45 | 1474.65 | 2067.73 | 14332.08 |

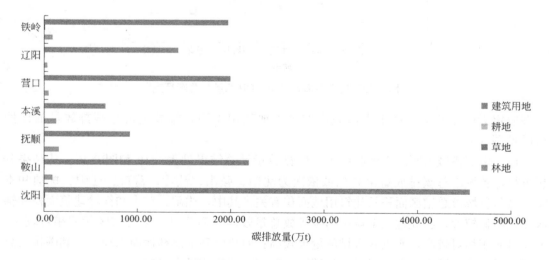

图 3-15　辽宁中部各城市土地利用碳排放量

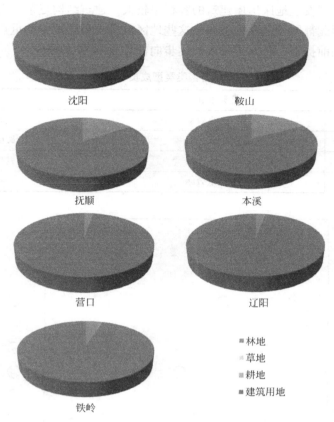

图 3-16　辽宁中部各城市土地利用碳排放量组成

## 3.2.6　辽宁中部城市群碳足迹评价

### 1. 辽宁中部城市群建筑相关碳足迹评价

不同地区的建筑因建筑结构形式、容积率、抗震系数等的不同，单方面积建材消耗量也会有差异，因此不同地区建筑相关碳足迹也就不同。碳足迹总量是各市碳排放的绝对数指标，单位面积碳足迹则是碳足迹的相对数指标，单位碳足迹越低表明效率越高。根据这两个指标本研究将辽宁各市划分为 4 种排放类型：高排放-低效率、高排放-高效率、低排放-低效率、低排放-低效率。为避免个别城市奇好数据的干扰，将碳足迹总量由低到高分别赋值 1～7，单位碳足迹由高到低分别赋值 1～7（岳瑞锋和朱永杰，2010）。利用 SPSS软件对 7 个城市的碳足迹做 K-均值聚类，结果显示 Sig. 值均小于 0.001，因此可以认为两个指标对聚类结果有价值，结果见表 3-20 和图 3-17。

从聚类结果可以看出，辽宁中部 7 个中，沈阳、鞍山和抚顺属于高排放-低效率类型，本溪、营口和辽阳数据低排放-高效率类型，铁岭数据高排放-高效率类型，无低排放-低效率类型。结合前述城市碳足迹分析，辽宁中部各城市建筑相关碳足迹在总碳足迹的占比均较高，通过聚类分析可以说明，建筑相关排放量和 GDP 水平高度吻合，经济发达地区无一例外都属于高排放，这和经济发达地区大规模建设开发有密切的联系。

在高排放城市中，经济较为发达的城市，例如沈阳和鞍山，均属于高排放-低效率类型。主要是由于经济发达地区房屋建筑的容积率较大，建筑结构复杂，因此单位面积所需建材必然较多，因此都属于低效率类型。这些地区也是未来碳减排的重点区域。在保障这些地区的经济发展前提下，降低碳排放，逐步向低排放-高效率转变。

各聚类类型成员                                              表 3-20

| 序号 | 聚类类型 | 城市 |
|---|---|---|
| 1 | 高排放-高效率 | 铁岭 |
| 2 | 高排放-低效率 | 沈阳、鞍山、抚顺 |
| 3 | 低排放-高效率 | 本溪、营口、辽阳 |
| 4 | 低排放-低效率 | — |

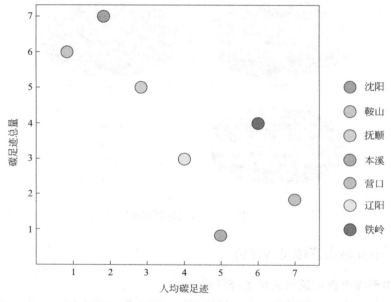

图 3-17　辽宁中部城市建筑碳足迹聚类散点图

**2. 低碳土地利用评价**

基于低碳土地利用评价模型，从自然、社会和环境三个方面分别计算辽宁中部各城市低碳土地利用分指数和指数。采用极值法对各城市评价指标进行标准化处理，经过标准化处理后的数据均处于 [0，1] 间，为使数据结果更具有可视化，将其扩大 100 倍，使低碳指数都处于 [0，100] 间，便于不同城市对比分析。而选择指标与低碳评价结果为负向，即指标值越大，说明低碳水平越低。

根据低碳土地利用模型计算得出的辽宁中部各城市低碳土地利用分指数和指数结果见表 3-21。从计算结果可以看出，辽宁中部各城市的低碳土地利用指数在 1.88～100 之间，差异较大，由高到低依次为鞍山、沈阳、抚顺、辽阳、铁岭、本溪和营口。其中，沈阳和鞍山的各项分指数和总指数均明显高于其他城市，从低碳土地利用角度分析，这两个城市在低碳土地利用分析中，对于自然生态和环境质量的重视程度较低，而经济发展的低碳程度也较低。

辽宁中部各城市低碳土地利用分指数及指数 表 3-21

| 城市 | 自然生态分指数 | 社会经济分指数 | 环境质量分指数 | 总指数 |
|---|---|---|---|---|
| 鞍山 | 26.03 | 15.99 | 25.89 | 67.91 |
| 沈阳 | 12.01 | 16.96 | 16.55 | 45.51 |
| 抚顺 | 6.10 | 3.77 | 6.41 | 16.29 |
| 辽阳 | 4.80 | 2.56 | 3.39 | 10.75 |
| 铁岭 | 7.66 | 0.02 | 0.13 | 7.81 |
| 本溪 | 0.00 | 0.59 | 2.16 | 2.75 |
| 营口 | 0.88 | 0.15 | 0.85 | 1.88 |

　　综合前述各城市经济发展及总碳排放情况来看，城市的低碳土地利用水平基本受城市经济发展方式和规模影响较大。沈阳和鞍山经济发展水平相对较高，但在经济发展过程中，给环境质量和自然生态带来的压力较大，也就说明经济发展与环境和生态协调发展程度较低，土地的低碳利用水平较低，也是未来辽宁中部城市群提高低碳土地利用水平的重点区域。但从总体低碳土地利用水平和城市经济发展水平状况来看，两者并不直接挂钩，即低碳土地利用指数排序不再与区域经济发展水平排序直接挂钩，也不因环境质量良好而有较高的低碳土地利用指数，只有当区域既保持良好的土地环境质量，又有较高的社会经济效益和较低的生态压力时，才具有较高的低碳指数。

# 第4章

# 辽宁中部城市建成区空间形态对碳排放影响

## 4.1 建成区空间形态选择及对其生活性碳排放影响机制

### 4.1.1 空间形态指标的选取

#### 1. 选取依据：对国内外研究的分析总结

Owens（1986）认为：城市的规模、城市的扩展、城市的形状、土地利用方式、交通模式等因素都是城市空间形态影响城市能源消耗的重要因素；Newman（1989）认为城市密度、土地利用的混合程度、城市公共基础设施等因素影响着城市的能源消耗；我国学者仇保兴（2005）认为我国的城市化模式对城市碳排放有着重要的影响，空间越紧凑的城市，所消耗的能源就越低；潘海啸（2010）分析了我国在城镇化进程中遇到的资源与环境的问题，认为必须要对城市的交通模式与土地发展模式进行控制。同时他提出了中国低碳城市的空间规划策略（2008），应该加强土地的混合利用，提高公共交通的可达性，限制大街区的建设，提高整体的城市密度。杨磊（2012）对影响碳排放的空间形态要素进行了分析，认为人口密度、城市中心区状况、城市规模、城市建成区形状是影响碳排放的重要因素。但并没有对其中的联系进行定量分析。郭韬（2013）在总结前人研究的基础上，认为城市密度、紧凑度、城市多样性、公交通勤度等指标，是影响城市碳排放的重要因素，并对这些因素与居民生活碳排放利用 OLS 回归进行了分析，他所采用的城市密度是指单位建成区土地面积上的人口规模，紧凑度则是城市人口的聚集程度，是城市人口占市域总人口的比例，城市多样性采用香浓多样性指数来表达，而公交的通勤度则采用了人均公共汽车总量和人均出租汽车总量的均值来衡量。由以上空间形态指标的计算方法选取我们可以看出，其研究更倾向于城市管理，而非城市实体空间。陈珍启（2016）在研究空间形态对碳排放的具体影响时，采用了城市规模（包括人口规模和经济规模）、地理区划、城市结构（包括土地利用结构：建设用地规模、用地比例、人均绿地面积、绿地率，交通系统结构：人均道路面积、客运总量、货运总量）以及空间格局（形状指数和紧凑度）。由于自变量较多，因此该研究采用了多元逐步回归分析的方法对空间形态与碳排放关系进行了研究。李佳佳（2016）在研究上海市空间形态与土地利用碳排放关系时，选取了空间紧凑度作为空间形态指标，并对空间紧凑度的几种计算方法进行了收集与分析。主要的空间紧凑度计算方法有：Richardson 指数、Cole 指数、Gibbs 指数、B&M 指数、放射状指数和分形维数。最终其选择 Richardson 指数作为紧凑度的测度指标进行了对比分析。佘倩楠（2015）对长三角地区城市的空间形态与碳排放的时空分异性进行了研究，选取景观格局指数作为空间形态的测度，其主要指标包括：斑块面积（建成区面积）、景观密度、聚散性、景观形状（形状指数）、分离度、道路密度（路网密度）和交通耦合度（道路面积率）。其中景观密度、聚散性和分离度是用以描述长三角地区各城市区位关系的指标，与城市尺度指标关系不大。其采用的分析方法是逐步回归。王志远（2012）年采用 Richardson 指数和 Boyce-Clark 形状指数作为空间形态指标，对长沙市的空间形态与碳排放进行相关性分析。本书汇总了前人对影响碳排放的空间形态指标及其计算方法，结果如表 4-1。

国内外学者对于空间形态指标的选定　　　　　　　表 4-1

| 学者 | 选取指标 | 学者 | 选取指标 | 计算方法 |
|---|---|---|---|---|
| Owens | 城市规模 | 潘海啸 | 交通模式 | — |
| | 城市拓展 | | 土地利用模式 | — |
| | 城市形状 | 杨磊 | 人口密度 | — |
| | 土地利用方式 | | 城市中心区状况 | — |
| | 交通模式 | | 城市规模 | — |
| Newman | 城市密度 | | 城市建成区形状 | — |
| | 土地利用混合度 | 陈珍启 | 紧凑度 | $COM=2\sqrt{\pi A}/P$ |
| | 城市公共基础设施 | | 空间形态指数 | $SHP=4A/P^2$ |
| | 城市热岛 | 王志远 | 空间形状 | Richardson 指数 |
| | 城市密度 | | | Boyce-Clark 指数 |
| Banister | 就业分布 | 郭韬 | 城市密度 | 建成区人口/建成区面积 |
| | 私人汽车拥有量 | | 城市紧凑度 | 建成区人口/市域总人口 |
| Dieleman | 公交情况 | | 城市多样性 | 香农多样性指数 |
| | 住宅情况 | | 公交通勤度 | (人均公汽总量+人均出租总量)/2 |
| | 小汽车依赖度 | | 绿地比重 | 绿地面积/建成区面积 |
| Ratti | 紧凑度 | 李佳佳 | 空间紧凑度 | Richardson 指数 |
| | 公交模式 | | | Cole 指数 |
| Ewing | 能源分配损失 | | | Gibbs 指数 |
| | 住房市场的影响 | | | B&M 指数 |
| | 城市热岛效应 | | | 放射状指数 |
| Kennedy | 土地利用模式集约度 | | | 分形维数 |
| Christen | 城市形态 | 佘倩楠 | 斑块面积 | 建设用地面积 |
| | 土地利用混合程度 | | 景观密度 | 景观异质性 |
| | 建筑风格 | | 聚散性 | 最大斑块指数 |
| | 交通道路网 | | 景观形状 | 周长面积比 |
| | 城市绿地 | | 分离度/邻近度 | 欧式距离均值 |
| 仇保兴 | 城市化模式 | | 道路密度 | 道路长度/建设用地面积 |
| | 紧凑度 | | 交通耦合度 | 道路面积/建设用地面积 |

来源：根据前人研究作者自绘。

通过对前人研究的总结，城市规模、外部形态、内部功能和开发强度这四类形态要素都会对城市碳排放产生影响。城市规模对碳排放的影响具有必然性，而研究外部形态时，国内外主要选择的指标有：形状指数、分形维数、放射性指数等，这些指标都描述的是城市外部形状的特点，但在选择形状指数作为指标的研究中，形状指数对碳排放的影响并没有预想的大，而形状指数和分形维数在描述性上有所重合，因此本书选择分形维数作为指标进行研究。而内部功能特征测度国内外研究多从城市功能的混合度、城市交通服务能力和公共交通的服务水平来衡量。最能体现城市功能的混合度特征的指标就是城市用地的多样性，而城市交通服务能力则一般通过道路网密度和道路面积率来体现，公共交通的服务水平郭韬采用公共交通车辆的数量来体现，但笔者认为，公共交通的覆盖率更能体现城市公共交通的服务能力，因此本书采用了公共交通覆盖率体现服务能力。但是在大量阅读了相关文献后，笔者认为，城市内部功能的紧凑程度在很大程度上会对城市居民出行产生影响，而相关研究往往忽略了此要素对碳排放的影响，因此本书在功能测度上，添加了城市功能紧凑度指标。整体开发强度中城市绿地率是常见的影响碳排放的指标，对建筑的覆盖度和城市建筑层数也有所涉及，但定量研究较少，因此本书也选择了建筑密度和容积率两个规划常见指标对其与碳排放的关系进行研究。由此，本书所选择的空间形态指标汇总如表 4-2。

**空间形态指标的选定**            表 4-2

| 类型 | 选取指标 |
| --- | --- |
| 城市密度测度 | 建成区人口密度（DOP，Density of population） |
| | 经济密度（DOE，The density of economic） |
| | 道路网密度（DRN，Density of road network） |
| | 道路面积率（RAR，Road area ratio） |
| 外部形态测度 | 分形维数（FRD，Fractal dimension） |
| 内部功能测度 | 功能紧凑度（FCR，Function compactness） |
| | 用地多样性指数（LUD，Land use diversity index） |
| | 公交覆盖率（PCR，Public transportation covering rate） |
| 整体开发强度测度 | 绿地率（GLR，Green land rate） |
| | 建筑密度（BDD，Building density） |
| | 容积率（PLR，Plot ratio） |

来源：作者自绘。

## 2. 指标解释与计算方法

（1）城市密度测度指标

1）人口密度

人口作为劳动者或消费者，其密度的强弱往往在经济发展中得以体现。一般情况下，人口密度与城市的经济发展水平是呈正相关的，一个城市或地区的人口密度越大，城市的经济发展也就越快。但也有例外的情况，有些地方人口多，但其经济发展水平并不高，这说明人口密度大只是经济发展的重要条件，但并不能说是唯一的条件。人口分布是指一定时间内人口在一定地区范围的空间分布状况。它是人口过程在空间上的表现形式。而人口密度一般被看作是衡量人口分布的主要指标，它反映一定地区的人口密集程度。人口密度因此具有以下定义：

人口密度：是指单位土地面积上居住的人口数。通常我们所指的居住人口为住区的常住人口数。单位：人/km²，本书主要讨论城市市辖区的各种城市形态，因此在人口密度计算中选用建成区人口与面积指标。计算公式如下：

$$DOP = \frac{POP}{AREA}$$

式中　DOP——人口密度（density of population）（人/km²）；

　　　POP——建成区常住人口（人）；

　　AREA——建成区面积（km²）。

2）土地经济密度

土地经济密度就是单位土地面积上的经济总量（韩悌珊，2017），城市土地经济密度就是单位城市建成区面积上城市经济的总量，也就是单位建成区面积地区生产总值，城市土地经济密度不仅能够衡量城市土地利用的经济效益。还能够间接地反映出城市土地利用的集约度和土地与经济发展的协调度。从定义上我们可以得知其计算公式为：

$$DOE = \frac{GDP}{AREA}$$

式中　DOE——经济密度（density of economic）（万元/km²）；

　　　GDP——地区生产总值（万元）；

　　AREA——建成区面积（km²）。

3）道路密度

道路密度指标包括道路面积率与道路网密度。道路面积率指的是城市一定地区内，城市道路用地总面积占该地区总面积的比例（单位为％）。城市道路面积率是从城市道路面积的角度来研究道路密度的，用来衡量城市道路及其覆盖水平的一项综合指标。计算公式为：

$$RAR = \frac{URA}{AREA}$$

式中　RAR——道路面积率（％）；

　　　URA——城市道路面积（km²）；

　　AREA——建成区面积（km²）。

城市道路网密度是指在一定区域内道路网的总里程与该区域面积的比值，用 km/km² 表示，是衡量城市道路建设水平的一项重要的指标。道路网的密度大小不能一概而论，应根据城市形态、城市的规模、城市性质等特点具体研究。道路网密度应有一个合理范围，不能过低或过大。在国内由于客观存在大量的小区内部道路和单位内部道路不列入城市道路范畴，因此城市道路网密度与西方发达国家相比要小。本书按道路网内的道路中心线计算其长度。计算公式为：

$$DRN = \frac{LUR}{AREA}$$

式中　DRN——道路网密度（km/km²）；

　　　LUR——城市道路长度（km）；

　　AREA——建成区面积（km²）。

一般来讲，道路密度越高，城市交通通行率越高，出行中的能耗水平越低，但是带来的另一个结果是小汽车通行效率的增加，反而刺激居民小汽车购买数量的增加，带来私人交通碳排放的增加，与此同时，道路密度的增加也使城市交通基础设施的数量增加，也就间接提高了交通基础设施的能耗。

（2）外部形态测度指标

城市外部空间形态是城市空间要素自组织演变的外在表现，合理的外部空间形态有利于城市组成要素及其资源环境的稳定发展。城市外部形态在空间上表现为建成区的位移和扩张，其实质就是一种空间演替，从整体上看产生了城市外部空间形态的演变。分形维数表示一个集合在空间上的占有程度，维数越大，应用在城市中表示城市空间的复杂程度越大。根据文献的查阅可知，主要的城市分形维数的计算方法有计盒维法（李江，2005）和斑块分维度法（沈清基，2008）。

计盒维法计算过程比较复杂，其方法是计算以码尺 $r$ 为边长的小方格覆盖建成区周长的最小次数 $N_{(r)}$ 和覆盖面积的最小次数 $M_{(r)}$，即对研究客体进行粗视化处理。

$$\text{FRD} = \frac{n\sum_{i=1}^{n}(\ln N_{(r)}\ln M_{(r)}) - (\sum_{i=1}^{n}\ln N_{(r)})(\sum_{i=1}^{n}\ln M_{(r)})}{n\sum_{i=1}^{n}(\ln M_{(r)})^2 - (\sum_{i=1}^{n}\ln M_{(r)})^2}$$

斑块分维法则相对简单：

$$\text{FRD} = 2\frac{\lg(\frac{p}{4})}{\lg A}$$

式中　FRD——分形维数（无量纲）；

　　　$p$——城市建成区欧式周长（km）；

　　　$A$——城市建成区面积（km²）。

根据相关研究，这两种方法在精度与表达分形维数准确度上相差并不大，因此选择数据要求相对简单的斑块分维法进行计算。

（3）内部功能测度指标

1）功能紧凑度

构建以城市基本功能服务设施为基础的功能空间紧凑度指数，用以描述在不同外部空间形态下的城市内部空间形态的功能紧凑性，为引导城市空间形态向低碳化发展转变提供依据。考虑到不同城市商业设施等级划分与规模不同，本书只研究市级服务设施。城市服务设施服务半径的计算公式采用吕斌（2013）的城市功能空间紧凑度模型：

$$D = \frac{\sum_{i=1}^{n}\frac{2\sqrt{\frac{S_i}{\pi}}}{3}}{N}$$

式中　$D$——城市商业服务设施平均服务半径（km）；

　　$S_i$——服务区等效圆面积（km²）；

　　$N$——服务设施点数（个）。

而城市功能从紧凑度定义为城市功能空间紧凑度定义为：

86

$$FCR = \frac{1}{D}$$

式中　FCR——城市功能空间紧凑度；

　　　　$D$——城市服务设施平均服务半径。

对于一些组团城市，城市中的部分组团没有市级中心点，研究把此组团归并到离它最近的城市市级中心点，并量得此组团重心到最近市级中心点的距离 $D$ 组，并应用下列公式计算得到最终的平均服务半径。

$$D_{市} = \frac{D_{中} \times S_{中} + D_{组1} \times S_{组1} + D_{组2} \times S_{组2}}{S_{中} + S_{组1} + S_{组2}}$$

式中　$D_{市}$——市级商业服务设施平均服务半径（km）；

　　　　$D_{中}$——中心城区市级商业服务设施平均服务半径（km）；

　　　　$S_{中}$——中心区面积（km$^2$）；

　　　　$D_{组1}$——组团 1 到最近市级商业点距离（km）；

　　　　$S_{组1}$——组团 1 面积（km$^2$）；

　　　　$D_{组2}$——组团 2 到最近市级商业点距离（km）；

　　　　$S_{组2}$——组团 2 面积（km$^2$）。

2）用地多样性指数

城市用地多样性是城市多样性的重要类型，其以生物多样性的原理与思想为基础，强调城市用地异质性的重要性，反映了城市用地的丰富度和复杂度，反映了城市活力的大小，人类与自然的协调性。

沈清基（2008）建立了城市用地多样性评价指标体系，将用地多样性评价分为 3 个一级指标：用地类型多样性、用地网络多样性、用地景观多样性。其中用地类型多样性是最能直接表达用地多样性的指标，包括 3 个二级指标：用地类型多样性指数、用地异质性指数和用地类型饱和度指数。本书选择用地类型多样性指数来表示用地多样性。其公式为：

$$LUD = -\sum_{i=1}^{m} P_i \cdot \ln P_i$$

式中　LUD——用地类型多样性指数（无量纲）；

　　　　$P_i$——第 $i$ 类用地所占面积的比例（%）；

　　　　$m$——用地种类的数量（个）。

当区域各类用地所占比例相等时，LUD 取得最大值，计算值与最大值之间的比例可计算出城市用地的丰富程度和复杂性。

3）公交覆盖率

城市公共交通是城市的重要组成部分，是城市经济发展和人民生活不可缺少的公共服务设施，是对城市国民经济发展具有全局性、先导性影响的行业。城市公共交通线路网是城市公交依托城市街道布设的固定线路和停车站点组成的客运交通系统。公共交通覆盖率是评价公交线网重要指标。公交车站的服务范围一般是指车站合理步行区范围，与居民出行起讫点的分布和通向车站的道路路径有关，一种简化的考虑方法是以车站为圆心，以合理的步行距离为半径画圆，圆面积即为车站服务面积。站点覆盖面积的计算，对于中小城市来说一般是以 300m 为半径。采用公式为：

$$PCR = \frac{\sum\limits_{i=1}^{n} a_i}{AREA}$$

式中　PCR——公交覆盖率（%）；

　　　$a_i$——第 $i$ 个公共交通站点（或公共交通线路）所占的面积（km$^2$）；

　　　$n$——公共交通站点（或公共交通线路）的数量（个）；

AREA——城市建成区面积，即城市中除去未开发及技术上不适合公交服务的面积（km$^2$）。

计算一个站点的覆盖面积是很简单的，但对于一个城市来说，有许多条公交线路，各条线路的站点的覆盖面积有交叉，全市各个线路的所有站点实际的覆盖面积应该去掉两两交叉覆盖面积的重复计算。如果多个站点相邻时，计算将会比较复杂，那么计算全市站点的实际覆盖面积会更复杂。以往对于这个问题的计算通常采用大致估算法，对于个别复杂位置则是采用忽略计算，致使得到的结果与实际值相差较大。因此本书利用 Arcgis 缓冲区分析，通过 POI 数据中公交站点的分布，计算城市公交覆盖率。其技术路线如图 4-1 所示。

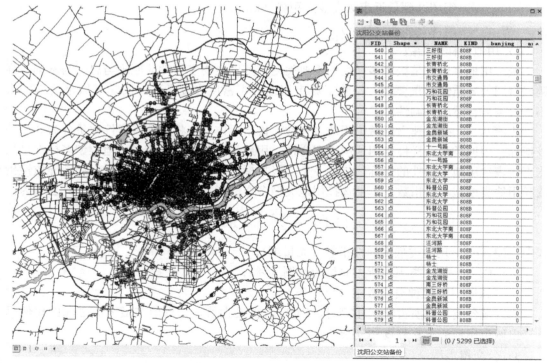

图 4-1　公交覆盖率计算技术路线与公交站 POI 数据
来源：作者自绘。

（4）整体开发强度测度指标

建筑密度又叫作建筑系数，是反映土地利用强度的一项重要指标，它是指在一定的用地范围内，所有建筑物的基底总面积与用地面积的比，可以直观反映某一区域的空地率和建筑密集程度。建筑密度的高低间接影响了城市交通能耗的大小，因此建筑密度也应当是影响碳排放水平的重要因素。

对于建筑密度的获取，本书根据"十二五"科技支撑计划项目"典型城镇群空间规划与动态监测技术集成与示范"的研究成果，基于分辨率遥感影像，通过划分均质高度的斑块、提取建筑物轮廓信息得到斑块内建筑物数量和建筑物基地面积。

1）均质高度的斑块划分

首先，将城市建成区内部的主要道路、次要道路、高速公路、国道、铁路等合并成为城市道路矢量线数据，再将城市建成区内部的道路矢量线数据转化为矢量面数据。

依托高分辨率遥感影像并结合实地调查，对于形状、高度完全的建筑视为均质高度建筑。通过 GIS 算法过滤掉面积极大、长度极长的矢量面数据，合并包含均质高度建筑的矢量面数据，最后只保留包含均质高度建筑的斑块矢量面数据，即均质高度斑块划分。

2）建筑轮廓信息提取

建筑物轮廓的提取利用了模式识别和图像分析领域的相关技术（区域标识和特征量测等）进行建筑物二维信息的提取。主要技术流程为图像预处理、边缘检测和边缘连接、去除阴影和植被、二值化、区域标识、特征量测和区域分割，最后对图像进行后期处理，矢量化入库并计算建筑物的投影面积。

3）建筑高度反演

建筑物高度反演方法见第 2 章 2.3.1 中 2. 建筑轮廓信息提取。

建筑三维信息提取结果见图 4-2。

图 4-2　建筑三维信息提取结果
来源："十二五"科技支撑计划项目成果。

4）建筑密度与容积率的计算

计算建筑密度采用如下公式：

$$BDD = \frac{BAB}{AREA}$$

式中　BDD——建筑密度（%）；

　　　BAB——建筑基底面积（km$^2$）；

　　　AREA——建成区面积（km$^2$）。

计算建筑密度采用如下公式：

$$PLR = \frac{GFA}{AREA}$$

式中　PLR——容积率（无量纲）；

　　　GFA——建筑总面积（km$^2$）。

### 4.1.2　基于 Ewing 框架的空间形态对生活性碳排放的综合影响机制

　　城市空间形态对碳排放的影响并非直接的，学界普遍认同空间形态对碳排放的影响是通过各种中介因素的共同作用而产生关联的。空间形态通过影响中介因素影响城市居民能耗，进而影响居民能耗所产生碳排放。尤因（Ewing）在对前人研究分析的基础上，建立了城市空间形态对居民能耗影响的分析框架（图 4-3），从他的框架可以看到，城市空间形态通过对居民对住宅选择、电力输送过程中的损耗、城市温度的影响进而影响城市的居民能源消耗。

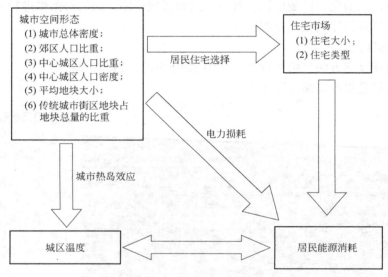

图 4-3　尤因城市空间形态对居民能耗影响的分析框架

来源：郭韬《中国城市空间形态对居民生活碳排放影响的实证研究》。

　　尤因在 2006 年构建了一个测定美国城市空间形态的指标体系，其指标包括城市总体密度、郊区人口比重、中心城区人口比重、中心城区人口密度、平均地块大小、传统城市街区地块占地块总量的比重。在对美国四千多个家庭的环境和能源消耗进行分析后发现住宅面积和类型会影响居民能耗，大面积、独立的住宅会带来更高的能耗；空间形态对居民住宅的选择会产生影响，紧凑度越高，选择大面积独立住宅的居民越少；紧凑度越高，热岛效应越明显，会降低冬季供暖能耗，但会增加夏季制冷能耗。就对美国的研究数据而言，紧凑度每提升 1%，综合能耗提升 88000BTUH（26kW）左右。虽然尤因的模型对于空间形态对于碳排放的影响研究意义重大，但是其研究依然存在较大的问题。最主要的问题在于其研究的空间形态对生活性碳排放影响忽略了一些显而易见的中介因素，例如空间形态对出行方式选择与出行距离的影响。而夸大了空间形态对某些因素影响，如居民住宅的选择和电力损耗，市场价格的因素对住宅选择的影响可能远远大于空间形态，而以电力损耗为代表的能源输送损耗则占家庭能源供给中极小的比例。因此本书结合实际情况对尤因的城市空间形态对居民能耗影响的分析框架进行了调整，得到城市空间形态对生活性碳排放影响的分析框架（图4-4）。下文根据分析框架，从出行行为和城市热环境两个方面对城市空间形态的各个测度对碳排放的影响机制进行详细的分析。

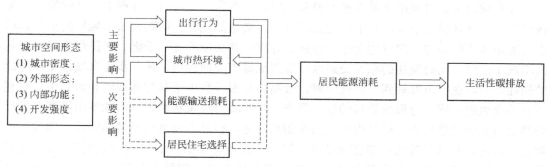

图 4-4　城市空间形态对生活性碳排放影响的分析框架
来源：作者自绘。

### 4.1.3　城市空间形态对出行行为的影响

#### 1. 城市密度与出行行为

研究表明（Wegener&Furst，1999），人口密度的增加并不会显著地导致居民平均出行距离的变化。但是人口密度会对居民总体的出行频次与出行方式的选择会产生较大的影响。由于每个居民都会有交通需求，且不同人群的主要交通需求也不同，导致人口密度越大，总体出行频次就越高，交通能耗就越大。较高的人口密度会导致城市居住人口分布集中，而集中的居住人口则会产生较大的出行需求，适合公共交通的发展，并且复杂的交通会导致更多的居民会愿意选择公交出行，而集中的人口也会导致人均道路和停车设施面积的减少，会促进居民放弃选择小汽车。纽曼和肯沃思（Newman&Kenworthy，1989）对32座城市的人口密度与交通选择进行了回归，结果表明，人口密度与公共交通呈正相关（相关性系数为0.74），与小汽车出行呈负相关（相关性系数为−0.74）。

城市的经济发展水平会影响城市的土地利用模式。城市经济发展水平越高，会导致土地的开发程度越高，而经济密度代表了单位土地面积上城市经济活动的效率，它影响了城市开发建设水平，经济密度越高，居民出行的意愿与频次越高。与此同时，2017年滴滴大数据平台发布了《滴滴百城出行轨迹图》，并根据各出行轨迹计算得出各城市的出行半径，通过对城市出行半径与经济发展水平进行定量分析后得出：城市出行半径和其经济发展水平具有高度正相关联系（$r=0.73$）。

道路面积率和道路网密度是衡量城市道路服务水平的两个重要指标，城市道路服务水平越高，城市居民的出行效率越高，能够降低交通拥堵所增加的碳排放损耗。一方面，在道路网密度一定时，道路面积率越高，平均道路宽度越高，同一时间机动车通过的效率越高，越不易造成交通拥堵，降低交通能耗；在道路面积率一定时，道路网密度越高，机动车在遇到缓速或拥堵的状况时可以方便地调整路线，降低拥堵时间，同时较高的道路网密度也能够促进步行或自行车交通的发展，从而降低交通系统能耗。但另一方面，较高的道路服务水平也会提高居民的出行意愿，提高非必要出行的频率，并且会刺激私人小汽车的购买；一味追求道路面积率的提高也会导致道路宽度的增加，会降低步行和自行车出行的友好度，进而降低居民绿色出行的意愿。

**2. 外部形态与出行行为**

分形维数主要对城市交通发展类型和居民出行线路产生影响，分形维数低的城市，形状简单，在其规模较小时，其平均交通距离短，交通能耗低。但随着城市规模的扩大，城市交通距离不断增加，出行的无序性增强，导致公共交通的发展受阻，居民会更倾向于私人小汽车出行，同时发达的私人交通也容易造成城市交通拥堵，进一步提高城市交通能源的损耗。所以在城市发展到一定规模时，较高的分形维数由于其交通线路相对集中，有利于公共交通的发展。分形维数高的城市形态有带状城市与星状城市。带状城市虽然在发展公共交通方面优势很大，但是由于其两端距离过远，极其限制城市两端的联系。因此哥本哈根、日内瓦和汉堡等城市都选择星状发展，尤其是哥本哈根的"指状规划"，被认为是最成功的城市规划之一。也就是说，在城市规模较小时，较低的分形维数由于出行半径小，因而能够减少城市交通能耗；在城市规模较大时，较高分形维数由于利于公共交通、抑制私人交通发展而降低城市的交通能耗。

**3. 内部功能与出行行为**

由于城市内部的交通出行并不由城市外部形态的集中程度所决定，更多的是由城市功能空间的配置强度所决定的，因此，较城市外部空间形态测度，城市内部功能空间的紧凑性和用地的混合度更能影响城市交通能耗的大小。从影响居民出行意愿的角度来看，功能紧凑度越高，用地多样性越强，居民的出行意愿就越强，就会增加因此而产生的城市出行能耗。但是当功能紧凑度越小，市级服务设施平均服务半径越大，说明服务设施越集中。会促使居民休闲出行意向的集中，易间接导致城市交通的堵塞，进而提高城市的交通能源消耗，增加交通碳排放。城市用地多样性会同时也对居民的出行距离和出行方式的选择产生影响。较高的城市用地多样性，会使不同功能的城市用地在空间上结合在一起，缩短城市居民的出行距离。同时也能够缓解城市土地利用矛盾，减少私人汽车出行。同时，当居民的居住地更加接近于工作地或购物或娱乐场所，交通需求就会降低。同时，较高的城市用地多样性，在时间上也可以使交通流趋于平衡，使用各种城市功能的时间可以相互交错，从而避开客流高峰，有利于交通流在时间上的分布均衡。公交覆盖率越高，公交的接应能力越强，居民选择公交出行后的接驳就越方便，便利的公交服务会促使更多居民放弃小汽车出行而选择公交出行，从而节约城市交通能耗，降低城市交通碳排放。

**4. 整体开发强度与出行行为**

一般来说城市整体的开发强度决定了单位土地面积上交通出行的需求量。整体开发强度越大，单位土地面积上人口的活动频率越高，交通需求也就越高。同时，整体开发强度，尤其是建筑密度，还会对居民交通出行模式的选择产生影响，城市开发强度低，会导致用地的不集约，进而促进城市私人交通的发展。较高的开发强度有利于制约城市私人交通发展，为公共交通的发展提供便利条件。但是一旦城市开发强度达到甚至超过城市自身的极限规模，城市私人交通将完全被公共交通取代，而城市是一种自组织系统，根据自组织系统论的基本观点，当城市完全由一种交通方式主导时，城市公共交通会因为缺少竞争动力反而导致其日渐衰败，最终无序、瓦解。因此合理地调控城市开发强度是调整城市交通模式，降低城市交通能耗的有效途径。

## 4.1.4 城市空间形态对城市热环境的影响

国内外学者对于城市热环境的研究，大多关于城市热岛，而城市热环境近年来备受学者关注的原因也是由于城市热岛效应，因此城市空间形态对城市热环境的影响也就是对城市热岛的影响。城市热岛效应的提高就会导致城市夏季制冷能耗的增加和冬季取暖能耗的减少。而不同气候区域城市温度对夏季制冷能耗和冬季取暖能耗的影响大小并不相同，万蓉（2008）对 1961~2000 年各热工分区夏季空调强度与冬季供暖强度与温度的关系进行了分析，结果发现冬季平均温度越高，冬季供暖耗煤量越低，哈尔滨从 1961 年到 2000 年随着冬季平均温度的提高，取暖煤耗每平方米降低了 1.36kg；而夏季室外平均温度越高，总用电量越高，日平均温度每增加 1℃，建筑围护结构逐时得热量增加 22% 左右。而有研究表明严寒地区夏季气温每上升 1℃，建筑制冷负荷增加 126.4W/m²，冬季气温每上升 1℃，建筑供热负荷降低 253.1W/m²。这也就表明了城市分形维数越高，夏季制冷所采用的空调、电风扇等用电设备的用电量越高，而在供暖室外计算温度条件下，为保持室内计算温度，单位建筑面积在单位时间内需由锅炉房或其他供热设施供给的热量供暖设计热负荷指标 $q$ 计算公式如下：

$$q = Q/A_0$$

式中 $Q$——冬季供暖通风系统的热负荷（W）；

$A_0$——建筑面积（m²）。

而 $Q$ 值应根据建筑物下列散失的、获得的热量确定：（1）围护结构的耗热量；（2）加热由门窗缝隙渗入室内的冷空气的耗热量；（3）加热由门、孔沿及相邻房间浸入的冷空气的耗热量；（4）建筑内部设备得热；（5）通过其他途径散失或获得的热量。

围护结构的耗热量，包括基本耗热量和附加耗热量，且基本耗热量计算公式为：

$$Q_1 = Afk(t_n - t_{wn})$$

式中 $Q_1$——围护结构的基本耗热量（W）；

$A$——面积（m²）；

$k$——传热系数[W/(m²·K)]；

$f$——温差修正系数；

$t_n$——冬季室内计算温度（℃）；

$t_{wn}$——供暖室外（℃）。

加热由门窗缝隙渗入室内的冷空气的耗热量，新设计规范中的计算公式为：

$$Q_2 = 0.28C_p P_{Wn} L(t_n - t_{wn})$$

式中 $Q_2$——由门窗缝隙渗入室内的冷空气的耗热量（W）；

$C_p$——空气的比定压热容，$C_p = 11d/(kg·℃)$；

$P_{Wn}$——供暖室外计算温度下的空气密度（kg/m³）；

$L$——渗透冷空气量；

$t_n$——供暖室内计算温度（℃）；

$t_{wn}$——供暖室外计算温度（℃）。

由以上分析可知，城市热环境对家庭生活能耗的影响很大，城市夏季温度越高，其制冷能耗越高，相应地用电碳排放就越高。冬季温度越高，其供暖能耗越低，相应地供热和供暖用电碳排放越低。因此以下对城市空间形态的各项指标对热环境的影响进行了分析。

**1. 城市密度与城市热环境**

人口密度与经济密度决定了单位建成区土地面积上居民与经济活动的强度。人与经济活动强度越大，热量就越容易集聚，造成城市热岛效应越强。岳文泽、徐建华（2008）在研究上海市人类活动对热岛效应影响时发现，人口密度与建筑开发对热岛效应的正向促进作用非常明显。

道路密度对城市热环境的影响则不仅仅是在城市交通能耗上，而且对城市下垫面的性质、城市通风也会产生影响。城市道路的铺装一般采用沥青铺装，而沥青的颜色较深，反射率低，热吸收率大，这就造成了城市路面成为重要的热源，而道路面积越大，城市道路吸热能力也就越大。但是，街道的自然通风却是减轻热岛效应的有效途径，一方面自然通风促进了城市内冷热空气的交换，带走城市集聚的热量。另一方面又降低了城市污染物的浓度，削弱了城市热聚集的能力。城市道路越宽、路网越密集，城市通风能力就越强，对城市热岛的削减能力就越强。

**2. 外部形态与城市热环境**

近年来，城市分形维数对城市热岛的影响逐渐受到众多学者的关注。一般认为城市分形维数越大，城市热岛效应越明显。分维数越高的城市形态越复杂，在城市非人为引导分形维数增长的情况下，在城市外围会产生较多的"枝"状或较宽的"岬"状延伸，而往往这些延伸的距离又比较近。阻碍了城市通风，导致内部热量不断积聚。同时"枝"状或"岬"状延伸的热量，又会叠加到城市的中心区域。黄焕春（2014）在对天津市1992～2013年分形维数和城市热岛效应总量进行了回归分析，结果发现分形维数与热岛升温总量显著相关，分形维数在1.05～1.3时变化较为平稳，而分形维数超过1.3后，热岛升温总量迅速上升。杜华强、高歆、聂琴等学者在分别对北京、郑州、上海的城市分形维数与热环境分析后发现分形维数与热环境存在正相关，即分形维数越高，城市本底温度越高。但人为引导的分形维数的增加则能够降低城市热岛效应程度，由上文非人为引导的城市分形维数对城市热环境影响机制可知，分形维数的提高是由于阻碍了城市通风而导致的城市热量集聚，那么我们就可以根据城市主导风向，人为地对城市的外部形态进行干预，保持城市"枝"状或"岬"状延伸之间一定的距离，在常年风向上形成通风廊道，就能够促进城市建成区内污染物浓度和热量的消散。

**3. 整体开发强度与城市热环境**

城市整体开发强度对热环境的影响主要体现在三个方面：城市下垫面性质、城市通风和居民活动强度。在影响下垫面性质方面：城市建筑密度的提高会导致不透水地面面积的增加，不透水面的面积增加，下垫面的吸热能力就增加，城市热岛效应越明显。而容积率的提升则会在某种程度上提高城市建筑的整体高度，城市建筑的整体高度越高，外部围护结构散热量越高。城市绿地由于植物本身的蒸腾作用能有效地降低周边的温度，同时城市绿地的光反射率高，因此城市绿地面积的提高对城市热岛效应有明显的削弱作用。在城市通风方面，城市建筑密度和容积率的提高会降低城市通风效率，一方面建筑密度影响了城市通风廊道的平面布置，建筑密度越高，通风廊道的宽度就越小；另一方面，容积率越高，建筑通风廊道的高宽比越小，其通风能力越小。城市的绿地对于风廊的作用与前两者相反，绿地往往布置在城市道路两侧，这样就拓宽了城市通风廊道，提高了通风廊道的通风能力。在居民活动强度方面，建筑密度和容积率越高，说明单位土地容纳的居民越多，那么居民在各项活动中所产生的热量就越高。葛亚宁（2016）在研究北京城市空间结构对其热环境效应的影响时，发现五环内不同城市建筑区的地表温度与建筑密度成正相关关系，高建筑密度区域比低建筑密度区域的温度要高 2～3℃。田喆（2005）在对天津市南开区绿地率、水面比率、建筑容积率等因素与城市温度进行回归分析后发现，容积率与温度呈正相关，绿地率与温度呈负相关，且容积率与温度的相关性更明显。

## 4.2 辽宁中部城市建成区空间形态对碳排放影响

### 4.2.1 实证方法与变量处理

#### 1. 实证方法选择

在空间形态对碳排放影响关系的实证研究中，主要用到的方法有相关性分析法和回归分析法，由于本书的研究属于小样本多变量研究，相关性分析虽然能够比较便捷地得到生活性碳排放与空间形态指标间的相关关系，但是相关性分析的结果只输出的是各种要素两两相关的关系，无法得出多因子共同影响下空间形态与生活性碳排放的关系，对于本研究相关性分析意义不大。因此本书采用回归分析。而直接进行多元回归分析会导致结果由于太多无关变量的进入导致模型输出结果的不可靠，因此本书采用多元逐步回归的方式。

逐步回归的基本思想是将变量逐个引入模型，每引入一个解释变量后都要进行 F 检验，并对已经选入的解释变量逐个进行 t 检验，当原来引入的解释变量由于后面解释变量的引入变得不再显著时，则将其删除。以确保每次引入新的变量之前回归方程中只包含显著性变量。这是一个反复的过程，直到既没有显著的解释变量选入回归方程，也没有不显著的解释变量从回归方程中剔除为止。以保证最后所得到的解释变量集是最优的。

依据上述思想，可利用逐步回归筛选并剔除引起多重共线性的变量，其具体步骤如下：先用被解释变量对每一个所考虑的解释变量做简单回归，然后以对被解释变量贡献最大的解释变量所对应的回归方程为基础，再逐步引入其余解释变量。经过逐步回归，使得最后保留在模型中的解释变量既是重要的，又没有严重多重共线性。但是逐步回归的自变量的引入顺序会对结果产生影响，因此本书首先将城市各项碳排放指标与空间形态指标进行回归分析，将相关性系数大的指标首先引入模型，回归结果和分析在下文中将做详细分析。

本书建立如下模型来对空间形态要素和碳排放进行回归分析。

$$E = \alpha_1 + \alpha_2 x_1 + \alpha_3 x_2 + \cdots\cdots + \alpha_n x_i + \varepsilon$$

式中　$E$——碳排放强度；

　　　$\alpha$——系数；

　　　$x$——空间形态要素；

　　　$\varepsilon$——随机变量。

#### 2. 变量的处理

在变量处理中除了我们选定的空间形态要素，城市规模对碳排放的影响很大，辽宁中部各城市间建成区面积差异又很明显，为减小规模差异在分析过程中对城市空间形态的影响，本书采用单位建成区面积碳排放量（以下称地均碳排放）作为因变量的取值。

同时，在回归分析中，因变量必须保证其正态性，因此本书在回归分析前，对各类生活性碳排放进行正态性检验，对非正态数据进行正态转换。

### 4.2.2 生活性碳排放计算与分析

#### 1. 交通碳排放量

首先将城市生活中各种行为参数转化为该行为所产生的能源消耗量，再通过下列公式计算得出该行为产生的碳排放。城市生活性碳排放采用《2006 年 IPCC 国家温室气体清单指南》中提供的燃料燃烧二氧化碳排放公式：

$$E_{CO_2} = \sum (N_i \times C_i \times G_i \times 10^{-9})$$

式中  $E_{CO_2}$——某燃料温室气体排放量（kg）；

$N_i$——$i$ 类燃料使用量（kg）；

$C_i$——$i$ 类燃料产热效率（kJ/kg）；

$G_i$——IPCC 给出的 $i$ 类燃料二氧化碳缺省排放要素（kg/TJ）。

（1）公共交通碳排放计算

1）轨道交通碳排放量

轨道交通很早就作为公共交通在城市中出现，起着越来越重要的作用。经济发达国家城市的交通发展历史告诉我们，只有采用大客运量的城市轨道交通（地铁和轻轨）系统，才是从根本上改善城市公共交通状况的有效途径。城市轨道交通是世界公认的低能耗、少污染的"绿色交通"，是解决"城市病"的一把金钥匙，对于实现城市的可持续发展具有非常重要的意义。但与此同时，我们同样也要认识到，轨道交通尤其是地铁的耗电量也是惊人的，以北京轨道交通为例，2012 年能耗为 13.16 万 t 标煤，耗电为 8.53 亿度；到了 2013 年能耗为 16.45 万 t 标煤，耗电量达到 11.24 亿度。据统计，沈阳地铁 2015 年耗电量为 11.80 亿度，有轨电车耗电量为 2.49 亿度。根据计算公式，得到沈阳地铁和有轨电车的总二氧化碳排放量为 114.83 万 t。

2）公共汽车碳排放量

据测算，燃气公交车一般能耗 0.33m³/km，燃油公交车约 0.43L/km，将统计数据代入 IPCC 燃料燃烧二氧化碳排放公式得到 2015 辽宁中部城市公共汽车二氧化碳排放，数据见表 4-3：

公共汽车二氧化碳排放量 表 4-3

| | 公交车数据量（台） | 公交总运营里程(km) | 新能源汽车使用率 | 二氧化碳排放量（万 t） | 地均公共汽车碳排放(t/hm²) |
|---|---|---|---|---|---|
| 沈阳 | 5381 | 1457269549 | 0.46 | 207.9172 | 69.4086 |
| 鞍山 | 1790 | 121580000 | 0.7 | 13.6878 | 8.0058 |
| 本溪 | 715 | 42625068.56 | 0.12 | 7.5543 | 6.9266 |
| 抚顺 | 1188 | 122208308.4 | 0.73 | 13.3499 | 9.6739 |

续表

| | 公交车数据量(台) | 公交总运营里程(km) | 新能源汽车使用率 | 二氧化碳排放量(万 t) | 地均公共汽车碳排放(t/hm²) |
|---|---|---|---|---|---|
| 辽阳 | 590 | 80832687.39 | 0.58 | 10.18145 | 9.6952 |
| 铁岭 | 667 | 24500000 | 0 | 4.66988 | 9.34 |
| 营口 | 882 | 66720000 | 0.21 | 11.1554 | 10.1455 |

数据来源:《辽宁统计年鉴2016》,各市年鉴、统计年鉴。

3) 出租汽车碳排放量

出租汽车客运是城市公共交通的一个组成部分。它的营运特点是:①租乘手续简便,可以在路上招呼上车,或在营业点乘车,也可以电话要车或预约订车;②在道路条件和交通法规允许的情况下,可为乘客提供"门到门"的全程服务,乘客可任意选择行车路线,也可以要求中途停车;③除载客外,还可以为乘客载运随身携带的行李或货物;④租用方式有包车与合乘车两种;⑤收费方式有计程与计时两种。收费标准高于其他公共交通工具。据统计,每辆出租车的年二氧化碳排放量达 38t,而油改气后,每辆出租车每年可减少 10t 二氧化碳排放(阿联酋沙迦经验数据),2015 年辽宁省出租车改气率为 70%,其中沈阳改气率为 82%。因此,城市出租车年二氧化碳排放公式为:

$$E_{出租车} = \sum (M_i \times G_i \times 1000)$$

式中　$E_{出租车}$——出租车二氧化碳排放量(kg);

　　　$M_i$——$i$ 种出租车数量(辆);

　　　$G_i$——第 $i$ 种出租车每辆每年二氧化碳排放量(t)。

将统计数据代入 IPCC 燃料燃烧二氧化碳排放公式得到 2015 辽宁中部城市出租汽车二氧化碳排放,数据见表 4-4:

**出租汽车二氧化碳排放量**　　　　　　　　　　表 4-4

| | 出租车数量(台) | 改气率 | 出租汽车碳排放量(万 t) | 地均出租汽车碳排放量(t/hm²) |
|---|---|---|---|---|
| 沈阳 | 17844 | 82% | 53.1752 | 11.4366 |
| 鞍山 | 5375 | 73% | 16.501 | 9.6491 |
| 本溪 | 2744 | 70% | 8.5062 | 7.8073 |
| 抚顺 | 4977 | 75% | 15.1796 | 11 |
| 辽阳 | 2611 | 67% | 8.1728 | 7.7810 |
| 铁岭 | 1463 | 55% | 4.7544 | 9.5 |
| 营口 | 3091 | 68% | 9.6438 | 8.7636 |

数据来源:《辽宁统计年鉴2016》,各市年鉴。

(2) 私人交通碳排放量

随着社会发展水平的提高以及居民消费观念的改变,我国私人小汽车持有量急剧上升,私人交通成为城市交通重要的组成部分。但由于统计难度的限制,统计年鉴中并没有私人交通燃料消耗的直接数据。不过统计数据中提供了每百户家庭汽车燃料消耗数据、结合 IPCC 提供的汽油二氧化碳排放缺省要素等数据，得到 2015 辽宁中部城市私人汽车二氧化碳排放，数据见表 4-5：

私人汽车二氧化碳排放量                                   表 4-5

|  | 家庭汽车<br>燃料消耗（万 t） | 私人汽车<br>总碳排放量（万 t） | 地均私人汽车<br>碳排放量（t/hm²） |
|---|---|---|---|
| 沈阳 | 131.980344 | 421.213552 | 90.5828 |
| 鞍山 | 7.840019947 | 25.02132174 | 14.6316 |
| 本溪 | 6.556418005 | 20.92472283 | 19.1927 |
| 抚顺 | 6.338026625 | 20.22772958 | 14.6594 |
| 辽阳 | 6.028574548 | 19.2401173 | 18.3238 |
| 铁岭 | 5.737277448 | 18.31044639 | 36.62 |
| 营口 | 3.755203104 | 11.98468189 | 10.8909 |

数据来源：根据各市年鉴，由作者自绘。

（3）城市交通总碳排放量

将各类型交通碳排放汇总，得到 2015 年辽宁中部城市各城市交通总碳排放量，结果如表 4-6 所示。

各市城市交通碳排放情况                                   表 4-6

|  | 私人汽车<br>碳排放量（万 t） | 公共汽车<br>碳排放量（万 t） | 出租车<br>碳排放量（万 t） | 轨道交通<br>碳排放量（万 t） | 交通<br>碳排放量（万 t） | 地均交通<br>碳排放量（t/hm²） |
|---|---|---|---|---|---|---|
| 沈阳 | 421.2136 | 207.9172 | 53.1752 | 114.83 | 797.1360 | 171.4271 |
| 鞍山 | 25.0213 | 13.6878 | 16.501 | | 55.2101 | 32.2866 |
| 本溪 | 20.9247 | 7.5543 | 8.5062 | | 36.9853 | 34.5657 |
| 抚顺 | 20.2277 | 13.3499 | 15.1796 | | 48.7572 | 34.8266 |
| 辽阳 | 19.2401 | 10.1815 | 8.1728 | | 37.5944 | 35.8042 |
| 铁岭 | 18.3104 | 4.6698 | 4.7544 | | 27.7346 | 55.4692 |
| 营口 | 11.9847 | 11.1554 | 9.6438 | | 32.7838 | 29.8035 |

来源：作者自绘。

（4）城市间交通碳排放量对比

由上文的计算我们得出了 2015 年辽宁中部 7 个城市的交通碳排放的数据，将这些数据进行图示化，得到这 7 个城市交通碳排放的对比情况，如图 4-5。

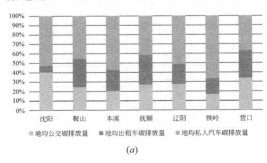

（a）

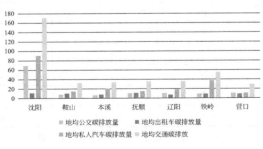

（b）

图 4-5　辽宁中部各市交通碳排放情况

来源：作者自绘。

（a）交通碳排放比例对比；（b）地均交通碳排放对比

由以上分析可知，辽宁中部城市各市辖区交通总碳排放量最高的是沈阳 797.1360 万 t，最低的是铁岭 27.7346 万 t；单位面积碳排放沈阳最高，为 171.4271t/hm²，最低的是营口 29.8035t/hm²。由以上数据可以看到，无论是总量还是地均值，都呈断崖式分布，沈阳市远远高于其他城市。在地均交通碳排放方面，除沈阳外，铁岭的地均交通碳排放最高，而通过对地均公共交通和出租车碳排放的对比可以看出，除沈阳外，其他地区的公交碳排放与出租车碳排放存在差异但水平相当。由交通碳排放比例对比图我们可以看到，铁岭市私人汽车碳排放所占比例最高，公交碳排放的比例最低。这说明铁岭市的公交分担率很低，依然以私人交通作为主要的出行手段。

**2. 家庭能源消费碳排放量计算**

（1）天然气消耗碳排放量

城市中天然气消耗主要有四种类型：居民生活用气、公共建筑用气、建筑供暖及空调用气和天然气汽车用气。

影响居民生活用气量的因素很多，如地区的气候条件、居民生活水平和饮食生活习惯、居民每户平均人口数、住宅内用气设备的设置情况、公共生活服务网的发展情况、燃气价格等。通常，住宅内用气设备齐全，地区的平均气温低，则居民生活用气量也高。但是，随着公共生活服务网的发展以及燃具改进，居民生活用气量又会下降；影响公共建筑用户用气量指标的因素主要有城市天然气的供应情况、用气设备性能、热效率、加工食品的方式和地区的气候条件等。

一般来说，天然气燃烧所产生的热量为 30000～38000kJ/Nm³（低热值），不同产地的天然气低热值略有差别，我们选择中间值 34000kJ/Nm³ 作为研究区内天然气燃烧产生的热量，在城市天然气输送至终端时，入户输送压力取 0.1MPa，温度取室温 25℃，得到单位热值为 42751.05kJ/m³。辽宁中部各城市天然气使用量分别为：沈阳 $5.551 \times 10^8$ m³（居民使用量为 $1.8972 \times 10^8$ m³）、鞍山 $1.9882 \times 10^8$ m³（居民使用量为 $9.707 \times 10^7$ m³）、本溪 $4.115 \times 10^7$ m³（居民使用量为 $1.622 \times 10^7$ m³）、抚顺 $4.3489 \times 10^8$ m³（居民使用量为 $6.198 \times 10^7$ m³）、辽阳 $8.222 \times 10^7$ m³（居民使用量为 $1.218 \times 10^7$ m³）、铁岭 $4.580 \times 10^7$ m³（居民使用量为 $2.537 \times 10^7$ m³）、营口 $2.441 \times 10^7$ m³（居民使用量为 $1.588 \times 10^7$ m³）。

将数据代入公式计算得出 2015 年辽宁中部各市天然气消耗二氧化碳排放量，结果如表 4-7 所示。

各市天然气消耗二氧化碳排放量　　　　　　　　　　表 4-7

| | 居民生活使用量(万 m³) | 居民天然气碳排放量(万 t) | 地均天然气碳排放量(t/hm²) |
|---|---|---|---|
| 沈阳 | 18972 | 4.5501 | 0.9785 |
| 鞍山 | 9707 | 2.3280 | 1.3626 |
| 本溪 | 1622 | 0.3890 | 0.3578 |
| 抚顺 | 6198 | 1.4865 | 1.0797 |
| 辽阳 | 1218 | 0.2921 | 0.2762 |
| 铁岭 | 2537 | 0.6085 | 1.22 |
| 营口 | 1588 | 0.3809 | 0.3455 |

数据来源：《辽宁省统计年鉴 2016》。

（2）液化石油气碳排放量

城市中液化石油气（以下简称液化气）主要用途有 4 种：有色金属冶炼、窑炉焙烧、汽车燃料、公共用气和居民生活。其中公共用气和居民生活是所占比例最高，其主要配送方式有管道输送和瓶装供给两种方式：1）管道输送：管道输送方式主要集中在大中城市，它是由城市燃气公司把液化石油气与空气、液化石油气与人工燃气或液化石油气与化肥厂排放的空气等混合后，通过管道直接输送到居民家中使用，时下，许多城市都实现了这种供应形式。2）瓶装供给：瓶装供给是通过一个密封钢瓶将液化石油气由储配站分配到各家各户，作为家庭灶具的供气源，它起源于 20 世纪 60 年代初，最早是在炼油厂和几个工业城市使用，现已发展到乡镇农村。

一般来说，液化气燃烧所产生的热量为 $92100 \sim 121400kJ/m^3$，计算取中间值 $106750kJ/m^3$，而液化石油气液态密度为 $580kg/m^3$，气态密度为：$2.35kg/m^3$，在运输过程中液化石油气物理状态呈现为液态，在使用时物理状态则为气态，因此在计算热值时应以气态密度计算。同时将统计年鉴中液化石油气统计数据代入 IPCC 燃料燃烧二氧化碳排放公式，得出 2015 年辽宁中部各市液化气消耗二氧化碳排放量，结果见表 4-8。

**各市液化气消耗碳排放量**　　　　　　　　　　　　　　　　表 4-8

|  | 居民生活使用量(t) | 居民液化气碳排放量(万 t) | 地均液化气碳排放量(t/hm²) |
|---|---|---|---|
| 沈阳 | 20400 | 5.8474 | 1.2581 |
| 鞍山 | 5100 | 1.4618 | 0.8538 |
| 本溪 | 2170 | 0.6220 | 0.5688 |
| 抚顺 | 24461 | 7.0114 | 5.0797 |
| 辽阳 | 11315 | 3.2433 | 3.0857 |
| 铁岭 | 1365 | 0.3913 | 0.78 |
| 营口 | 6000 | 1.7198 | 1.5636 |

数据来源：《辽宁省统计年鉴 2016》。

（3）电力消耗碳排放量

据测算，火电机组容量的不同，反映在煤耗和污染物排放量上差别很大。大型高效发电机组每千瓦时供电煤耗为 $290 \sim 340g$，中小机组则达到 $380 \sim 500g$。5 万 kW 机组，其供电煤耗约 440g/kWh，发同样的电量，比大机组多耗煤 30%～50%。城区供电大多为大型高效发电机组，因此单位发电量耗煤取 310g/kWh。同时根据统计年鉴，将数据代入公式得出 2015 年辽宁中部城市电力消耗二氧化碳排放量，如表 4-9 所示。

**各市生活用电碳排放量**　　　　　　　　　　　　　　　　表 4-9

|  | 城市生活用电量(万 kWh) | 城市生活用电碳排放(万 t) | 地均生活用电碳排放量(t/hm²) |
|---|---|---|---|
| 沈阳 | 1189470 | 955.8542 | 230.2538 |
| 鞍山 | 224143 | 180.1211 | 105.3333 |
| 本溪 | 114138 | 91.7212 | 84.1468 |
| 抚顺 | 270089 | 217.0433 | 157.2754 |
| 辽阳 | 49371 | 39.6745 | 37.7810 |

续表

|  | 城市生活用电量(万 kWh) | 城市生活用电碳排放(万 t) | 地均生活用电碳排放量(t/hm²) |
|---|---|---|---|
| 铁岭 | 63154 | 50.7505 | 101.5 |
| 营口 | 218309 | 175.4329 | 159.4818 |

数据来源：《辽宁省统计年鉴2016》。

（4）供热碳排放量

城市供热系统是利用集中热源，通过供热管网等设施向热能用户供应生产或生活用热能的供热方式。我国城市供热热源的形式有热电厂、集中锅炉房、分散锅炉房、工业余热、核能、地热、太阳能、热泵、家庭用电暖气和小燃煤（油、气）炉等。集中供热系统广泛应用的热源主要是热电厂和集中锅炉房。

根据中国碳排放交易网给出的各行业二氧化碳排放强度先进值数据，热力行业碳排放强度为 $62.11kgCO_2/GJ$，因此，城市供热二氧化碳排放量计算公式为：

$$E_{供热}＝CHS×CII$$

式中　$E_{供热}$——供热过程产生的二氧化碳排放量（kg）；

CHS——城市供热量（GJ）；

CII——行业二氧化碳排放强度 $kgCO_2/GJ$。

将统计数据代入 IPCC 燃料燃烧二氧化碳排放公式得到 2015 年辽宁中部城市供热碳排放量，数据见表 4-10：

**2015 年各市供热消耗碳排放量**　　　　　　　　表 4-10

|  | 城市供热总量(万 GJ) | 城市供热面积(万 m³) | 供热碳排放量(万 t) | 地均供热碳排放量(t/hm²) |
|---|---|---|---|---|
| 沈阳 | 12712 | 28000 | 789.54232 | 169.7935 |
| 鞍山 | 4140 | 6460 | 257.1354 | 150.3743 |
| 本溪 | 1289 | 2887 | 80.05979 | 73.4495 |
| 抚顺 | 2854 | 4836 | 177.26194 | 128.4493 |
| 辽阳 | 2572 | 3675 | 159.74692 | 152.1429 |
| 铁岭 | 1219 | 2006 | 75.71209 | 151.42 |
| 营口 | 2871 | 4102 | 178.31781 | 162.1091 |

数据来源：《辽宁省统计年鉴2016》。

（5）城市家庭能源消耗总碳排放量

各市总生活二氧化碳排放量计算公式应为：

$$E_{总}＝E_{天然气}＋E_{液化气}＋E_{城市用电}＋E_{供热}$$

式中　$E_{总}$——城市家庭能源消耗碳排放总量；

$E_{天然气}$——城市生活天然气消耗碳排放量；

$E_{液化气}$——城市生活液化气消耗碳排放量；

$E_{城市用电}$——城市生活用电消耗碳排放量；

$E_{供热}$——城市供热消耗碳排放量。

将上述表归类，得到 2015 年辽宁中部城市家庭能源消耗碳排放量汇总数据（表 4-11），进而得到各城市家庭能源消耗二氧化碳排放总量。

**2015 年各市家庭能源消耗碳排放量汇总**      表 4-11

| | 天然气碳排放量（万 t） | 液化石油气排放量（万 t） | 供热排放量（万 t） | 生活用电碳排放量（万 t） | 热电联产碳排放量（万 t） | 家庭能源碳排放量（万 t） | 地均家庭能源碳排放量(t/hm²) |
|---|---|---|---|---|---|---|---|
| 沈阳 | 4.5501 | 5.8474 | 789.5423 | 955.8542 | 138.2423 | 1617.5516 | 377.5901 |
| 鞍山 | 2.3280 | 1.4618 | 257.1354 | 180.1211 | 55.5757 | 385.4707 | 257.9218 |
| 本溪 | 0.3890 | 0.6220 | 80.0598 | 91.7212 | 71.3894 | 101.4026 | 161.4878 |
| 抚顺 | 1.4865 | 7.0114 | 177.2619 | 217.0433 | 45.6509 | 357.1521 | 287.7165 |
| 辽阳 | 0.2921 | 3.2433 | 159.7469 | 39.6745 | 27.6096 | 175.3472 | 193.2922 |
| 铁岭 | 0.6084 | 0.3913 | 75.7121 | 50.7505 | 16.3729 | 111.0894 | 254.9248 |
| 营口 | 0.3809 | 1.7198 | 178.3178 | 175.4329 | 118.3178 | 237.5336 | 323.5013 |

来源：作者自绘。

（6）各城市家庭能源消耗碳排放对比

通过将 2015 年辽宁中部各市各类型家庭能源消耗二氧化碳排放量数据图示化，得到图 4-6。

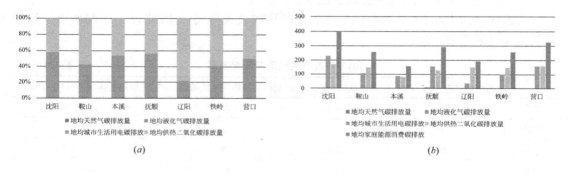

*(a)*                                      *(b)*

图 4-6   辽宁中部各市各类型家庭能源消耗碳排放情况
来源：作者自绘。
（a）家庭能源碳排放比例；（b）地均家庭能源消耗碳排放对比

由以上分析可知，辽宁中部城市各建成区家庭能源总碳排放量最高的是沈阳 1617.5516 万 t，最低的是本溪 101.4026 万 t；地均家庭能源碳排放最高的是沈阳 377.5901t/hm²，最低的是本溪 161.4878t/hm²。总体来看，辽宁中部城市地均家庭能源碳排放差异并没有交通明显，这说明人口与经济对家庭能源的消耗影响较弱。同时由家庭能源排放比例我们可以看出居民燃气消耗产生的碳排放占比极低，沈阳、本溪、抚顺生活用电碳排放占比较高，鞍山、辽阳、铁岭供热碳排放占比较高。

**3. 生活性碳排放数据处理**

在汇总各类生活性碳排放量后对这 7 类生活性碳排放进行了正态性检验，结果如表 4-12 所示，从表中我们可以看出，除地均天然气碳排放、地均生活用电碳排放和地均出租车碳排放外，其他类碳排放数据均满足正态分布。因此需要对地均天然气碳排放、地均生活用电碳排放和地均出租车碳排放进行正态性转换。

正态性检验结果　　　　　　　　　　表 4-12

| | K-S 检验 | | | S-W 检验 | | |
|---|---|---|---|---|---|---|
| | 统计量 | df | Sig. | 统计量 | df | Sig. |
| 地均天然气碳排放量 | 0.261 | 7 | 0.162 | 0.852 | 7 | 0.127 |
| 地均液化气碳排放量 | 0.292 | 7 | 0.073 | 0.806 | 7 | 0.047 |
| 地均城市生活用电碳排放 | 0.195 | 7 | 0.200* | 0.965 | 7 | 0.856 |
| 地均供热碳排放量 | 0.327 | 7 | 0.023 | 0.787 | 7 | 0.030 |
| 地均公交碳排放量 | 0.485 | 7 | 0.000 | 0.500 | 7 | 0.000 |
| 地均出租车碳排放量 | 0.155 | 7 | 0.200* | 0.920 | 7 | 0.473 |
| 地均私人汽车碳排放量 | 0.353 | 7 | 0.008 | 0.676 | 7 | 0.002 |

＊这是真实显著水平的下限

来源：作者自绘。

　　常用的正态性转换方法有：平方转换（$x^2$）、立方转换（$x^3$）、平方根转换（$x^{1/2}$）、立方根转换（$x^{1/3}$），指数函数转换（$\lg x$，$\ln x$）、幂函数转换（$e^x$）、倒数转换（$1/x$）等，将非正态数据代入以上函数，最终得到正态性调整后地均生活性碳排放结果（表 4-13）。并将此结果作为回归分析的因变量。

地均生活性碳排放正态性调整结果　　　　　　　　　　表 4-13

| | $1/x$ 地均天然气碳排放量($t/hm^2$) | 地均液化气碳排放量($t/hm^2$) | $1/x$ 地均城市生活用电碳排放($t/hm^2$) | 地均供热二氧化碳排放量($t/hm^2$) | 地均公交二氧化碳排放量($t/hm^2$) | exp 地均出租车二氧化碳排放量($t/hm^2$) | 地均私人汽车二氧化碳排放量($t/hm^2$) |
|---|---|---|---|---|---|---|---|
| 沈阳 | 1.0220 | 1.2581 | 0.004343 | 169.7935 | 69.4086 | 92552.0883 | 90.5828 |
| 鞍山 | 0.7339 | 0.8538 | 0.009494 | 150.3743 | 8.0058 | 15517.25023 | 14.6316 |
| 本溪 | 2.7949 | 0.5688 | 0.011884 | 73.4495 | 6.9266 | 2834.780041 | 19.1927 |
| 抚顺 | 0.9262 | 5.0797 | 0.006358 | 128.4493 | 9.6739 | 51152.74464 | 14.6594 |
| 辽阳 | 3.6207 | 3.0857 | 0.026468 | 152.1429 | 9.6952 | 2400.948262 | 18.3238 |
| 铁岭 | 0.8197 | 0.78 | 0.009852 | 151.42 | 9.34 | 13477.81124 | 36.62 |
| 营口 | 2.8947 | 1.5636 | 0.006270 | 162.1091 | 10.1455 | 6419.470451 | 10.8909 |

来源：作者自绘。

## 4.2.3　建成区空间形态计算与分析

### 1. 各城市建成区密度测度

通过查阅年鉴数据，得到 2015 年各市城市密度数据如表 4-14 所示。

辽宁中部各城市规模情况　　　　　　　　　　表 4-14

| 城市 | 沈阳 | 鞍山 | 本溪 | 抚顺 | 辽阳 | 铁岭 | 营口 |
|---|---|---|---|---|---|---|---|
| 建成区面积(km²) | 465 | 171 | 107 | 140 | 105 | 50 | 110 |
| 常住人口(万人) | 649.8 | 160.1 | 113.1 | 144.4 | 92.0 | 43.9 | 109.9 |
| 地区生产总值(亿元) | 5674.8 | 1200.5 | 860.0 | 866.6 | 508.3 | 143.1 | 940.9 |

续表

| 城市 | 沈阳 | 鞍山 | 本溪 | 抚顺 | 辽阳 | 铁岭 | 营口 |
|---|---|---|---|---|---|---|---|
| 道路面积(km²) | 90.17 | 17.05 | 10.42 | 14.03 | 13.76 | 6.95 | 7.2 |
| 城市道路长度(km) | 3826 | 677 | 744 | 871 | 1091 | 287 | 547 |
| 人口密度(人/km²) | 13974.19 | 9362.57 | 10570.09 | 10314.29 | 8761.90 | 8780 | 9990.91 |
| 经济密度(万元/km²) | 122038.71 | 70204.68 | 80373.83 | 61900 | 48409.52 | 28620 | 85536.36 |
| 道路面积率(%) | 19.39 | 9.97 | 9.56 | 10.17 | 13.10 | 13.90 | 6.55 |
| 道路网密度(km/km²) | 8.23 | 3.96 | 6.83 | 6.31 | 10.39 | 5.74 | 4.97 |

来源：《辽宁省统计年鉴 2016》

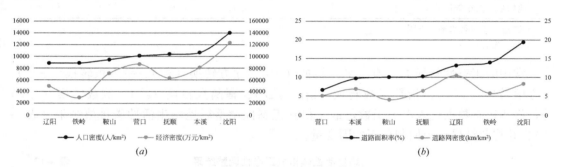

*(a)*                                    *(b)*

图 4-7    辽宁中部城市人口、经济、道路密度情况

来源：作者自绘。

（*a*）人口与经济密度情况；（*b*）道路密度情况

由图 4-7 可知，辽宁中部城市的人口密度除沈阳外差异不大，同时从图示中可以看出，人口密度与经济密度存在一定相关性，但人口密度并不完全决定经济密度，铁岭、抚顺两座城市的经济密度水平并不匹配其人口密度水平。而道路密度中，道路面积率存在一定的递增关系，整体的道路网密度水平相当，鞍山的道路网密度最低，但是道路面积率却高于营口与本溪，沈阳市、铁岭市的道路面积率很高，但道路网密度却低于辽阳，约等于抚顺与本溪，说明沈阳、鞍山、铁岭的道路整体宽度较宽。

**2. 各城市建成区外部形态测度**

以 2015 年各市 GoogleEarth 高清影像图为基础，将影像图导入 Arcmap 中进行地图配准，然后描出辽宁中部各个城市建成区范围，并与统计年鉴相关数据进行对比分析，计算其周长与面积。

将得到的周长与面积带入公式，得到辽宁中部城市各市空间分形维数。结果见表 4-15。

辽宁中部各城市分形维数计算结果                                    表 4-15

| | 沈阳 | 鞍山 | 本溪 | 抚顺 | 辽阳 | 铁岭 | 营口 |
|---|---|---|---|---|---|---|---|
| 周长(km) | 329 | 172 | 189 | 209 | 112 | 75 | 126 |
| 面积(km²) | 465 | 171 | 107 | 140 | 105 | 50 | 110 |
| 分形维数 | 1.4359 | 1.4630 | 1.6502 | 1.6011 | 1.4320 | 1.4986 | 1.4679 |

来源：作者自绘。

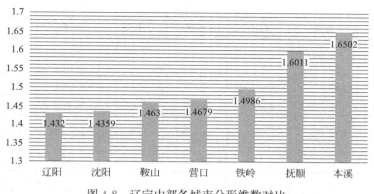

图 4-8　辽宁中部各城市分形维数对比

来源：作者自绘。

通过对辽宁中部 7 个城市的分形维数对比（图 4-8）可以看到，辽阳、沈阳、鞍山、营口的分形维数小于 1.5，城市形状较为简单；铁岭的分形维数约等于 1.5，有向外延伸扩张的趋势；而抚顺、本溪则大于 1.5，其城市内部已经没有可供开发的土地，必须向外扩张。

**3. 各城市建成区内部功能测度**

（1）功能紧凑度

根据辽宁中部各市的总体规划及实地调研，确定了各市市级商业中心位置，并导入 ArcMap 中。以沈阳市为例，沈阳的市级商业中心有三个：太原街商圈、中街商圈和长江街商圈，通过根据高清影像图在 Arcgis 描出商圈范围，并分析得出各商圈的几何中心，利用泰森多边形工具得出沈阳市级商业中心在中心城区的服务范围。进而得出中心区市级商业服务设施平均服务半径为 4.2217km，再将各组团数据带入计算公式得到沈阳市级商业服务设施平均服务半径为 5.2185km。将其他城市按照此方法计算得到辽宁中部城市空间紧凑度情况，结果见表 4-16。

辽宁中部城市空间紧凑度情况　　　　　　　　　　表 4-16

| | 沈阳 | 鞍山 | 本溪 | 抚顺 | 辽阳 | 铁岭 | 营口 |
|---|---|---|---|---|---|---|---|
| 服务半径(km) | 5.2185 | 4.6087 | 3.2509 | 3.6278 | 3.8381 | 2.6596 | 2.1056 |
| 功能紧凑度(/km) | 0.1916 | 0.2170 | 0.3076 | 0.2756 | 0.2605 | 0.3760 | 0.4749 |

来源：作者自绘。

（2）用地多样性指数

根据《辽宁省统计年鉴 2016》中各城市建设用地总面积及各类用地面积，将计算得到的各市各类型用地面积比例数据代入 IPCC 燃料燃烧二氧化碳排放公式得到各市用地多样性指数，结果见表 4-17。

辽宁中部城市用地多样性指数情况　　　　　　　　表 4-17

| 项目 | 沈阳 | 鞍山 | 本溪 | 抚顺 | 辽阳 | 铁岭 | 营口 |
|---|---|---|---|---|---|---|---|
| 居住用地比例(%) | 29.9728 | 34.0572 | 30.1334 | 24.9278 | 35.6112 | 42.9605 | 30.5556 |
| 公共管理与公共服务设施用地比例(%) | 7.9927 | 4.6574 | 7.5334 | 7.2213 | 2.8874 | 16.4791 | 8.3333 |

续表

| 项目 | 沈阳 | 鞍山 | 本溪 | 抚顺 | 辽阳 | 铁岭 | 营口 |
|---|---|---|---|---|---|---|---|
| 商业服务设施<br>用地比例（%） | 5.0863 | 5.2396 | 13.9905 | 5.0549 | 7.6997 | 1.4256 | 27.7778 |
| 工业用地比例（%） | 26.0672 | 30.9425 | 23.5687 | 33.6727 | 26.0443 | 16.4791 | 5.5556 |
| 物流仓储用地比例（%） | 2.5068 | 2.2705 | 1.0009 | 3.5456 | 6.7854 | 0.3526 | 5.5556 |
| 道路交通设施<br>用地比例（%） | 12.0981 | 15.6663 | 14.8084 | 5.7842 | 14.1771 | 14.8209 | 13.8889 |
| 公共设施用地比例（%） | 2.2888 | 2.1016 | 2.0232 | 4.0367 | 2.4254 | 4.7977 | 3.7037 |
| 绿地与广场<br>用地比例（%） | 13.9873 | 5.0649 | 6.9415 | 15.7568 | 4.3696 | 2.6116 | 4.6296 |
| 居住用地比例（%） | 29.9728 | 34.0572 | 30.1334 | 24.9278 | 35.6112 | 42.9605 | 30.5556 |
| 用地多样性指数 | 1.7746 | 1.6357 | 1.7651 | 1.7575 | 1.7044 | 1.2267 | 1.7848 |

数据来源：《辽宁省统计年鉴 2016》。

（3）公交服务水平测度

本书利用 GeoSharp1.0 软件中提供的城市公交站点 POI 数据，在进行处理后导入 ArcMap 中，根据 GIS 缓冲分析的结果（图 4-9），得到辽宁中部城市各城市的公交覆盖率，其结果如表 4-18 所示。

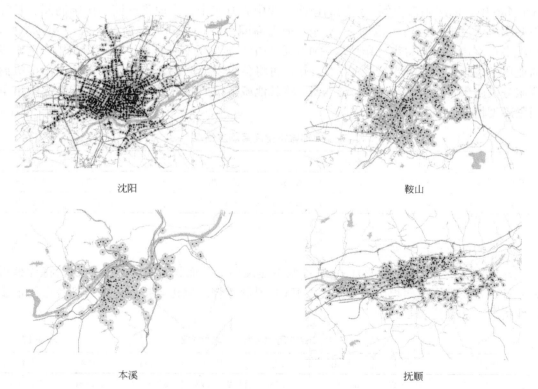

沈阳 　　　　　　　　　　　　　　　　　鞍山

本溪 　　　　　　　　　　　　　　　　　抚顺

图 4-9　辽宁中部城市各市公交服务范围

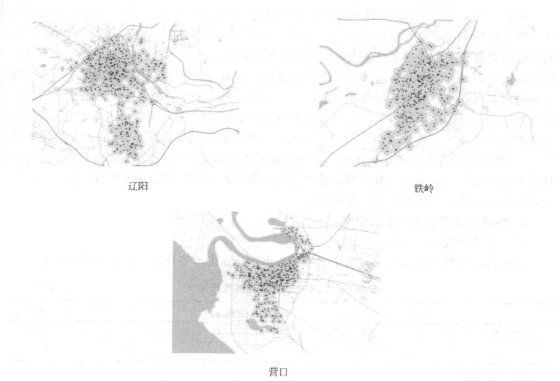

辽阳　　　　　　　　铁岭

营口

图 4-9　辽宁中部城市各市公交服务范围（续）
来源：作者自绘。

**各市公交覆盖率**　　　　　　　　　　　表 4-18

| | 沈阳 | 鞍山 | 本溪 | 抚顺 | 辽阳 | 铁岭 | 营口 |
|---|---|---|---|---|---|---|---|
| 公交服务面积(km²) | 322.431 | 90.553 | 54.322 | 95.841 | 60.666 | 29.838 | 59.182 |
| 面积(km²) | 465 | 171 | 109 | 138 | 105 | 50 | 110 |
| 公交覆盖率(%) | 51.18 | 52.95 | 49.84 | 69.45 | 57.78 | 59.68 | 53.800 |

来源：作者自绘。

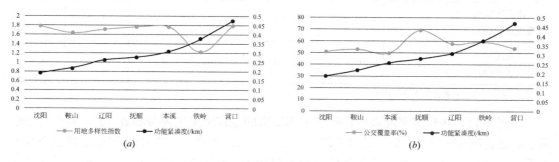

(a)　　　　　　　　　　　(b)

图 4-10　辽宁中部各城市内部功能测度对比
来源：作者自绘
（a）功能紧凑度与用地多样性；（b）功能紧凑度与公交覆盖率

通过对辽宁中部7个城市的内部形态测度对比（图4-10）可以看到，辽宁中部城市的功能紧凑度分布在主要分布在0.2～0.5之间，其中沈阳的功能紧凑度最低，说明沈阳市的实际市级商业中心服务半径最大，居民出行距离越远。营口的功能紧凑度最高，说明其市级商业中心服务半径最小，居民出行距离最短。而用地多样性方面，除铁岭外，其他城市的用地多样性差异不大，分布在1.6～1.8之间，铁岭市的用地多样性最低为1.2267，说明铁岭市的用地比例不协调，需要进行调整。在对各城市公交覆盖率进行对比后发现，各城市公交覆盖率大致分布在50％～70％区间，其中最高的是抚顺69.45，最低的是本溪49.84，而根据前文交通碳排放比例，抚顺市的私人交通碳排放占比最低，本溪市公交碳排放占比最低，这说明公交覆盖率在某种程度上能够影响城市交通碳排放的比例。从这三个指标对比来看，三者之间并不存在联系。

**4. 各城市建成区开发强度测度**

（1）建筑密度与容积率

将最终测得数据代入公式得到辽宁中部各市建筑密度与容积率。结果如表4-19：

辽宁中部城市建筑密度与容积率情况　　　　　　　　　表4-19

| | 沈阳 | 鞍山 | 本溪 | 抚顺 | 辽阳 | 铁岭 | 营口 |
|---|---|---|---|---|---|---|---|
| 建筑密度（％） | 19.06 | 18.16 | 17.76 | 13.15 | 21.85 | 20.23 | 24.14 |
| 容积率 | 1.04 | 0.77 | 0.42 | 0.56 | 0.83 | 0.83 | 0.81 |

来源：作者自绘。

（2）建成区绿地覆盖率

我们在研究建成区绿地覆盖率时，采用建成区绿地覆盖面积数据，而非城市绿化与广场用地面积，因为在城市建成区内，起到城市绿地作用的，不仅城市绿化与广场用地，城市各类型用地的附属绿地，其对改善热环境等方面的作用也十分明显，城市建成区的绿地覆盖面积数据从辽宁省统计年鉴和各市统计年鉴中得到，辽宁中部城市建成区绿地覆盖率如表4-20所示。

辽宁中部城市建成区绿地覆盖率　　　　　　　　　表4-20

| | 沈阳 | 鞍山 | 本溪 | 抚顺 | 辽阳 | 铁岭 | 营口 |
|---|---|---|---|---|---|---|---|
| 建成区绿地覆盖面积（km²） | 194.27 | 67.41 | 51.88 | 51.62 | 41.69 | 20.7 | 40.29 |
| 建成区绿地覆盖率（％） | 41.78 | 39.428 | 47.60 | 37.41 | 39.71 | 41.40 | 36.63 |

数据来源：《辽宁省统计年鉴2016》。

如图4-11，从建筑密度来看，辽宁中部城市的建筑密度主要分布在15％～25％之间，最小的是抚顺13.15％，最大的是营口24.14％。总体上讲，辽宁中部城市的建筑密度相差不大。而从容积率来看，这7个城市的差异较大。最高的是沈阳1.04，最低的是本溪0.42，而建筑密度和容积率这两个指标也反映了城市平均的建筑高度。从图中可以看出，平均层数最高的是沈阳，最低的是本溪。从建成区绿地率来看，最高的是本溪47.60％，最低的是营口36.63％。沈阳、本溪、铁岭、鞍山和辽阳都达到了国家生态园林城市标准

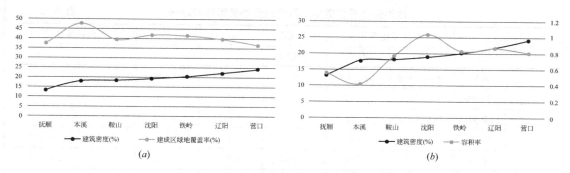

图 4-11　辽宁中部各城市开发强度测度对比

来源：作者自绘。

（a）建筑密度与绿地率；（b）建筑密度与容积率

中对于绿地率的要求，抚顺和营口的建成区绿地率有待提高。从三者关系来看，这三个指标的关系并不明显。

### 4.2.4　空间形态对各类生活性碳排放影响

**1. 影响交通碳排放的空间形态分析**

城市交通碳排放的构成有公交系统碳排放、出租汽车碳排放和私人汽车碳排放。根据前文核算的结果，我们将数据代入 SPSS 中进行分多重线性回归分析，得到的结果分别如下文所述。

（1）地均公交碳排放

首先，本书对公交系统碳排放与城市空间形态的相关性进行了分析（表 4-21）。由于数据的正态性影响相关性分析方法的选择，因此在相关性分析之前，首先对空间形态因子的正态性进行检验，正态分布的连续变量采用 Pearson 法，对非正态分布的采用 Spearman 法。分析后发现人口密度和道路面积率与公交碳排放的相关性较高，因此在多元逐步回归的过程中，将人口密度和道路面积率的排列顺序放前，而后是地均国民生产总值、容积率、功能紧凑度等。

地均公交系统碳排放与空间形态相关性分析结果　　　　表 4-21

| | | DOP | DOE | FRD | FCR | LUD | RAR | DRN | PCR | GLR | BDD | PLR |
|---|---|---|---|---|---|---|---|---|---|---|---|---|
| Pearson | 相关系数 | 0.915** | 0.752 | −0.373 | −0.49 | 0.23 | 0.810* | 0.337 | −0.313 | 0.107 | 0 | 0.566 |
| | Sig. | 0.004 | 0.051 | 0.41 | 0.264 | 0.619 | 0.027 | 0.46 | 0.494 | 0.82 | 0.999 | 0.185 |
| Spearman | 相关系数 | 0.25 | 0.393 | −0.607 | −0.179 | 0.432 | 0.357 | 0.321 | 0.143 | −0.286 | 0.536 | 0.429 |
| | Sig. | 0.589 | 0.383 | 0.148 | 0.702 | 0.333 | 0.432 | 0.482 | 0.76 | 0.535 | 0.215 | 0.337 |

** 在 0.01 水平（双侧）上显著相关。

* 在 0.05 水平（双侧）上显著相关。

来源：作者自绘。

将数据代入 SPSS，回归计算得到结果如表 4-22 所示。

城市低碳规划设计理论与实践

地均公交系统碳排放与空间形态要素回归结果　　　　　　表 4-22

| 模型 | | 非标准化系数 | | 标准系数 | t | Sig. | 共线性统计量 | |
|---|---|---|---|---|---|---|---|---|
| | | B | 标准误差 | 试用版 | | | 容差 | VIF |
| 1 | （常量） | −102.478 | 24.052 | | −4.261 | 0.008 | | |
| | DOP | 0.012 | 0.002 | 0.915 | 5.057 | 0.004 | 1 | 1 |
| 2 | （常量） | −98.033 | 14.11 | | −6.948 | 0.002 | | |
| | DOP | 0.009 | 0.002 | 0.67 | 5.178 | 0.007 | 0.666 | 1.502 |
| | RAR | 2.342 | 0.717 | 0.423 | 3.266 | 0.031 | 0.666 | 1.502 |
| 3 | （常量） | −5.192 | 14.629 | | −0.355 | 0.746 | | |
| | DOP | 0.009 | 0.001 | 0.734 | 18.784 | 0.00 | 0.625 | 1.599 |
| | RAR | 1.647 | 0.235 | 0.297 | 7.021 | 0.006 | 0.532 | 1.879 |
| | FRD | −61.687 | 9.326 | −0.229 | −6.615 | 0.007 | 0.798 | 1.253 |

来源：作者自绘。

　　根据模型的检验结果可知，模型 3 的 R 方为 0.994，置信度 99% 以上，所有自变量 VIF 小于 2，说明自变量不存在共线性，因此采用该结果作为公交系统碳排放回归模型。从结果中我们可以看出，与地均公交碳排放相关的空间形态指标有：人口密度、道路面积率和分形维数。

　　（2）地均出租汽车碳排放

　　对出租汽车碳排放与城市空间形态的相关性进行了分析（表 4-23）。发现人口密度、道路面积率、建筑密度等因素和碳排放的相关性较强。

地均出租汽车碳排放与空间形态要素相关性分析结果　　　　表 4-23

| | | DOP | DOE | FRD | FCR | LUD | RAR | DRN | PCR | GLR | BDD | PLR |
|---|---|---|---|---|---|---|---|---|---|---|---|---|
| Pearson | 相关系数 | 0.649 | 0.4 | −0.108 | −0.397 | 0.014 | 0.492 | −0.178 | 0.014 | 0.337 | −0.512 | 0.687 |
| | Sig. | 0.115 | 0.374 | 0.817 | 0.378 | 0.976 | 0.262 | 0.703 | 0.976 | 0.459 | 0.24 | 0.088 |
| Spearman | 相关系数 | 0.679 | 0.321 | 0 | −0.464 | −0.018 | 0.429 | −0.214 | −0.018 | 0.071 | −0.429 | 0.679 |
| | Sig. | 0.094 | 0.482 | | 0.294 | 0.969 | 0.337 | 0.645 | 0.969 | 0.879 | 0.337 | 0.094 |

来源：作者自绘。

　　经过 SPSS 逐步回归，得到结果如表 4-24 所示。

地均出租汽车碳排放与空间形态要素回归结果　　　　　　表 4-24

| 模型 | | 非标准化系数 | | 标准系数 | t | Sig. | 共线性统计量 | |
|---|---|---|---|---|---|---|---|---|
| | | B | 标准误差 | 试用版 | | | 容差 | VIF |
| 1 | （常量） | −144155.772 | 47131.798 | | −3.059 | 0.028 | | |
| | DOP | 16.753 | 4.541 | 0.855 | 3.69 | 0.014 | 1 | 1 |

来源：作者自绘。

110

（3）地均私人汽车碳排放

对私人汽车碳排放与城市空间形态的相关性进行了分析（表4-25）。发现人口密度、道路面积率、绿地率等因素和碳排放的相关性较强。

地均私人汽车碳排放与空间形态要素相关性分析结果　　　表4-25

| | | DOP | DOE | FRD | FCR | LUD | RAR | DRN | PCR | GLR | BDD | PLR |
|---|---|---|---|---|---|---|---|---|---|---|---|---|
| Pearson | 相关系数 | 0.815* | 0.568 | −0.33 | −0.457 | −0.04 | 0.908** | 0.337 | −0.295 | 0.25 | −0.005 | 0.578 |
| | Sig. | 0.025 | 0.184 | 0.47 | 0.303 | 0.933 | 0.005 | 0.459 | 0.52 | 0.588 | 0.992 | 0.174 |
| Spearman | 相关系数 | 0.214 | −0.036 | −0.036 | −0.321 | −0.18 | 0.786* | 0.607 | −0.214 | 0.857* | −0.143 | 0.321 |
| | Sig. | 0.645 | 0.939 | 0.939 | 0.482 | 0.699 | 0.036 | 0.148 | 0.645 | 0.014 | 0.76 | 0.482 |

\*\* 在 0.01 水平（双侧）上显著相关。

\* 在 0.05 水平（双侧）上显著相关。

来源：作者自绘。

将数据代入 SPSS，回归计算得到结果如表4-26所示：

私人汽车碳排放与空间形态要素回归结果　　　表4-26

| 模型 | | 非标准化系数 | | 标准系数 | t | Sig. | 共线性统计量 | |
|---|---|---|---|---|---|---|---|---|
| | | B | 标准误差 | 试用版 | | | 容差 | VIF |
| 1 | （常量） | −44.156 | 15.931 | | −2.772 | 0.039 | | |
| | DOP | 6.22 | 1.284 | 0.908 | 4.845 | 0.005 | 1 | 1 |
| 2 | （常量） | −94.565 | 18.291 | | −5.17 | 0.007 | | |
| | DOP | 0.007 | 0.002 | 0.436 | 3.214 | 0.032 | 0.666 | 1.502 |
| | RAR | 4.492 | 0.93 | 0.656 | 4.833 | 0.008 | 0.666 | 1.502 |
| 3 | （常量） | −55.909 | 23.831 | | −2.346 | 0.101 | | |
| | DOP | 0.011 | 0.002 | 0.663 | 4.323 | 0.023 | 0.299 | 1.346 |
| | RAR | 3.231 | 0.947 | 0.472 | 3.413 | 0.042 | 0.368 | 1.717 |
| | LUD | −36.416 | 18.268 | −0.255 | −1.993 | 0.014 | 0.43 | 1.328 |

来源：作者自绘。

**2. 影响家庭能源碳排放的空间形态分析**

（1）地均天然气碳排放

对天然气碳排放与城市空间形态的相关性进行了分析（表4-27）。发现天然气碳排放与空间形态要素的相关性都不强。

地均天然气碳排放与空间形态要素相关性分析结果　　　表4-27

| | | DOP | DOE | FRD | FCR | LUD | RAR | DRN | PCR | GLR | BDD | PLR |
|---|---|---|---|---|---|---|---|---|---|---|---|---|
| Pearson | 相关系数 | −0.272 | −0.035 | −0.017 | 0.329 | 0.401 | −0.337 | 0.508 | −0.278 | 0.125 | −0.337 | 0.508 |
| | Sig. | 0.555 | 0.941 | 0.971 | 0.471 | 0.372 | 0.46 | 0.244 | 0.546 | 0.789 | 0.46 | 0.244 |

续表

|  |  | DOP | DOE | FRD | FCR | LUD | RAR | DRN | PCR | GLR | BDD | PLR |
|---|---|---|---|---|---|---|---|---|---|---|---|---|
| Spearman | 相关系数 | −0.107 | 0.214 | −0.25 | 0.214 | 0.595 | −0.214 | 0.607 | −0.143 | 0 | −0.214 | 0.607 |
|  | Sig. | 0.819 | 0.645 | 0.589 | 0.645 | 0.159 | 0.645 | 0.148 | 0.76 | 1 | 0.645 | 0.148 |

来源：作者自绘。

将数据代入回归模型，结果显示并没有结果输入模型，说明辽宁中部城市天然气碳排放与空间形态之间并没有直接联系。

（2）地均液化气碳排放

对液化气消耗碳排放与城市空间形态的相关性进行了分析（表 4-28）。发现液化气消耗碳排放与公交覆盖率相关性较强。

地均液化气碳排放与空间形态要素相关性分析结果　　　　　　表 4-28

|  |  | DOP | DOE | FRD | FCR | LUD | RAR | DRN | PCR | GLR | BDD | PLR |
|---|---|---|---|---|---|---|---|---|---|---|---|---|
| Pearson | 相关系数 | −0.056 | −0.181 | 0.152 | −0.123 | 0.313 | −0.103 | 0.308 | 0.845* | −0.549 | −0.103 | 0.308 |
|  | Sig. | 0.906 | 0.698 | 0.746 | 0.793 | 0.494 | 0.825 | 0.501 | 0.017 | 0.202 | 0.825 | 0.501 |
| Spearman | 相关系数 | 0.071 | −0.071 | −0.357 | −0.143 | 0.162 | 0.071 | 0.214 | 0.607 | −0.679 | 0.071 | 0.214 |
|  | Sig. | 0.879 | 0.879 | 0.432 | 0.76 | 0.728 | 0.879 | 0.645 | 0.148 | 0.094 | 0.879 | 0.645 |

\* 在 0.05 水平（双侧）上显著相关。

来源：作者自绘。

将数据代入回归模型，结果如表 4-29 所示。

地均液化气消耗碳排放与空间形态要素回归结果　　　　　　表 4-29

| 模型 |  | 非标准化系数 | | 标准系数 | t | Sig. | 共线性统计量 | |
|---|---|---|---|---|---|---|---|---|
|  |  | B | 标准误差 | 试用版 |  |  | 容差 | VIF |
| 1 | （常量） | −9.733 | 3.306 |  | −2.944 | 0.032 |  |  |
|  | PCR | 0.206 | 0.058 | 0.845 | 3.535 | 0.017 | 1 | 1 |
| 2 | （常量） | −18.007 | 2.308 |  | −7.803 | 0.001 |  |  |
|  | PCR | 0.23 | 0.026 | 0.945 | 8.747 | 0.001 | 0.961 | 1.041 |
|  | LUD | 4.15 | 0.895 | 0.501 | 4.638 | 0.01 | 0.961 | 1.041 |

来源：作者自绘。

（3）地均城市用电碳排放

对城市用电消耗碳排放与城市空间形态的相关性进行了分析（表 4-30）。发现城市用电消耗碳排放与人口密度、容积率等因素相关性较强。

地均城市用电碳排放与空间形态要素相关性分析结果　　　　表 4-30

| | | DOP | DOE | FRD | FCR | LUD | RAR | DRN | PCR | GLR | BDD | PLR |
|---|---|---|---|---|---|---|---|---|---|---|---|---|
| Pearson | 相关系数 | −0.559 | −0.503 | −0.211 | −0.129 | −0.058 | 0.002 | 0.65 | 0.011 | 0.117 | 0.002 | 0.65 |
| | Sig. | 0.192 | 0.25 | 0.65 | 0.782 | 0.901 | 0.997 | 0.114 | 0.981 | 0.803 | 0.997 | 0.114 |
| Spearman | 相关系数 | −0.714 | −0.679 | 0.071 | 0.143 | −0.487 | −0.071 | 0.286 | 0.071 | 0.321 | −0.071 | 0.286 |
| | Sig. | 0.071 | 0.094 | 0.879 | 0.76 | 0.268 | 0.879 | 0.535 | 0.879 | 0.482 | 0.879 | 0.535 |

来源：作者自绘。

将数据代入回归模型，结果如表 4-31 所示。

地均城市用电碳排放与空间形态要素回归结果　　　　表 4-31

| 模型 | | 非标准化系数 | | 标准系数 | t | Sig. | 共线性统计量 | |
|---|---|---|---|---|---|---|---|---|
| | | B | 标准误差 | 试用版 | | | 容差 | VIF |
| 1 | （常量） | 0.024 | 0.004 | | 5.982 | 0.002 | | |
| | PLR | −0.021 | 0.006 | −0.853 | −3.648 | 0.015 | 1 | 1 |
| 2 | （常量） | 0.087 | 0.019 | | 4.539 | 0.011 | | |
| | PLR | −0.024 | 0.003 | −0.973 | −6.941 | 0.002 | 0.933 | 1.072 |
| | FRD | −0.041 | 0.012 | −0.463 | −3.304 | 0.03 | 0.933 | 1.072 |
| 3 | （常量） | 0.082 | 0.014 | | 6.028 | 0.009 | | |
| | PLR | −0.024 | 0.002 | −0.965 | −9.848 | 0.002 | 0.932 | 1.074 |
| | FRD | −0.024 | 0.002 | −0.965 | −9.848 | 0.002 | 0.932 | 1.074 |
| | GLR | 0.001 | 0 | 0.246 | 2.279 | 0.107 | 0.767 | 1.304 |

来源：作者自绘。

（4）地均城市供热碳排放

对城市供热消耗碳排放与城市空间形态的相关性进行了分析（表 4-32）。发现城市供热消耗碳排放与分形维数、绿地率等因素相关性较强。

地均城市供热碳排放与空间形态要素相关性分析结果　　　　表 4-32

| | | DOP | DOE | FRD | FCR | LUD | RAR | DRN | PCR | GLR | BDD | PLR |
|---|---|---|---|---|---|---|---|---|---|---|---|---|
| Pearson | 相关系数 | 0.146 | 0.112 | −0.903** | −0.019 | −0.187 | 0.372 | 0.022 | 0.07 | −0.7 | 0.372 | 0.022 |
| | Sig. | 0.755 | 0.811 | 0.005 | 0.967 | 0.688 | 0.412 | 0.963 | 0.882 | 0.08 | 0.412 | 0.963 |
| Spearman | 相关系数 | 0 | 0.357 | −0.75 | −0.179 | 0.252 | 0.393 | 0.179 | −0.036 | −0.143 | 0.393 | 0.179 |
| | Sig. | 1 | 0.432 | 0.052 | 0.702 | 0.585 | 0.383 | 0.702 | 0.939 | 0.76 | 0.383 | 0.702 |

** 在 0.01 水平（双侧）上显著相关。

来源：作者自绘。

将数据代入回归模型，结果如表 4-33 所示。

地均城市供热碳排放与空间形态要素回归结果 表4-33

| 模型 | | 非标准化系数 | | 标准系数 | t | Sig. | 共线性统计量 | |
|---|---|---|---|---|---|---|---|---|
| | | B | 标准误差 | 试用版 | | | 容差 | VIF |
| 1 | （常量） | 661.925 | 110.852 | | 5.971 | 0.002 | | |
| | FRD | −345.568 | 73.451 | −0.903 | −4.705 | 0.005 | 1 | 1 |

来源：作者自绘。

### 3. 实证结果分析

（1）交通碳排放回归结果

根据回归分析的结果，我们分别得到了城市公交系统、出租车和私人汽车碳排放的回归模型（表4-34）。

城市交通碳排放与空间形态要素回归分析结果 表4-34

| 模型 | | 非标准系数 | 标准系数 |
|---|---|---|---|
| 公交 | （常量） | −14.72 | |
| | DOP | 0.009 | 0.739 |
| | RAR | 1.843 | 0.333 |
| | FRD | −60.194 | −0.223 |
| 出租 | （常量） | −307786.057 | |
| | lnDOP | 19.364 | 0.988 |
| 私人 | （常量） | −55.909 | |
| | DOP | 0.011 | 0.663 |
| | RAR | 3.231 | 0.472 |
| | LUD | −36.416 | −0.255 |

来源：作者自绘。

在第3章本书讨论了空间形态对出行行为的影响，其中、城市密度对城市交通碳排放有明显的促进作用，与交通碳排放呈正相关。分形维数与出行方式的选择和交通发展的难易程度有关，分形维数越高，人们越倾向于选择公交出行，而公共交通满足出行需求所需要的线路越少，城市整体的碳排放就越低，与交通碳排放呈负相关。而功能的紧凑度能够减少居民休闲购物出行的平均距离，但会提高居民出行的意愿，用地多样性则可以减少居民远距离出行的需求，降低平均出行距离，减少碳排放，与交通碳排放呈负相关。道路面积率和道路网密度的提高能提高居民的出行效率，减少拥堵，但是也会刺激居民出行的意愿。进而提高城市的交通碳排放，与交通碳排放呈正相关。开发强度越高，私人交通发展阻碍越大，越有利于公共交通发展，但整体的碳排放水平依然会提升，但是提升的速度越来越慢，直至公交系统绝对占优后碳排放开始下降，直至平稳。

从模型我们可以看到，地均公交碳排放与人口密度、道路面积率、分形维数有关，其中与人口密度、道路面积率正相关，与分形维数负相关，对公交碳排放影响的影响大小为人口密度＞道路面积率＞分形维数。地均出租车碳排放与人口密度正相关。私人交通与人口密度、道路面积率正相关，与用地多样性呈负相关，对私人交通碳排放影响的影响大小为人口密度＞道路面积率＞用地多样性。

在空间形态对碳排放的影响方向上基本与第 3 章的分析一致。但也说明经济条件、功能紧凑度、道路网密度和开发强度测度与辽宁中部城市的交通碳排放关系不明显。首先，地均地区生产总值指标与人口密度高度相关，具有多重共线性，在逐步回归时会被排除，功能紧凑度与交通碳排放关系不明显，说明辽宁中部城市的交通碳排放主要由通勤交通产生，以购物休闲为出行目的的交通耗能在总体交通能耗上占比不高。从历史上看，东北地区是近代城市化发展最快的地区，因此，其中心城区一般都延续了早期城市道路网密度高的特点，这也导致了道路面积率对城市交通的影响大于道路网密度。值得注意的是，道路面积率与公共交通碳排放和私人交通碳排放都呈正相关，道路面积率的提高会提高城市的出行效率，刺激居民的出行意愿，提高城市总体的交通。对于公共交通而言，随着居民出行需求提高，就需要缩短行车间隔，提高运行频率，这就会提高公交系统的整体能耗，进而提高碳排放。而道路面积率对小汽车的促进作用不言而喻。但是道路面积率对公共交通碳排放的贡献要比私人交通碳排放要低 42.96％，即道路面积率每增长 $1km/km^2$，地均公交系统碳排放增长 $184.3t/km^2$，而地均私人交通碳排放则增长 $321.3t/km^2$。而有研究表明，在人均出行方面，私家车的二氧化碳排放量是公交车的 25.58 倍，如果城市公交出行率能够提高，就能有效地减少交通碳排放。制约城市公共交通出行率的因素有两个：公共交通便捷性与舒适性。公交便捷与否取决于出行时间的长短以及换乘的次数与效率；而舒适与否则取决于等候交通工具的时间、交通工具的服务质量和交通工具的承载能力。如果能将这两个因素质量提高，就能够有效地提高公共交通出行率，进而降低城市交通碳排放。

（2）家庭能源消费碳排放回归结果

根据回归分析的结果，我们分别得到了城市液化气消耗、生活用电消耗和生活供热碳排放的回归模型（表 4-35）。

城市家庭能源消费碳排放与空间形态要素回归分析结果　　　　表 4-35

| 模型 | | 非标准化参数 | 标准化参数 |
|---|---|---|---|
| 液化气 | （常量） | −18.007 | |
| | PCR | 0.23 | 0.945 |
| | LUD | 4.15 | 0.501 |
| 生活用电 | （常量） | 0.082 | |
| | 1/PLR | −0.024 | −0.965 |
| | 1/FRD | −0.024 | −0.965 |
| | 1/GLR | 0.001 | 0.246 |
| 生活供热 | （常量） | 691.116 | |
| | FRD | −281.916 | −0.737 |

来源：作者自绘。

在第 3 章，讨论了城市空间形态对城市热环境、居住选择和城市能源输送损耗的影响。城市规模的增加会导致城市热岛效应的加剧，城市规模因素与热岛效应正相关。自然拓展的城市分形维数越大，城市热岛效应越明显；道路面积率、道路网密度对热岛效应具有两面性，一方面，城市道路多采用沥青铺装，颜色较深，反射率低，热吸收率大，道路面积越大，吸热的效果越明显，会加剧热岛效应；另一方面，街道的通风功能是减缓城市热岛的重要方面，而整体街道迎风面的宽度越宽，通风效果越好。建筑密度和容积率越高热岛效应越明显，绿地率提高会控制热岛效应。而热环境对碳排放的影响也具有两面性，城市整体温度的提高，会提高夏季的制冷能耗，降低冬季的供暖能耗。人口密度越高，人们就更倾向于小面积的住宅，平均每户的能耗就更低，碳排放越低。环境温度越低供热管道的管损越大，因此导致的能耗越高。

由回归模型可以看出，与城市用电碳排放关系密切的空间形态要素有：容积率、分形维数和绿地率，其中容积率和分形维数与用电碳排放正相关，与绿地率负相关，容积率和分形维数的影响要大于绿地率的影响。与城市供热碳排放关系密切的空间形态要素为分形维数，与供热碳排放呈负相关。与液化气消耗相关的因素有公交覆盖率和用地多样性，且都成正相关。结论基本与第3章分析保持一致，同时也说明道路面积率、道路网密度、建筑密度等因素对能源消耗的影响不大。

值得一提的是，分形维数与城市用电碳排放呈正相关，与城市供热呈负相关。与用电碳排放的非标准相关系数为41.67，与生活供暖的相关系数为281.916，说明分形维数与生活供暖碳排放的相关性更高，整体呈下降趋势。

而在对液化气的排放模型研究时发现，液化气碳排放量与公交覆盖率和用地多样性有关，这并没有相关的理论研究相支持，在进行相关文献的查阅后本书提出了一猜想：液化气与天然气一致，都是城市居民生活中主要的生活用燃料，但天然气以管道的形式输送至用户，运输方便、安全性高，但其管网敷设成本高，因此主要分布于新建成的小区和改造后的城市中心区老旧小区。而由于液化气安全性相对较差（压力大，多次换罐后连接管易泄漏），单价较贵，导致用气人口与用量都较天然气小很多，但因其灌装方便，液化气主要用于燃气管道并未普及的老旧小区、城市边缘区及小型饭店的燃料，从使用的位置上看，城市边缘的老旧小区密度都非常低，以多层甚至是单层为主，居住人群或为原本在此居住的中老年人，或为因房价低廉、与就业地交通方便而选择在此居住的中低收入的年轻人，这些人一般处于工薪阶层或低收入群体，前者往往生活稳定，出行需求不强，作息与饮食比较稳定，而后者由于生活工作的原因，交通需求很强，而且往往出行距离和出行时耗更长。由于经济水平和消费观念影响，通勤方式会更多地选择公共交通，而公交系统服务效率直接影响了城市边缘地区的交通便捷程度，也就间接影响了边缘区居民的在家中就餐的频率。而用地多样性的作用与公共覆盖率相类似，更高的用地多样性提高了边缘区居民就近就业的可能，因此促进了回家就餐的频率，也就提高了液化气的使用量。对于液化气碳排放与公交覆盖率和城市用地多样性的关系，还需要更多研究和数据的支持。辽宁中部城市天然气及液化气用气人口对比见表4-36。

辽宁中部城市天然气及液化气用气人口对比　　　　　　　　表4-36

| | 沈阳 | 鞍山 | 本溪 | 抚顺 | 辽阳 | 铁岭 | 营口 |
|---|---|---|---|---|---|---|---|
| 天然气用气人口（人） | 4627110 | 1492000 | 794300 | 729000 | 417300 | 340000 | 720000 |
| 液化气用气人口（人） | 525000 | 90000 | 110000 | 560000 | 354500 | 100000 | 250000 |

数据来源：《辽宁省统计年鉴2016》。

　　将交通碳排放回归结果与家庭能源回归结果进行汇总，得到表 4-37，在下文将针对以下空间形态指标提出低碳视角下的空间形态调控建议。

影响辽宁中部城市生活性碳排放的空间形态指标　　　　　　　　　表 4-37

| 类型 | 选取指标 | 相关系数 |
|---|---|---|
| 城市密度测度 | 建成区人口密度 | 2.983 |
| | 道路面积率 | 5.074 |
| 外部形态测度 | 分形维数 | −300.443 |
| 内部功能测度 | 用地多样性指数 | −32.266 |
| | 公交覆盖率 | 0.230 |
| 整体开发强度测度 | 绿地率 | −1000 |
| | 容积率 | 41.667 |

来源：作者自绘。

## 4.3　本章小结

### 4.3.1　生活性碳排放影响小结

　　本章首先在总结前人研究空间形态对碳排放影响时所选取指标的基础上，根据第 2 章建立的空间形态指标体系，分别选取了人口密度、土地经济密度和道路密度作为建成区密度测度指标；分形维数作为外部形态测度指标；功能紧凑度、用地多样性指数和公交覆盖率作为内部功能测度指标；建筑密度、容积率、绿地率作为整体开发强度测度指标。并分别对这些指标的计算方法进行了阐述。并对 Ewing 提出的城市空间形态对居民能耗影响的分析框架进行调整，提出城市空间形态对生活性碳排放影响的分析框架，认为空间形态通过影响居民出行行为、城市热环境、住宅选择和能源输送损耗四个中介因素来影响居民生活能耗，进而影响因能耗而产生的碳排放。其中，空间形态主要通过影响出行行为和城市热环境来最终影响生活性碳排放，而住宅选择更多受收益风险比、综合区位、住房服务和消费观的影响。能源输送损耗则占能源消费中的极小部分，因此，本书主要阐述了建成区空间形态对出行行为和城市热环境的影响机制，为辽宁中部城市建成区空间形态对生活性碳排放的影响实证提供了坚实的基础。

### 4.3.2　空间形态影响小结

　　内容分为 4 部分，实证方法选择，因变量（碳排放）计算与数据处理，自变量（空间形态指标）的计算，回归分析。第 1 部分主要研究实证方法，由于本书属于小样本多因子研究，因此应采用多元逐步回归分析，而逐步分析结果受自变量输入顺序的影响，因此在回归分析前应进行相关性分析确定输入顺序。由于碳排放量受到城市规模影响也很大，为避免对回归结果造成影响，因此采用单位建成区面积碳排放作为因变量，并进行了回归分析；第 2 部分根据统计年鉴等数据对辽宁中部城市的交通碳排放和生活碳排放进行了计算，对因变量公交碳排放、出租车碳排放、私人汽车碳排放、天然气消耗碳排放、液化气消耗、生活用电碳排放和生活供热碳排放进行了正态性检验并对非正态数据进行了数据正态化处理；第 3 部分对第 3 章选取的空间形态要素进行了计算；第 4 部分进行了回归分析，并对回归分析的结果与第 3 章分析的结果进行了对比，发现并非所有在理论上与碳排放相关的空间形态要素在辽宁中部城市都适用，但与辽宁中部城市生活性碳排放相关的空间形态，对碳排放相关的正负性，与第 3 章一致，与碳排放相关的空间形态要素包括，正相关：人口密度、道路面积率、容积率、公交覆盖率；负相关：分形维数、用地多样性、绿地率。

# 第5章

# 辽宁中部城市群碳源碳汇预案分析与调控

## 5.1 基于 CLUE-S 辽宁中部城市群碳源预案分析

根据对辽宁中部城市群 LUCC 驱动机制的分析和模型运行的数据需要，本研究以 2000 年的数据为基础，运用 CLUE-S 模型模拟 2014 年的土地利用图，并用 2014 年的遥感解译的实际土地利用图进行对照，以评价模拟效果。研究区数据的可得性等实际情况，选择了 DEM、坡度、坡向、到最近河流的距离、到最近乡镇点的距离、到最近公路的距离、人口密度（以县区为单位）、城镇化水平（以县区为单位）、第一产业增加值（以县区为单位）、第二产业增加值（以县区为单位）、GDP（以县区为单位）、农业机械总动力（以县区为单位）12 个因素作为影响流域土地利用/覆被空间分布的因素。为了便于 CLUE-S 模型运行，研究区去掉了沿海诸岛。在 ArcGIS 10.0 平台下，结合收集到的社会经济统计资料，依次制作栅格式辽宁中部城市群的 DEM 图、坡度图、坡向图、到最近河流的距离图、到最近乡镇点的距离图、到最近公路的距离图、人口密度图（2014 年）、城镇化水平图（2014 年）、第一产业增加值图（2014 年）、第二产业增加值图（2014 年）、GDP 图（2014 年）、农业机械总动力图（2014 年）。基于 CLUE-S 模型所带示例的默认参数，从 1000m 分辨率（栅格大小为 1000m×1000m）开始，以 100m 为步长提高空间分辨率。结果表明，在辽宁中部城市群 CLUE-S 模型最高可运行的分辨率为 250m，其栅格图层包含 1587 行，1294 列。因此，本研究选择的空间尺度为 250m。另外，由于 CLUE-S 模型面积比例限制（地类面积小于研究总面积的 1%，将不能进入模型），将土地利用类型也合并为八类：水田、旱地、水域、有林地、城镇、农村居民点、草地和灌木林。将未利用地归并入水域。这 6 类土地利用类型的弹性系数分别设为：耕地 0.6、园地 0.8、林地 0.8、草地 0.8、建设用地 0.6、水域 0.8。

为了满足 SPSS 统计分析的需要，计算各地类的分布和这些影响因子之间的二元 Logistic 回归系数，依次把这些栅格图层通过 Arctoolbox 和 CLUE-S 下的 Converter 工具转化为 SPSS 可以识别的 txt 文本。最后，在置信度为 95% 的条件下，分别计算了耕地、林地、建设用地、水域、草地和园地与这些因子之间的回归系数。下表中的 Beta 系数由 Logistic 回归方程得出的关系系数，其值将作为 CLUE-S 模型中 alloc. reg 文件的内容。Exp（β）值是 Beta 系数的以 $e$ 为底的自然幂指数，其值等于事件的发生比率（Odds Ratio），表明当解释变量

（变量因子）的值每增加一个单位时，土地利用类型发生比的变化情况。

Logistic 回归结果采用 ROC 评价。所有土地利用类型 ROC 曲线下的面积在 0.7 以上，说明进入回归方程的因子对土地利用类型的空间分布格局具有较好的解释效果，水域更是高达 0.94，解释效果相当理想。

将计算得到的回归系数作为参数输入到 CLUE-S 模型中，并设好主参数、限制区域、土地需求参数等参数，其中模拟期末的土地需求参数分别为 2014 年各土地类型的面积数。当所有参数设置完成后，运行模型。当各土地类型面积分配达到既定标准（即模型分配的每一土地类型的面积与 2014 年各自的面积的差值与各自的面积的百分比小于 0.1%），模型收敛，模拟结束。随后，在 ArcGIS10.0 平台下，将模拟结果转换成可显示的 Grid 格式，并在相同分辨率（250m）下，将其与 2011 年的土地利用类型图对比，表 5-1 为 2000年 CLUE-S 模型回归系数。

**2000 年 CLUE-S 模型回归系数**　　　　　　　　　　　　　　　　　表 5-1

| | 耕地 | 林地 | 草地 | 建设用地 | 园地 | 水域 |
|---|---|---|---|---|---|---|
| 分配因子 | Beta 系数 | Beta 系数 | Beta 系数 | Beta 系数 | Beta 系数 | Beta 系数 |
| 到居民点距离 | 0.00004 | — | −0.00001 | 0.00002 | −0.00004 | −0.00006 |
| 到河流距离 | −0.00002 | −0.00007 | — | — | 0.00002 | 0.0001 |
| 到公路距离 | 0.00001 | −0.00002 | 0.00001 | 0 | 0.00001 | −0.00002 |
| 坡向 | — | 0.00013 | | 0.00025 | −0.00029 | −0.00102 |
| 高程 | −0.00129 | 0.00256 | — | −0.00181 | 0.0017 | −0.00698 |
| 坡度 | −0.10232 | 0.1324 | −0.01297 | −0.04353 | 0.05903 | −0.13707 |
| 人口密度 | −0.00111 | 0.00215 | 0.00419 | 0.00012 | −0.00037 | −0.00602 |
| 单位面积第二产业增加值 | −0.0028 | 0.00552 | | −0.00077 | −0.00167 | −0.00181 |
| 城镇化水平 | −0.02038 | 0.032 | 0.02301 | 0.00311 | 0.00632 | −0.04006 |
| 单位面积第一产业增加值 | 0.00176 | 0.00299 | −0.01664 | 0.00408 | −0.01615 | −0.00606 |
| GDP | 0.00275 | −0.00549 | −0.00411 | 0.00077 | 0.00114 | 0.0034 |
| 农机总动力 | — | 0.03053 | −0.03011 | −0.00931 | −0.02428 | −0.02495 |
| 常量 | 0.35 | −3.2 | 1.6 | −2.67 | −1.22 | 1.42 |
| ROC | 0.849 | 0.821 | 0.868 | 0.735 | 0.917 | 0.931 |

模型验证的方法包括主观评价、图形比较、偏差分析、回归分析、假设检验、多尺度拟合度分析和景观指数分析等方法（徐崇刚等，2003）。本研究中采用了栅格水平上评价的 Kappa 指数系列方法和整体景观水平上的景观指数方法，计算了每一年预测结果的各指数加以分析。景观指数选取了总斑块数、景观形状指数、蔓延度、香农多样性指数、香农均匀度指数和聚集度指数。指数的意义见上节，其计算基于 Fragstats Version3.3 进行。

**模拟结果与 2014 年土地利用图景观指数比较**　　　　　　　　　　表 5-2

| | 2014 年模拟 | 2014 年真实 |
|---|---|---|
| 总斑块数 NP | 16009 | 16232 |
| 香农多样性指数 SHDI | 1.4376 | 1.4367 |

|  | 2014年模拟 | 2014年真实 |
|---|---|---|
| 香农均匀度指数 SHEI | 0.6914 | 0.6909 |
| 景观形状指数 LSI | 86.8605 | 86.9101 |
| 聚集度指数 AI | 66.6465 | 66.6266 |
| 蔓延度 CONTAG | 40.9806 | 40.9927 |

由表5-2可以发现，香农均匀度指数、香农多样性指数与聚集度指数的模型图的值与2014年土地利用图的值非常相近。由于在模型中各类型土地利用类型面积是预先输入的参数，模型模拟结果与2014年的土地利用结果相差很小，这可能是造成这三个与面积相关的指数与真实的2014年土地利用的值相差不大的原因。总斑块数、景观形状指数和蔓延度的模拟结果的值与2014年真实土地利用图有一定的差别，但差别不大。

为了更好地揭示模拟效果的好坏与否，运用kappa指数系列进一步分析（表5-3）。

可以发现，面积kappa指数（KStand）为86%以上，表明模拟结果图与现实2014年土地利用图各土地利用类型面积一致性比较好，这是由于土地利用面积需求是作为参数输入的。标准Kappa指数、位置Kappa指数和随机Kappa指数系列均大于75%，具有较大的一致性，预测结果的误差可以接受，说明应用CLUE-S模型能较好地模拟辽宁中部城市群景观格局变化，可以将其应用于辽宁中部城市群在不同预案下的景观格局变化模拟（Pontius，2000；布仁仓等，2005）。

**kappa指数系列计算结果**　　　表5-3

| KStand | KLocation | KNo | KQuantity |
|---|---|---|---|
| 0.86161 | 0.81778 | 0.93131 | 0.82511 |

# 5.2 预案变化模拟预测

## 5.2.1 预案设定

根据《辽宁中部城市群发展规划（2006～2020）》的具体内容与各项发展目标，设计了两个预案：

预案1：政策规划预案，基于《辽宁中部城市群发展规划（2006～2020）》目标下的土地利用变化预测，以下将此预案称为"规划预案"。

预案2：低碳发展预案，参考第2章6.2的低碳发展情景对建筑用地和其他土地利用类型的发展进行发展约束。

## 5.2.2 辽宁中部城市群碳排放需求预测

### 1. "规划预案"下的土地利用需求预测

"规划预案"根据辽宁中部城市群发展规划，得到2014年和2020年的政策规划下的土地利用需求。

《辽宁中部城市群发展规划（2006～2020）》相关规划内容如下：

辽宁中部城市群土地总量占辽宁省的 43.85%，人口占辽宁省的 51.17%，从人口与土地的关系的总量来看，土地资源相对贫乏。就土地面积来说，辽宁中部 7 市中，沈阳市土地面积最大，其次是铁岭市、抚顺市、鞍山市、本溪市，辽阳市土地面积最小。就人口密度来说，沈阳市最高（533.75 人/km²），紧随其后的是营口市（425.80 人/km²）、辽阳市（380.02 人/km²）、鞍山市（373.05 人/km²），这 4 座城市的人口密度均高于辽宁中部城市群的平均水平 328.97 人/km²，其余 3 座城市铁岭市 231.10 人/km²，抚顺市 206.31 人/km²，本溪市最小，人口密度仅为 184.19 人/km²。

从人口与土地的关系来看，沈阳市、鞍山市、营口市、辽阳市这 4 座城市以较少的土地养活了较多的人口，说明这些城市的土地利用的效益较高。造成这种现象的原因，一是土地自然和经济属性的差别，二是土地开发程度，也就是经济发展水平的差别。

（1）人口规模预测

从辽宁中部城市群 7 个城市 1996～2004 年的人口变动情况可以看出，1996 年辽宁中部城市群总人口为 2080.7 万人，2004 年总人口为 2135.0 万人，9 年间人口增长了 2.64%（表 5-4）。

**1996～2004 年辽宁中部城市群 7 城市人口统计表（万人）**　　　　　表 5-4

| | 1996 年 | 1997 年 | 1999 年 | 1999 年 | 2000 年 | 2001 年 | 2002 年 | 2003 年 | 2004 年 |
|---|---|---|---|---|---|---|---|---|---|
| 沈阳 | 671.04 | 673.8 | 674.86 | 677.08 | 685.1 | 689.34 | 688.92 | 689.1 | 693.9 |
| 鞍山 | 338.02 | 339.21 | 339.62 | 340.26 | 344.24 | 344.23 | 344.7 | 345.28 | 346.9 |
| 抚顺 | 226.81 | 227.16 | 227.13 | 226.91 | 227.01 | 226.19 | 226.11 | 225.47 | 224.9 |
| 本溪 | 155.62 | 156.26 | 156.3 | 156.69 | 157.1 | 156.46 | 156.57 | 156.68 | 156.6 |
| 营口 | 220.71 | 221.77 | 222.91 | 224.25 | 226.22 | 227.37 | 228.45 | 229.2 | 229.9 |
| 辽阳 | 176.71 | 177.78 | 178.64 | 179.2 | 181.3 | 181.85 | 182.06 | 182.35 | 182.4 |
| 铁岭 | 291.75 | 294.13 | 295.62 | 296.99 | 298.5 | 298.86 | 299.33 | 299.44 | 300.4 |
| 合计 | 2080.66 | 2090.11 | 2095.08 | 2101.38 | 2119.47 | 2124.3 | 2126.14 | 2127.52 | 2135 |

人口综合增长受自然增长和机械增长两方面因素的影响。2004 年辽宁中部城市群户籍人口规模为 2135.0 万人，2003 年人口规模为 2127.52 万人，综合增长率为 3.15‰，近几年来年平均自然增长率约为 2.4‰，年平均机械增长率为 1.02‰。从历年辽宁中部城市群增长率的变化看出，从自然增长率而言，中心城市沈阳已经出现了人口负的自然增长率，其他六城市的人口自然增长率处于不断下降过程中；从机械增长率而言，近几年辽宁中部城市群人口的流动变化性较大，其中沈阳、鞍山的外来流动人口较多，铁岭、抚顺的外出人口较多（表 5-5）。

**历年辽宁中部城市群增长率变化一览表（‰）**　　　　　表 5-5

| | 辽中城市群 | | 沈阳 | | 鞍山 | | 抚顺 | |
|---|---|---|---|---|---|---|---|---|
| | 自然增长率 | 机械增长率 | 自然增长率 | 机械增长率 | 自然增长率 | 机械增长率 | 自然增长率 | 机械增长率 |
| 1997 年 | 2.90 | 2.15 | 1.38 | 4.99 | 3.62 | 1.7 | 1.52 | 3.35 |
| 1998 年 | 2.46 | 2.08 | 0.94 | 3.17 | 2.59 | 0.93 | 0.82 | 0.72 |
| 1999 年 | 5.78 | —3.40 | 6.31 | —4.74 | 6.11 | —4.9 | 5.83 | —5.96 |

续表

| | 辽中城市群 | | 沈阳 | | 鞍山 | | 抚顺 | |
| --- | --- | --- | --- | --- | --- | --- | --- | --- |
| | 自然增长率 | 机械增长率 | 自然增长率 | 机械增长率 | 自然增长率 | 机械增长率 | 自然增长率 | 机械增长率 |
| 2000 年 | 1.39 | 1.62 | −0.09 | 3.38 | 2.27 | −0.39 | −0.35 | −0.62 |
| 2001 年 | 4.03 | 4.60 | 1.6 | 10.24 | 6.68 | 5.02 | −0.17 | 0.61 |
| 2002 年 | 1.18 | 1.12 | 0.84 | 5.35 | 0.83 | −0.86 | 0.1 | −3.71 |
| 2003 年 | 1.37 | −0.51 | 0.85 | −1.46 | 1.41 | −0.04 | 0.3 | −0.65 |
| 2004 年 | 0.12 | 0.54 | −0.81 | 1.07 | 0.23 | 1.45 | −1.4 | −1.43 |

| | 本溪 | | 营口 | | 辽阳 | | 铁岭 | |
| --- | --- | --- | --- | --- | --- | --- | --- | --- |
| | 自然增长率 | 机械增长率 | 自然增长率 | 机械增长率 | 自然增长率 | 机械增长率 | 自然增长率 | 机械增长率 |
| 1997 年 | 3.25 | −2.48 | 3.52 | 1.44 | 4.3 | −0.61 | 5.12 | −0.13 |
| 1998 年 | 3.18 | 0.93 | 3.4 | 1.4 | 4.27 | 1.79 | 4.89 | 3.27 |
| 1999 年 | 5.96 | −5.7 | 4.89 | 0.25 | 4.71 | 0.13 | 5.41 | −0.34 |
| 2000 年 | 1.65 | 0.85 | 2.86 | 3.15 | 3.25 | −0.12 | 2.7 | 1.93 |
| 2001 年 | 3 | −0.38 | 8.68 | 0.1 | 8.97 | 2.75 | 3.73 | 1.35 |
| 2002 年 | 1.02 | −5.09 | 2.13 | 2.95 | 2.17 | 0.86 | 1.91 | −0.7 |
| 2003 年 | 1.14 | −0.71 | 1.95 | 2.8 | 2.22 | −1.07 | 2.38 | −0.81 |
| 2004 年 | −0.1 | 0.8 | 1.29 | 1.99 | 1.39 | 0.2 | 1.69 | −1.32 |

　　预测在规划期内，辽宁中部城市群人口的自然增长率将持续走低，维持在 1.0‰ 左右。而机械增长近几年波动较大，但随着振兴东北等老工业基地的战略实施以及相关户籍政策的放松，预计未来辽宁中部城市群人口机械增长仍将呈快速上升趋势。根据上述分析，考虑到未来城市群经济发展、城市规模扩大以及户籍门槛的降低，人口机械增长率将有进一步提高，同时结合各有关部门的分析预测，并参考其他城市群的预测数据，远期随着人口老龄化的加剧，在计划生育政策不变的情况下，人口增长率将逐渐降低，而随着经济增长，未来人口将会有较高的增长。得到预测结果见表 5-6。

时间序列模型预测结果（万人）　　　　　　　　　表 5-6

| 年份（年） | 预测值 | 年份（年） | 预测值 |
| --- | --- | --- | --- |
| 2006 | 2154.26 | 2014 | 2255.36 |
| 2007 | 2163.95 | 2015 | 2271.15 |
| 2008 | 2173.96 | 2016 | 2287.04 |
| 2009 | 2183.47 | 2017 | 2303.05 |
| 2010 | 2193.30 | 2018 | 2319.17 |
| 2011 | 2208.65 | 2019 | 2335.41 |
| 2012 | 2224.11 | 2020 | 2351.76 |
| 2013 | 2239.68 | | |

（2）建设用地规模预测

　　通过预测可得，辽宁中部城市群区域 2010 年的城市化率为 70%，2020 年的城市化率为 76%。2010 年辽宁中部城市群区域城镇人口 1767.5 万人；2020 年辽宁中部城市群区域城镇人口 2143 万人，现状辽宁中部城市群城镇人均用地指标为 89.9m$^2$/人。

按照现行国家标准《城市用地分类与规划建设用地标准》GB 50137—2011 要求，结合辽宁中部城市群各城市的总体规划（2003～2020 年）所确定的中心城市发展规模，分别以人均 90m$^2$（低方案）、100m$^2$（中方案）和 120m$^2$（高方案）三种情况来预测未来辽宁中部城市群的城镇建设用地，进行多方案选择，得到规划期辽宁中部城市群城镇用地规模。

低方案是按照辽宁中部城市群现状人均城镇用地水平（90m$^2$），到 2010 年城镇用地规模为 15.91 万 hm$^2$，2020 年为 19.29 万 hm$^2$；中方案（100m$^2$）的预测结果为 2010 年辽宁中部城市群城镇建设用地面积为 17.68 万 hm$^2$，2020 年为 21.43 万 hm$^2$；高方案是国家规定的城镇人均用地的最高标准（120m$^2$），到 2010 年城镇用地规模为 21.21 万 hm$^2$，2020 年为 25.72 万 hm$^2$。在坚持集约用地、提高城镇建设用地总体容积率的原则，根据辽宁中部城市群地区人均城镇用地现状及社会经济发展趋势，结合高、中、低三个方案，规划城镇人均建设用地面积 2010 年为 18.27 万 hm$^2$，2020 年为 22.15 万 hm$^2$。

（3）农村居民点用地规模

农村人口

根据预测 2010 年辽宁中部城市群区域农村人口 757.5 万人，2020 年辽宁中部城市群区域农村人口 676.8 万人。

农业人口农村居民点需求预测结果

鉴于辽宁中部城市群的农村居民点实际现状，参考《镇规划标准》GB50188—2007 的标准及其他区域农村用地的标准，分别以人均 150m$^2$（高方案）（《镇规划标准》GB50188—2007 规定的最高标准）、135m$^2$（中方案）和 120m$^2$（低方案）三种情况来预测未来辽宁中部城市群及其不同区域的农村居民点建设用地规模，进行多方案选择。根据上述人均用地标准及相应年份的农业人口规模，得出辽宁中部城市群在 2010 年和 2020 年的农村居民点建设用地。

辽宁中部城市群人均农村居民点用地的现状水平远远高于 150m$^2$/人。根据《国务院关于深化改革严格土地管理的决定》（国发〔2004〕28 号文），必须鼓励开展农村建设用地管理，城镇建设用地增加要与农村建设用地减少相挂钩。为了在规划期内引导农村合理用地，提高农村居民点的集约利用程度，确定 2010 年农村居民点建设用地为 10.23 万 hm$^2$；2020 年农村居民点建设用地为 9.14hm$^2$。

（4）土地利用用地规模预测

解译的 2014 年辽宁中部城市群建设用地面积为 15.995 万 hm$^2$，与《辽宁中部城市群发展规划（2006～2020）》预测的土地利用面积到 2010 年的三个方案中低方案 15.91 万 hm$^2$ 最为接近，参考规划中的低发展方案，同时应用 2000 年、2005 年和 2014 年的土地利用解译结果进行转移矩阵和面积统计分析。然后采用插值法，对 2000～2014 年的土地利用面积进行插值，得到相应年份的土地面积。2014～2030 年的土地需求量预测在参考《辽宁中部城市群发展规划（2006～2020）》低方案的情形下进行预测。预测的方法很多，但主要分属于三组方法，即回归分析法、时间序列分析法和模型法。时间序列是按照时间顺序排列的一系列被观测的数据，其观测值按固定的时间间隔采样。时间序列分析的主要内容是研究时间序列的分解、预测，以及时间序列的建模、估计、检验和控制等。AR-MA 时间序列分析法是一种利用参数模型对有序随机振动响应数据进行处理，从而进行模态参数识别的方法（Bowerman，1993）。参数模型包括 AR 自回归模型、MA 滑动平均模型和 ARMA 自回归滑动平均模型。如果经过差分变换后的时间序列再应用 ARMA 模型，称该序列为 ARMA 模型，ARMA 时序模型方程如公式：

$$\sum_{k=0}^{2N} a_k x_{t-k} = \sum_{k=0}^{2N} b_k f_{t-k}$$

式中，当 $k=0$ 时，响应数据序列 $x_t$ 与历史值 $x_{t-k}$ 的关系，其中等式的左边称为自回归差分多项式，即 AR 模型，右边称为滑动平均差分多项式，即 MA 模型。$2N$ 为自回归模型和滑动均值模型的阶次，$a_k$、$b_k$ 分别表示待识别的自回归系数和滑动均值系数，$f_t$ 表示白噪声激励。当 $k=0$ 时，设 $a_0=b_0=1$。

采用时间序列分析预测研究区土地需求量的变化趋势主要基于两个基本假设：一是决定土地利用需求量的历史因素，在很大程度上仍决定土地需求量的未来发展趋势，这些历史因素作用的机理和数量关系保持不变或变化不大；二是未来的变化趋势表现为渐进式，而非跳跃式。

传统的平均增长法、回归分析法、用地定额指标法等土地需求量预测方法，虽然简单实用，但在先进性和准确性方面相对比较欠缺。ARMA 模型在做时间序列分析时，根据历史数据的变动规律，找出数据变动模型（移动平均数、周期成分），从而实现对未来的预测。它不仅预测准确，而且灵活有度。

因此，本文采用时间序列（ARMA）分析的方法，根据历史数据实现对未来土地利用类型面积的预测，"规划预案"土地利用预测结果如表 5-7。

"规划预案"土地利用预测结果 （hm²） 表 5-7

| | 灌木林 | 水田 | 水域 | 旱地 | 有林地 | 农村居民点 | 城镇 |
|---|---|---|---|---|---|---|---|
| 2014 年 | 105806 | 550269 | 206044 | 2095519 | 2835075 | 438563 | 159950 |
| 2015 年 | 97294 | 542860 | 206044 | 2108815 | 2834843 | 438660 | 164864 |
| 2016 年 | 96838 | 541941 | 206044 | 2109735 | 2834821 | 438991 | 165414 |
| 2017 年 | 96819 | 536782 | 206044 | 2115052 | 2834785 | 438041 | 168499 |
| 2018 年 | 96801 | 533057 | 206044 | 2118464 | 2834756 | 437903 | 170693 |
| 2019 年 | 96783 | 528497 | 206044 | 2114451 | 2834727 | 438105 | 172729 |
| 2020 年 | 97764 | 524388 | 206044 | 2117362 | 2834698 | 438030 | 175081 |
| 2021 年 | 98746 | 521654 | 206044 | 2116830 | 2834670 | 437955 | 177777 |
| 2022 年 | 97661 | 519549 | 206044 | 2117891 | 2834641 | 437880 | 179970 |
| 2023 年 | 97528 | 515168 | 206044 | 2090049 | 2834612 | 437805 | 195005 |
| 2024 年 | 97396 | 513115 | 206044 | 2089231 | 2834583 | 437730 | 198067 |
| 2025 年 | 97263 | 513375 | 206044 | 2085411 | 2834554 | 437655 | 203294 |
| 2026 年 | 97130 | 513321 | 206044 | 2083472 | 2834525 | 437580 | 207072 |
| 2027 年 | 96998 | 513025 | 206044 | 2081291 | 2834496 | 437505 | 209823 |
| 2028 年 | 102639 | 512809 | 206044 | 2066660 | 2834467 | 437430 | 211554 |

| | 灌木林 | 水田 | 水域 | 旱地 | 有林地 | 农村居民点 | 城镇 |
|---|---|---|---|---|---|---|---|
| 2029 年 | 99759 | 512188 | 206044 | 2068388 | 2834439 | 437355 | 212969 |
| 2030 年 | 102176 | 512333 | 206044 | 2062311 | 2834410 | 437280 | 217627 |

**2. "低碳发展预案"下的碳排放需求预测**

土地利用中与人类活动最为直接和敏感的类型为建设用地，当前的对于建设用地的预测多基于单位人均面积和人口变化进行，没有充分考虑到城市的建筑密度和高度，也就是城市的建设容量。低碳发展预案是在规划预案的结果基础上得到的辽宁省中部城市群建设容量，对结果进行调整，设定新开发的区域不小于当前城市建成区的建设容量，同样采用时间序列分析方法进行分析，结果见表 5-8。

**低碳预案土地利用预测结果（hm²）** 表 5-8

| | 灌木林 | 水田 | 水域 | 旱地 | 有林地 | 农村居民点 | 城镇 | 草地 |
|---|---|---|---|---|---|---|---|---|
| 2014 年 | 105806 | 550269 | 206044 | 2095519 | 2835075 | 438563 | 159950 | 82675 |
| 2015 年 | 97294 | 542860 | 206044 | 2102588 | 2839973 | 443660 | 162480 | 79001 |
| 2016 年 | 96838 | 541941 | 206044 | 2102941 | 2840581 | 444291 | 162794 | 78471 |
| 2017 年 | 96819 | 536782 | 206044 | 2099193 | 2843991 | 447841 | 164555 | 78674 |
| 2018 年 | 96801 | 533057 | 206044 | 2097269 | 2846454 | 450403 | 165827 | 78045 |
| 2019 年 | 96783 | 528497 | 206044 | 2095302 | 2849469 | 453540 | 167384 | 76881 |
| 2020 年 | 97764 | 524388 | 206044 | 2092483 | 2852186 | 456367 | 168787 | 75881 |
| 2021 年 | 98746 | 521654 | 206044 | 2088259 | 2850913 | 461747 | 171602 | 74935 |
| 2022 年 | 97661 | 517460 | 206044 | 2090458 | 2861303 | 449983 | 171315 | 79676 |
| 2023 年 | 97528 | 513660 | 206044 | 2090664 | 2871055 | 443717 | 172227 | 79006 |
| 2024 年 | 97396 | 508274 | 206044 | 2092858 | 2875582 | 441639 | 172650 | 79459 |
| 2025 年 | 97263 | 507650 | 206044 | 2089149 | 2881008 | 440647 | 173027 | 79113 |
| 2026 年 | 97130 | 506466 | 206044 | 2089417 | 2882366 | 440416 | 173743 | 78317 |
| 2027 年 | 96998 | 506155 | 206044 | 2091825 | 2883841 | 435639 | 173844 | 79554 |
| 2028 年 | 96865 | 503881 | 206044 | 2096011 | 2883364 | 433015 | 174043 | 80678 |
| 2029 年 | 96732 | 500193 | 206044 | 2099175 | 2883519 | 432176 | 174711 | 81350 |
| 2030 年 | 96600 | 506387 | 206044 | 2089741 | 2888026 | 431704 | 175226 | 80172 |

## 5.2.3 土地利用类型转移弹性设置

土地利用类型转移弹性（即 ELAS 参数）是指在一定时期内，研究区内某种土地利用类型可能转化为其他土地利用类型的难易程度，是根据区域土地利用系统中不同土地利用类型变化的历史情况以及未来土地利用规划的实际情况而设置的，其值越大，稳定性越高。需要说明的是，转移弹性参数的设置主要依靠对研究区土地利用变化的理解与以往的知识经验，当然也可以在模型检验的过程中进行调试。另外，CLUE-S 模型对参数 ELAS 的变化十分灵敏，其一个微小的变化就可能引起模拟结果产生较大的变化。根据前人的研究工作中的设置（张永民，2004；摆万奇，2005；刘淼，2007；彭建，2008）和研究区土地利用现状特点和变化特征，分别给不同的土地利用类型赋予 ELAS 参数值，为最后的模拟选择一个较为合适的参数方案。研究区各种土地利用类型转移弹性见表 5-9。

ELAS 参数设置  表 5-9

| 土地利用类型 | 耕地 | 园地 | 林地 | 草地 | 建设用地 | 水域 |
|---|---|---|---|---|---|---|
| 规划预案 | 0.7 | 0.8 | 0.8 | 0.8 | 07 | 0.8 |
| 低碳预案 | 0.8 | 0.8 | 0.8 | 0.8 | 0.8 | 0.8 |

在规划预案下，根据过去 10 年土地利用的变化，耕地处于不断下降趋势，每年下降的面积占总面积比重较大，将其系数设为 0.7；建设用地根据历史趋势，变化较快，故将其系数设置较低为 0.7；其他土地利用类型设为 0.8。在低碳预案下，要求建设用地集约发展，减少对其他土地利用类型的占用，土地利用类型变化较慢，设为 0.8。

### 5.2.4 预案回归系数设定

预案模拟仍然是需要先计算出各土地利用类型与其空间分布影响的自然、社会经济因素之间的二元 Logistic 回归系数。与先前的模型验证不同的是，由于人口密度、城镇化水平、第一产业增加值、第二产业增加值、GDP、农业机械总动力等因素发生了较为明显的变化，因此在预测中需要将这 6 个因素的数据更新到 2007 年。从回归结果表明进入各地类回归方程的因子发生了一些小的变化，大多数土地利用类型的回归系数的水平有不同程度提高，除草地和园地外，其余土地利用类型的 ROC 值均有所提高，说明回归方程对预测期内各地类空间分布的解释效果更好。

## 5.3 模拟结果

将回归结果输入到模型之中，并设置好其余相关参数，在两个预案下分别对 2015～2030 年的土地利用变化进行模拟。

虽然面积需求为 CLUS-S 模型中的一部分，应用统计或其他模型方法得到，但土地利用变化也是模型输出的一部分，各土地利用类型面积变化如图 5-1～图 5-8 所示。可以看出，旱地和有林地占 75% 左右；建筑用地包括城镇建设用地和城镇，占 9% 左右。两种预案下各土地利用类型的变化趋势相对一致，但变化的幅度存在差异。在辽宁中部城市群建设用地变化是其他土地利用类型变化的主导和诱因。城镇建设用地在规划预案下的上升幅度比在低碳预案中上升幅度大，表明集约发展可以有效节约建设用地。由于城镇化发展导致的人口的流动，农村居民点用地面积呈下降趋势，在规划预案中下降得更快，表明规划的城镇化速度可能比现实的要高。旱地和水田的面积都呈下降趋势，水田趋势相近。有林地面积在规划预案中呈下降趋势，而在低碳预案中林地面积有所上升，其原因为建筑用地面积减小为绿化提取空间。灌木林和草地面积较小，随其他土地利用类型变化而变化，两个预案下差别较小。

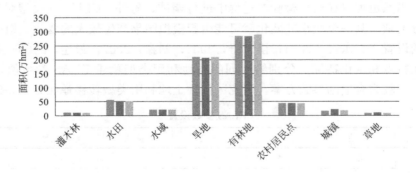

图 5-1　土地利用类型面积及变化

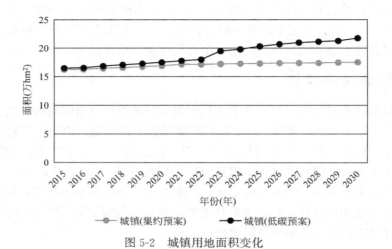

图 5-2　城镇用地面积变化

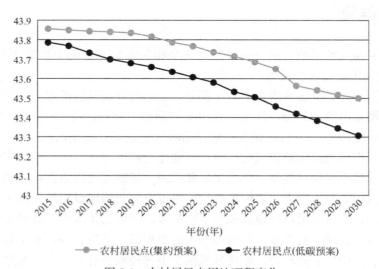

图 5-3　农村居民点用地面积变化

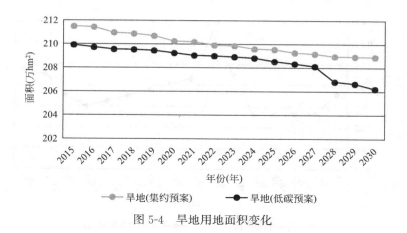

图 5-4　旱地用地面积变化

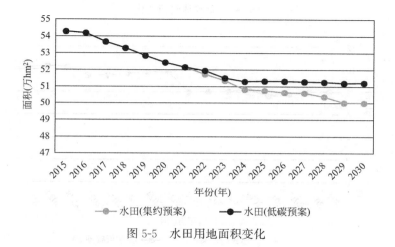

图 5-5　水田用地面积变化

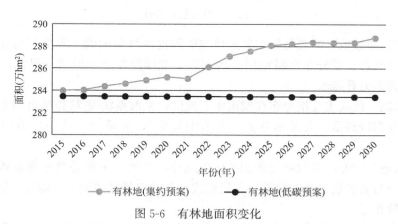

图 5-6　有林地面积变化

　　根据近年来关于碳汇绿地土地利用格局的研究成果，提出"三源绿地"土地利用格局理论，合理平衡碳源碳汇分布空间，达到增加城市碳汇固碳量的目的。在城市绿地分布格局的理论中，"三源绿地"模式的概念是指在城市绿地空间分布中，由"氧源绿地""近源绿地"与"碳源绿地"三种低碳布局模式相结合组成的土地利用格局模式。

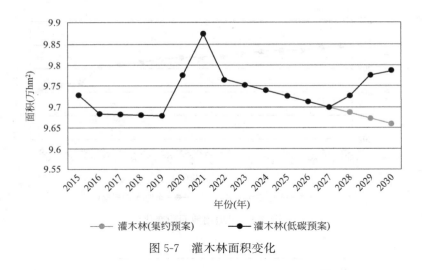

图 5-7　灌木林面积变化

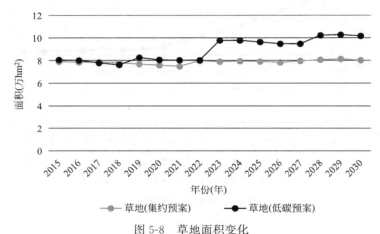

图 5-8　草地面积变化

　　其中，"氧源绿地"模式是指主要为城市碳源提供释氧固碳、滞尘等功能的大型绿地分布模式，特点是主要分布在城市中心区周边，地理位置处于城市下风向，分布面积较大，分布种类多为乔灌木。

　　"近源绿地"模式主要指分布在城市中心地区，采取点状-带状相结合的方式布置绿地的模式，其分布特点是"大范围分散，小范围集聚"，规模大小依照城市中心区变化而变化。

　　"碳源绿地"即专门吸收临近碳源的碳汇绿地，其模式主要是指在靠近碳排放较大的功能区周边分布固碳能力强的植被的布局模式，其特点是紧邻城市功能区，地理位置处于上风向，分散布置。

　　从碳源碳汇的基本构成情况出发，结合现有低碳土地利用格局理论，采取"氧源绿地""近源绿地"与"碳源绿地"三种低碳布局模式相结合组成的土地利用格局模式，构成低碳化的城市土地利用格局，从而真正达到城市低碳网络，有效地减少城市总体碳排放的目的，是最终实现低碳发展的必然途径。

## 5.4 辽宁中部城市群碳排放预测结果分析

基于土地利用碳排放量的计算方法，对两个预案下的土地利用碳排放量进行了计算，计算结果如表 5-10、表 5-11 所示。

城市规划预案辽宁中部城市群碳排放　　　　　　　　　　表 5-10

| 年份(年) | 耕地 | 林地 | 建筑用地 | 草地 | 合计(t) |
|---|---|---|---|---|---|
| 2015 | 421145 | 5839287 | 149020125 | 14457 | 155295014 |
| 2016 | 421148 | 5839589 | 149252454 | 14360 | 155527552 |
| 2017 | 420117 | 5846330 | 150558169 | 14397 | 156839013 |
| 2018 | 419515 | 5851191 | 151500762 | 14282 | 157785750 |
| 2019 | 418850 | 5857149 | 152654786 | 14069 | 158944854 |
| 2020 | 418058 | 5864501 | 153694736 | 13886 | 159991181 |
| 2021 | 417102 | 5863922 | 155709485 | 13713 | 162004222 |
| 2022 | 417224 | 5882420 | 152746735 | 14581 | 159060959 |
| 2023 | 174550 | 5829094 | 155576971 | 17877 | 161598492 |
| 2024 | 174357 | 5828774 | 156311328 | 17886 | 162332345 |
| 2025 | 174119 | 5828452 | 157577953 | 17624 | 163598147 |
| 2026 | 173985 | 5828130 | 158488339 | 17341 | 164507795 |
| 2027 | 173819 | 5827810 | 159146236 | 17334 | 165165199 |
| 2028 | 172824 | 5838967 | 159553365 | 18721 | 165583877 |
| 2029 | 172899 | 5833186 | 159882806 | 18805 | 165907695 |
| 2030 | 172501 | 5837933 | 161009541 | 18615 | 167038590 |

低碳发展预案辽宁中部城市群碳排放　　　　　　　　　　表 5-11

| 年份(年) | 耕地 | 林地 | 建筑用地 | 草地 | 合计(t) |
|---|---|---|---|---|---|
| 2015 | 177662 | 5829088 | 148376979 | 14735 | 154398465 |
| 2016 | 177662 | 5828138 | 148593574 | 14661 | 154614035 |
| 2017 | 177673 | 5828029 | 149118466 | 14252 | 155138419 |
| 2018 | 177652 | 5827935 | 149623935 | 13941 | 155643464 |
| 2019 | 177078 | 5827842 | 150174150 | 15109 | 156194178 |
| 2020 | 176997 | 5829734 | 150733952 | 14738 | 156755422 |
| 2021 | 176778 | 5831631 | 151378328 | 14681 | 157401419 |
| 2022 | 176708 | 5829416 | 151899040 | 14688 | 157919854 |
| 2023 | 417007 | 5901543 | 151430448 | 14458 | 157763456 |

| 年份（年） | 耕地 | 林地 | 建筑用地 | 草地 | 合计（t） |
|---|---|---|---|---|---|
| 2024 | 417047 | 5910280 | 151023565 | 14541 | 157365434 |
| 2025 | 416327 | 5920803 | 150872367 | 14478 | 157223974 |
| 2026 | 416297 | 5923238 | 150991604 | 14332 | 157345471 |
| 2027 | 416716 | 5925908 | 149842005 | 14558 | 156199187 |
| 2028 | 417330 | 5924695 | 149245816 | 14764 | 155602605 |
| 2029 | 417662 | 5924739 | 149203776 | 14887 | 155561064 |
| 2030 | 416351 | 5933436 | 149214347 | 14671 | 155578805 |

根据土地利用面积分析得到的土地利用碳排放在两个预案下均呈上升趋势，变化的主要原因是由建筑用地面积的变化差异所决定（图5-9）。

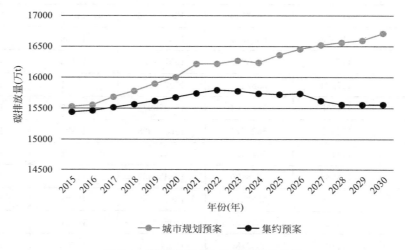

图5-9 两种预案下土地利用碳排放量

根据各市在两个预案下的土地利用面积分析计算得到土地利用碳排放状况，结果如表5-12、表5-13。

规划预案下各市土地利用碳排放情况（万t） 表5-12

| 年份（年） | 沈阳市 | 鞍山市 | 抚顺市 | 本溪市 | 营口市 | 辽阳市 | 铁岭市 |
|---|---|---|---|---|---|---|---|
| 2015 | 3080 | 2219 | 2697 | 2018 | 1280 | 1128 | 3107 |
| 2016 | 3084 | 2223 | 2701 | 2022 | 1282 | 1129 | 3111 |
| 2017 | 3110 | 2241 | 2724 | 2039 | 1293 | 1139 | 3138 |
| 2018 | 3129 | 2255 | 2741 | 2051 | 1301 | 1146 | 3156 |
| 2019 | 3152 | 2272 | 2761 | 2066 | 1311 | 1154 | 3180 |
| 2020 | 3173 | 2287 | 2779 | 2080 | 1319 | 1162 | 3201 |
| 2021 | 3213 | 2315 | 2814 | 2106 | 1336 | 1176 | 3241 |

| 年份(年) | 沈阳市 | 鞍山市 | 抚顺市 | 本溪市 | 营口市 | 辽阳市 | 铁岭市 |
|---|---|---|---|---|---|---|---|
| 2022 | 3154 | 2273 | 2763 | 2067 | 1311 | 1155 | 3182 |
| 2023 | 3205 | 2309 | 2807 | 2100 | 1332 | 1173 | 3233 |
| 2024 | 3219 | 2320 | 2820 | 2110 | 1338 | 1179 | 3247 |
| 2025 | 3244 | 2338 | 2842 | 2126 | 1349 | 1188 | 3273 |
| 2026 | 3262 | 2351 | 2857 | 2138 | 1356 | 1194 | 3291 |
| 2027 | 3275 | 2360 | 2869 | 2147 | 1362 | 1199 | 3304 |
| 2028 | 3284 | 2366 | 2876 | 2152 | 1365 | 1202 | 3312 |
| 2029 | 3290 | 2371 | 2882 | 2156 | 1368 | 1205 | 3319 |
| 2030 | 3313 | 2387 | 2901 | 2171 | 1377 | 1213 | 3342 |

**低碳预案下各市土地利用碳排放情况（万 t）** 表 5-13

| 年份(年) | 沈阳市 | 鞍山市 | 抚顺市 | 本溪市 | 营口市 | 辽阳市 | 铁岭市 |
|---|---|---|---|---|---|---|---|
| 2015 | 30619 | 22066 | 26818 | 20068 | 12730 | 11211 | 30887 |
| 2016 | 30661 | 22097 | 26855 | 20096 | 12748 | 11226 | 30930 |
| 2017 | 30765 | 22172 | 26947 | 20164 | 12791 | 11264 | 31035 |
| 2018 | 30865 | 22244 | 27034 | 20230 | 12833 | 11301 | 31136 |
| 2019 | 30975 | 22323 | 27130 | 20302 | 12878 | 11341 | 31246 |
| 2020 | 31086 | 22403 | 27227 | 20375 | 12925 | 11382 | 31358 |
| 2021 | 31214 | 22495 | 27340 | 20459 | 12978 | 11429 | 31488 |
| 2022 | 31317 | 22569 | 27430 | 20526 | 13021 | 11466 | 31591 |
| 2023 | 31286 | 22547 | 27403 | 20506 | 13008 | 11455 | 31560 |
| 2024 | 31207 | 22490 | 27333 | 20454 | 12975 | 11426 | 31480 |
| 2025 | 31179 | 22470 | 27309 | 20436 | 12963 | 11416 | 31452 |
| 2026 | 31203 | 22487 | 27330 | 20451 | 12973 | 11425 | 31476 |
| 2027 | 30976 | 22323 | 27131 | 20302 | 12879 | 11341 | 31247 |
| 2028 | 30857 | 22238 | 27027 | 20225 | 12830 | 11298 | 31128 |
| 2029 | 30849 | 22232 | 27020 | 20219 | 12826 | 11295 | 31119 |
| 2030 | 30853 | 22235 | 27023 | 20222 | 12828 | 11296 | 31123 |

## 5.5 辽宁中部城市群碳平衡相关分析

### 5.5.1 辽宁中部城市群碳平衡现状分析

以 2014 年的计算结果整合得到辽宁中部城群的碳平衡状态（表 5-14）。

辽宁中部城市群各市碳平衡状态（万 t）　　　　　　　　表 5-14

|  | 沈阳 | 鞍山 | 抚顺 | 本溪 | 营口 | 辽阳 | 铁岭 | 合计 |
|---|---|---|---|---|---|---|---|---|
| 建筑碳排放量 | 888.70 | 180.20 | 169.50 | 169.30 | 320.30 | 72.10 | 253.00 | 2053.10 |
| 居民相关碳排放量 | 1317.23 | 1533.15 | 766.93 | 715.58 | 760.88 | 492.29 | 1372.61 | 6958.67 |
| 林地 | 20.91 | 91.66 | 159.54 | 130.76 | 49.93 | 37.39 | 90.80 | 580.99 |
| 草地 | 0.14 | 0.21 | 0.28 | 0.16 | 0.10 | 0.07 | 0.21 | 1.17 |
| 耕地 | 6.55 | 2.49 | 1.75 | 0.86 | 1.12 | 1.43 | 5.00 | 19.20 |
| 总碳排放量 | 2233.53 | 1807.71 | 1098.00 | 1016.66 | 1132.33 | 603.28 | 1721.62 | 9613.13 |
| 总固碳潜力 | 1607.51 | 1447.64 | 1920.84 | 1942.59 | 828.87 | 689.33 | 1349.87 | 9786.65 |
| 碳平衡 | −626.02 | −360.067 | 822.84 | 925.93 | −303.46 | 86.05 | −371.75 | 173.52 |

由图 5-10 可以发现，沈阳、鞍山、营和铁岭处于碳赤字状态，沈阳赤字程度最高，产生赤字的主要原因为人口和城市规模、化石能源的大量消耗和林地面积相对较小。抚顺、本溪和辽阳为碳盈余状态，本溪最高，其原因主要为林地面积较高，且森林质量较好。辽宁中部城市群整体上 2014 年碳排放与固碳潜力相当，略有盈余，随着城镇化不断推进，生活水平不断提高，碳排放的总量会越来越大，城镇的发展方式和产业结构将成为未来辽宁中部城市群能否实现碳平衡的关键所在。

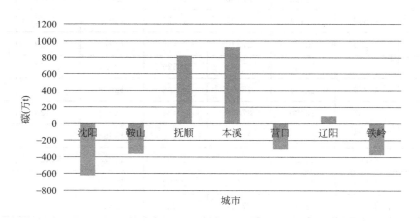

图 5-10　各市碳平衡状态

## 5.5.2　辽宁中部城市群理想状态碳平衡

考虑理想模式下的碳排放，建筑碳排放到 2030 年比 2014 年减小 20%，居民相关碳排放量参考低碳发展模式的碳排放量，固碳潜力应用 CLUE-S 模型低碳预案下模拟的 2030 年结果计算得到，低碳模式下 2030 年辽宁中部城市群碳平衡状态如表 5-15、图 5-11。

辽宁中部城市群各市碳平衡状态（万 t）　　　　表 5-15

| | 沈阳 | 鞍山 | 抚顺 | 本溪 | 营口 | 辽阳 | 铁岭 | 合计 |
|---|---|---|---|---|---|---|---|---|
| 2030 年建筑碳排放量 | 710.96 | 144.16 | 135.60 | 135.44 | 256.24 | 57.68 | 202.40 | 1642.48 |
| 居民相关碳排放量 | 1098.95 | 505.07 | 333.02 | 227.56 | 316.36 | 249.76 | 399.62 | 3130.34 |
| 林地 | 20.91 | 91.66 | 159.54 | 130.76 | 49.93 | 37.39 | 90.80 | 580.99 |
| 草地 | 0.14 | 0.21 | 0.28 | 0.16 | 0.10 | 0.07 | 0.21 | 1.17 |
| 耕地 | 6.55 | 2.49 | 1.75 | 0.86 | 1.12 | 1.43 | 5.00 | 19.20 |
| 总碳排放量 | 1837.51 | 743.59 | 630.19 | 494.78 | 623.75 | 346.33 | 698.03 | 5374.18 |
| 总固碳潜力 | 1736.11 | 1563.45 | 2074.50 | 2097.99 | 895.18 | 744.48 | 1457.86 | 10569.58 |
| 碳平衡 | −101.401 | 819.865 | 1444.313 | 1603.214 | 271.4322 | 398.1507 | 759.8296 | 5195.40 |

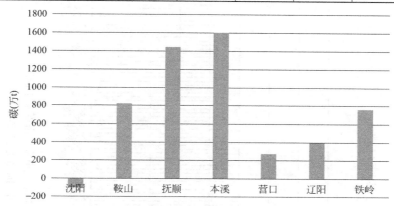

图 5-11　低碳模式下 2030 年各市碳平衡状态

在低碳模式下 2030 年辽宁中部城市群总体上将呈现碳盈余状态，各市除沈阳外均能实现碳盈余。

## 5.6　辽宁中部城市群空间形态调控建议

由于辽宁中部各城市空间形态有所差异，为方便阐述，本书将这 7 个城市进行分类分析，分类依据主要利用与碳排放关系密切的空间形态要素进行划分。由上文可知，与地均生活性碳排放密切相关的要素主要有两个：建成区人口密度和分形维数，其中建成区人口密度体现了城市聚集度，人口密度越大，城市越紧凑。分形维数体现了建成区外轮廓的复杂度，如果分形维数在 1～1.5 之间，则说明此刻城市不规则程度小，建成区一般不会采取外扩式发展，而是填充的方式发展为主，城市空间比较紧凑。如果分形维数是 1.5，则城市处于布朗随机的状态，此时城市进入到临界点，现有的城市用地如果不能提供额外的建设用地，则城市则会进入向外扩张状态。如果分形维数在 1.5～2 之间，则说明此时城市不规则程度很高，很难保持现有形态，正在或者即将进入外扩式发展。建成区人口密度现在还没有明确的分级，怎样的建成区人口密度算高密度，怎样的建成区人口密度算低密度，因此本书对《中国城市统计年鉴 2016》中部分城市的建成区人口密度进行了分析（图 5-12）。

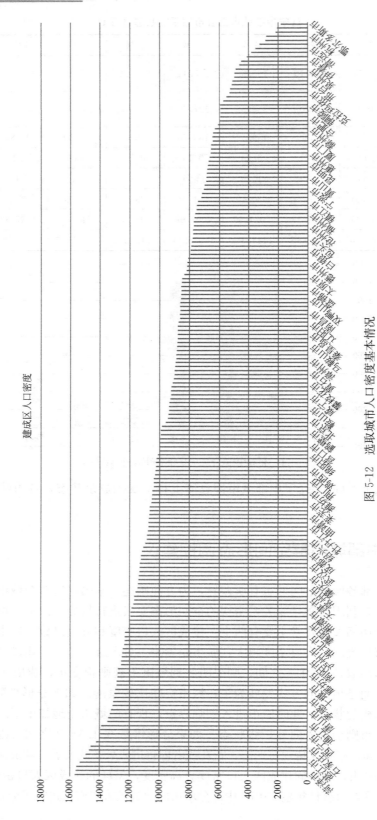

图 5-12　选取城市人口密度基本情况

来源:《中国城市统计年鉴 2016》。

首先利用 SPSS 对选取城市的人口密度情况进行了基本描述，所选择的城市中，人口最多的有 1375 万人，最少的有 20 万人。而建成区面积最多的有 1855km²，最少的有 50km²。建成区人口密度最多的有 15687 人/km²，最少的有 1802 人/km²（表 5-16）。

选取城市的基本情况　　　　　　表 5-16

| | N | 极小值 | 极大值 | 均值 | 标准差 | 方差 |
|---|---|---|---|---|---|---|
| 人口 | 187 | 20 | 1373 | 169.35 | 191.941 | 36841.467 |
| 建成区面积 | 187 | 50 | 1855 | 196.76 | 245.307 | 60175.296245 |
| 建成区人口密度 | 187 | 1802 | 15687 | 9450.48 | 2916.24 | 8504462.595 |
| 有效的 N（列表状态） | 187 | | | | | |

来源：《中国城市统计年鉴 2016》。

根据数据的级差，对 187 个城市进行三等分，确定以 5000 作为分级的尺度，即 6800、11800 作为等分点，建成区人口密度 11800 人/km² 以上为高密度城市，11800～6800 人/km² 为中密度城市，6800 人/km² 以下为低密度城市。那么辽宁中部城市的建成区可被分为两类（表 5-17）。

辽宁中部城市建成区人口密度分类结果　　　　表 5-17

| 类型名称 | 城市 |
|---|---|
| 高密度城市 | 沈阳（13974.19 人/km²） |
| 中密度城市 | 抚顺（10466.67 人/km²），本溪（10375.23 人/km²），营口（9999.09 人/km²），鞍山（9362.57 人/km²），铁岭（8788 人/km²），辽阳（8765.71 人/km²） |

来源：作者自绘。

分形维数以 1.5 为分界线，分形维数低于 1.5 的城市为低分形城市，高于 1.5 的城市为高分型城市，那么据此可将这 7 类城市继续划分（表 5-18）。

辽宁中部城市分类结果　　　　表 5-18

| 类型名称 | 城市 |
|---|---|
| 高密度低分形城市 | 沈阳 |
| 中密度低分形城市 | 鞍山、辽阳、营口、铁岭 |
| 中密度高分形城市 | 本溪、抚顺 |

来源：作者自绘。

## 5.6.1　城市密度控制建议

有前文可知，人口密度和道路面积率是影响城市地均碳排放的主要因素，且主要影响城市交通碳排放，与交通碳排放呈正相关。也就是说控制人口密度和道路面积率就能够降低城市的交通碳排放。但是，在城市低碳发展的过程中，不能够因噎废食，为了降低碳排放而阻碍城市发展。

### 1. 基于精明增长的人口密度调控建议

人口密度的调整，说到底就是人口规模与土地规模的制衡。而在全国各城市都在吸引人才和劳动力流入的现状下，控制人口密度势必会造成土地的迅速扩张。城市建成区面积，人口规模都对城市生活性碳排放具有极大的影响。而建成区面积与人口相比，建成区面积对碳排放的影响更大（表5-19），因此从低碳角度讲，控制建成区土地扩张比控制人口更加重要。

城市规模与生活性碳排放相关性分析 表 5-19

| | | 天然气碳排放量 | 液化气碳排放量 | 生活用电碳排放量 | 居民供热碳排放量 | 公交碳排放量 | 出租车碳排放量 | 私人汽车碳排放量 |
|---|---|---|---|---|---|---|---|---|
| POP | 相关系数 | 0.925** | 0.560 | 0.993** | 0.987** | 0.988** | 0.996** | 0.985** |
| | 显著性 | 0.003 | 0.191 | 0.000 | 0.000 | 0.000 | 0.000 | 0.000 |
| AREA | 相关系数 | 0.942** | 0.570 | 0.983** | 0.990** | 0.989** | 0.997** | 0.986** |
| | 显著性 | 0.001 | 0.182 | 0.000 | 0.000 | 0.000 | 0.000 | 0.000 |

\*\*0.01 水平（双侧）上显著相关。

来源：作者自绘。

从城市建成区规模的角度讲，城市土地是经济活动的载体，因此城市用地规模必定要与城市经济发展相适应。城市经济发展速度往往决定了城市用地扩展速度，当城市经济处于快速发展阶段时，城市用地也将处于高速拓展。同时，经济利益的驱动、政府建设的攀比效应以及规划约束力的缺失，都是城市建成区无序扩张的直接原因。而城市的无序扩张，不仅会提高城市的碳排放水平，更会带来一系列的城市问题。城郊农业用地不断被蚕食，水土流失严重，生态环境恶化，降低城市土地的使用效率。

而国内学者对人口的控制存在争论，一方面，许多学者从效率的角度来阐述城市规模不应被限制，城市经济具有规模经济递增的特点，即大城市可以提供更好的基础设施条件、更完善的生产性服务业、更丰富的市场和更集中的信息和技术创新，因此人口规模越大产生的经济效益越高。也有反对者认为，目前许多城市人口规模过大造成了严重的房价高企、交通拥堵、环境污染等"负外部性"问题。这些问题不仅影响了城市运行的效率，为了应对这些问题对相关设施的投资以及对研发投资也造成了严重的挤占效应，最终导致城市经济增长的停滞。

因此鉴于城市人口流动的规划不可控性，以及现今城市"抢人大战"如火如荼的情况，应当对城市的建成区面积的拓展加以控制，开发存量土地，深度挖掘建设用地内未开发利用，利用不充分、不合理、产出低的土地的潜力，尽量减少城市扩张，在城市内部的开发强度达到一定水平时，再根据地理地质条件，城市热环境优化等因素，确定土地拓展的方向，缓速扩张并控制人口规模。

**2. 基于服务功能的道路面积率调控建议**

城市道路是城市交通活动的载体，也是城市开放空间的重要组成部分。因此一方面城市道路的服务能力会影响居民的出行行为，另一方面，城市道路作为开放空间的组成也起到了空气流通的通道，虽然本书在对空间形态与生活性碳排放进行回归后可以发现城市道路对城市热环境的影响并没有那么明显，这是由于城市道路对城市热环境的影响只与迎风面道路宽度相关，与道路的面积、周长、长度无关，而城市道路宽度与城市道路面积率和道路网密度关系不大，因此在回归模型中表达不明显。因此城市道路的调控应当以道路的交通功能和通风功能两个角度来进行调控。

从交通功能的角度讲，道路面积率的提高会刺激城市居民的出行意愿，公交系统和私人交通的碳排放都会提高，但是，不能因低碳而忽视基础设施的发展，低碳建设不能以牺牲居民出行效率为代价，因此在进行道路面积率的调控时，应适度控制，以满足最低人均道路面积为宜。而通过第 4 章的分析，道路面积率既促进公交碳排放，又促进私人碳排放，而在贡献比例上对私人交通碳排放的影响系数要高于公共交通 1.75 倍，也就是说道路面积率对公共交通碳排放的贡献比例更小。因此优化道路密度要以提高居民选择公交出行的积极性和降低居民出行平均距离来着手。提高居民公交出行积极性可以从提高公交服务水平和运行速度的角度入手。而在道路面积率的指标控制上，应当根据城市人口人均占有道路用地面积 $7 \sim 15m^2$（表 5-20）。

道路面积率指标控制　　　　　　　　　表 5-20

| | 沈阳 | 鞍山 | 本溪 | 抚顺 | 辽阳 | 铁岭 | 营口 |
|---|---|---|---|---|---|---|---|
| 按人均道路面积(%) | 9.78～20.96 | 6.55～14.04 | 7.26～15.56 | 7.33～15.7 | 6.14～13.15 | 6.15～13.18 | 7.00～15.00 |
| 国标推荐(%) | 15.00～20.00 | 8.00～15.00 | 8.00～15.00 | 8.00～15.00 | 8.00～15.00 | 8.00～15.00 | 8.00～15.00 |
| 推荐最小取值(%) | 15.00～20.00 | 8.00～14.04 | 8.00～15.00 | 8.00～15.00 | 8.00～13.15 | 8.00～13.18 | 8.00～15.00 |

数据来源：《城市综合交通体系规划标准》GB/T 51328—2018。

城市道路是非常重要的城市通风廊道。基于在城市道路上的活动会产生热量，城市道路路面反射率低的特性也会吸收太阳直射产生的热量，但与道路两侧建筑物产热相比，城市道路则变为分割热源的有效工具。对城市温度影响较大的是风速，不同的道路风向角和城市道路宽度、温度之间的关系并不一致，根据伯努利原理，管道的管径越小，速度越大。同理，当风以平行道路方向进入时，道路越窄，风速越大，即道路风向角在 0～45°之间时，宽度越小风速越大，宽度与温度呈正相关，为降低城市温度，应当降低道路宽度以形成峡谷效应提高风速。而当风垂直于道路进入时，会造成道路大气压强小于风的压强，道路内的空气会被挤压从而促进空气流动，形成风，但这时就需要道路宽度达到一定的水平才能够形成足量的风，也就是说道路风向角在 45°～90°之间时，道路宽度越大，风速越大，宽度与温度呈负相关，应该提高道路宽度，降低城市温度。那么对于主导风向为南北向的城市，为了降低夏季温度，提高冬季温度，应当降低城市南侧道路的宽度，适当提高北侧道路的宽度。提高东西向城市的道路宽度。对于主导风向为东西向的城市，则应当降低东西向的城市道路宽度，提高南北向城市道路的宽度。辽宁中部城市主导风向如表5-21 所示。

辽宁中部城市主导风向　　　　　　　　　表 5-21

| | 沈阳 | 鞍山 | 本溪 | 抚顺 | 辽阳 | 铁岭 | 营口 |
|---|---|---|---|---|---|---|---|
| 春 | SSW | SSW | E | NE | SW | SW | SSW |
| 夏 | S | S | C,E | NE,C | C,S,SSE | SSW | SSW |
| 秋 | S,SSW | C,S | E | NE,NNE | C,N | SSW | SSW,NNE |
| 冬 | N | C,NNE | E | NE | C,N | SW | NNE |

来源：孟莹《根据气候特点规划城市建筑布局》。

从辽宁中部城市主导风向表可以看出，沈阳、鞍山、抚顺、辽阳、铁岭、营口的冬夏两季主导风向为南北向，而本溪的主导风向为东向，因此沈、鞍、抚、辽、铁、营六市应当控制南北向平均街道宽度，提高东西向街道宽度。而本溪则与之相反，表5-22是辽宁中部城市道路指标调控建议。

辽宁中部城市道路指标调控建议 　　　　表 5-22

| | 沈阳 | 鞍山 | 本溪 | 抚顺 | 辽阳 | 铁岭 | 营口 |
|---|---|---|---|---|---|---|---|
| 道路面积率（%） | 15～20（应控制） | 8～14.04（应保持） | 8～15（应保持） | 8～15（应保持） | 8～13.15（应控制） | 8～13.18（应控制） | 8～15（应提高） |
| 街道宽度 | 南北窄东西宽 | 南北窄东西宽 | 南北宽东西窄 | 南北窄东西宽 | 南北窄东西宽 | 南北窄东西宽 | 南北宽东西窄 |

来源：作者自绘。

### 5.6.2 外部形态调控建议

在城市外部形态调整，主要从城市土地扩张模式来分析。根据第3、4章的分析，其调控依据主要有两个方面，城市内部交通模式与城市热环境优化。

#### 1. 基于内部交通模式的外部形态调控建议

首先是内部交通模式方面，高密度低分形城市，由于其本身人口密度较高，对公共交通的需求就非常大，但是其外部分形维数低，形状简单，因此居民出行没有明显的线性特征，出行轨迹无序而混乱，交通碳排放就会偏高。那么在城市拓展的过程中，就要尽量降低这种无序性，避免"摊大饼"的拓展方式，提高城市分形维数。提高城市交通线性的城市拓展模式主要有两种：星型拓展（分散组团型）和带型拓展。在分析空间形态对生活性碳排放影响机制时，本书讨论了这两种形状城市在交通出行方面的优劣，带型城市的交通线路集中，极适合公共交通的发展，但是其城市两端的距离过长，交通反而受阻。同时，这种形态的城市对私人交通发展极为不利，易形成拥堵，增加交通拥堵产生的碳排放。因此，星型发展比较适合高密度低分形城市的低碳空间拓展。

中密度低分形城市对比高密度低分形城市，城市规模较小，城市的平均出行半径不高，而且向心性明显，相对而言城市公共交通发展优势不大，公共交通与私人交通共同主导。该类型城市在现在的发展阶段不适合盲目地高分形发展，而应该继续均匀扩张。因为在土地规模不大，地形不受限制的情况下，高分形的发展会降低小汽车的通行效率，而公共交通对居民的吸引力并非很强，因此反而会降低城市交通效率，增加碳排放水平。居民最能接受的小汽车出行的距离为0～15km，高于15km后，居民选择小汽车的概率直线下滑，因此当城市的面积发展到接近176km$^2$左右时，小汽车的吸引力将低于公共交通，此时城市将不适合低分形的发展，而向高分形的扩张模式转变。

辽宁中部城市中，中密度高分形城市由于其地形特点，呈带型发展，由于抚顺本溪两座城市的近现代发展历程与其他辽宁城市一样，都以火车站为中心，逐渐向外拓展。城市交通流的向心性在现阶段的确可以使促进这种带型城市的公共交通的发展，但是则随着城市规模的不断扩大，城市的交通线路不断被拉长，城市的交通将越来越依赖公共交通，而私人小汽车的平均出行距离同样会被拉长，与此同时城市的交通拥堵也越来越严重，交通拥堵也会造成公共交通的运行效率降低，这样不仅城市的交通碳排放水平会提高，整个城市的运行效率也会受到不良影响。因此在中密度高分型城市在拓展的过程中应当限制其向两侧的延伸，有条件的情况下向其他方向拓展，在地形受限制的情况下，可以选择建立新城的方式来拓展城市土地。这样就能降低城市单向交通压力，提高城市整体交通效率。又能减轻城市交通的碳排放。本溪由于其建成区周围环山，南北向拓展受限，因此适合新城发展模式，在有条件的区域建设新城，采用公共交通线路连接新老城区。而抚顺由于其南北两侧地形复杂，不适宜发展建设，应向西侧和西南侧拓展，连接沈阳市，在拓展到一定程度与沈阳同城化发展。表 5-23 为辽宁中部城市拓展方式调控建议。

辽宁中部城市拓展方式调控建议

表 5-23

| | 沈阳 | 鞍山 | 本溪 | 抚顺 | 辽阳 | 铁岭 | 营口 |
|---|---|---|---|---|---|---|---|
| 建成区面积(km²) | 465 | 171 | 107 | 140 | 105 | 50 | 110 |
| 拓展方式 | 星型拓展促进出行线性 | 星型拓展促进出行线性 | 新城拓展降低东西延伸趋势 | 新城连接沈阳,西南拓展促进同城 | 内填发展充分利用现有土地 | 内填发展充分利用现有土地 | 内填发展充分利用现有土地 |

来源：作者自绘。

**2. 基于热环境的外部形态调控建议**

外部形态对热环境的影响，夏季与冬季并不相同，根据上文的回归结果，分形维数越大，城市平均温度越高，夏季制冷能耗越高，冬季取暖能耗越低。那么调控的重点就在于如何在提高城市冬季平均温度的同时降低城市夏季的平均温度。根据辽宁中部城市四季主导风向，除铁岭外，高密度低分形城市及中密度低分形城市主要的夏季风向是南风、东南或西南风为主，冬季主导风向为北风或者东北风为主，而调控的重点在提高冬季平均温度上，因此在空间拓展时，应避免冬季北风直接进入城市。而铁岭市在冬季的主导风向为西南风，夏季主导风向为南偏西。中密度高分形的城市，其常年主导风向基本一致，本溪以东风为主，抚顺以东北风为主，但是在夏季这两座城市的静风天气同样主导，因此其调控的重点在于如何引导夏季风通过城市，减少静风频率。

从城市热环境改善的角度讲，沈阳、鞍山、辽阳这三座城市在南向拓展应当以枝状发展，既增加了开发用地与自然间热交换的效率，也为夏季风提供足够宽的外围廊道，加大夏季风的风频与风速。北向的拓展应当均匀发展，在东北或西北预留通风廊道，满足夏季城市风廊的通透性和冬季污染物不滞留的同时，降低冬季北风的风速与进风量，提高冬季平均温度。营口由于其西南侧毗邻渤海，夏季以南偏西风为主，冬季以北偏东风为主，因此在城市拓展的过程中，应当沿海向南延伸，减少冬季北向的迎风面，同时在开发过程中预留西南方向的外围通风廊道。本溪、抚顺则需要减少夏季静风天气，这就需要加大迎风面风廊的宽度，使城市整体变得通透，形成对流，促进夏季风的形成。

## 5.6.3　内部功能调控建议

城市内部功能测度主要对生活性碳排放产生影响的要素为用地多样性和公交覆盖率，用地多样性要主要对交通碳排放产生影响，我们在第 3、4 章对用地多样性对交通碳排放的影响的大小和作用机制进行了分析。用地的多样性代表了城市用地的丰富度，也代表了城市各项功能的服务能力，它主要通过降低居民平均出行距离来影响城市的。而公交覆盖率代表了公共交通的基础服务能力，公交覆盖率越大，居民通勤越方便，一方面提高居民

141

公交出行积极性；另一方面降低居民通勤成本。而城市用地与公共交通结合起来，才能最大化其低碳效用。

**1. 基于城市特征的公共交通发展建议**

对高密度低分形城市而言，城市的人口密度大，对公共交通的需求大，居民出行线型较弱，但其城市规模达到了能够采用大运量轨道交通——地铁的要求，促进形成了城市居民的线性出行。因此地铁成为城市交通的主要承担者，其他公共交通类型的建设应当以其为核心，完善公交接驳系统。因此，高密度低分形城市应当加强地铁建设，提高地铁站点的覆盖率，加强公交接驳，并以地铁站点为中心，围绕其布置城市各项功能。沈阳市现有地铁线路两条：地铁 1 号线和地铁 2 号线，规划线路 3 条，地铁 4 号线、地铁 9 号线、地铁 10 号线。地铁建设完成后，将极大地完善沈阳市的公共交通网络，将城市中心城区与外围主要商业、居住区域相连接。会积极提高城市居民的公共交通出行意愿。但是，从常规公交站点核密度分布来看，现有的常规公交系统发展滞后于地铁的发展，地铁站点的接驳系统无法得到保证，因此在地铁建设的过程中，也要完善常规公交系统，使两种公共交通模式能够高效接驳（图 5-13）。

图 5-13　沈阳市现状、规划地铁情况与常规公交核密度
来源：作者自绘。

对中密度低分形城市而言，这类城市对公共交通依赖性不强，同时人口和城市规模达不到需要建设地铁的要求，在未来发展中依然会处于小汽车交通与公交共同主导的局面，而从城市公交站点核密度来看，各市的公交站集中分布在中心区位，而非中心区的公共交通站点的密度很低。因此，我们应当积极发展传统公交系统，完善公交系统网络，提高非中心区公交站的密度和服务水平。在有条件的情况下，建设城市轨道交通，或者相邻城市共建轨道交通，与轨道交通串联城市核心功能区与居住密集区，以常规公交实现便捷接驳，图 5-14 为鞍山、辽阳、铁岭、营口公交核密度。

对中密度高分形城市而言，这类城市由于其形态特点，居民出行线性强，最适合发展公共交通，从公交站点的核密度可以看出，本溪的公交站分布比较集中，主要集中在火车站周围。而抚顺市的公交站点则相对线型布置，比较平均。在城市分形维数较高的情况下，本溪市的公交站集中布置本身不利于城市公交发展，因此应当对公交站点的布置进行优化。而抚顺市的公交站点布置则十分契合城市特点，因此其公交的服务能力相对较高，图 5-15 为本溪、抚顺公交核密度。

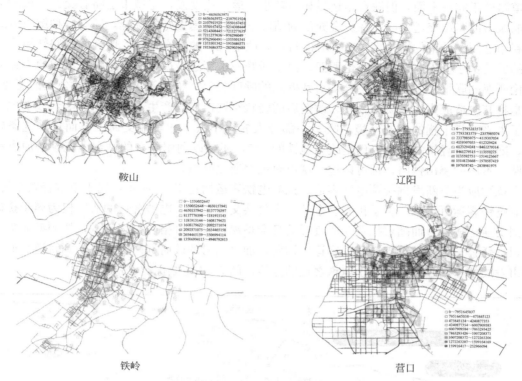

图 5-14　鞍山、辽阳、铁岭、营口公交核密度

来源：作者自绘。

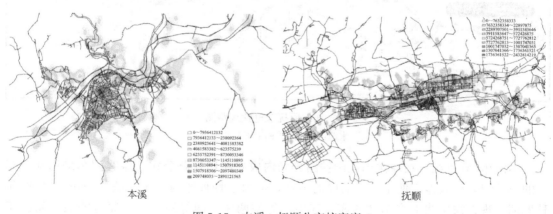

图 5-15　本溪、抚顺公交核密度

来源：作者自绘。

同时，这类城市由于形状狭长，十分适合建设城市轨道交通，但由于其经济水平和城市规模的限制，不适合发展地铁，因此应当发展中运量轨道交通，中运量轨道交通制式主要包括：轻轨、单轨、磁浮、自动导轨和有轨电车。而适合大中城市的轨道交通制式主要为轻轨和有轨电车，其中轻轨的运行速度快，运量相对较大，但是需要独立路权，建造成本较高。相对而言，有轨电车的造价相对低廉，建设周期短，且路权相对独立，可以与城

市道路处于同一平面，但缺点是运量相对较小，运行速度慢，与城市道路有交叉，可能会影响城市的路面交通。因此在资金充足的情况下，轻轨是更好的选择，还有一种解决方式是利用这两座城市的铁路穿过市中心的特点，改造现有的废弃铁路，废弃的铁路转换为轻轨的成功例子发生在西班牙瓦伦西亚，由于新修一条穿过城市中心的地铁，使得原来在北瓦伦西亚的联络线闲置下来，公众对其拆除的呼吁较高，而市政并没有采纳公众的意见，而是将其改造成为一条城市轻轨，改造后的轻轨对城市交通产生了积极的影响，成功地改善了本来互相干扰的交通环境，吸引一部分人放弃小汽车和其他交通工具而选乘这条轻轨，同时这条轻轨的造价仅仅是改为地铁的 1/7，还可以利用原有的站台。抚顺的原电铁线路，本溪的溪田铁路，都可以进行城市轨道交通化改造。

抚顺应当重新发掘抚顺电铁客运，抚顺电铁客运始建于 1904 年，属于市域轻轨系统，抚顺电铁客运百年来一直承担着整个的城市公共交通事业，电铁客运的所属权为属于抚矿集团交通运输部，而随着抚顺煤矿资源的日渐枯竭，煤炭价格的持续走低，抚顺矿业集团有限责任公司无力继续支持电铁客运的运营，加之当时的政府部门没有意识到轨道交通对城市发展的作用，因此导致了电铁客运的停运，图 5-16 为原抚顺电铁线路图。

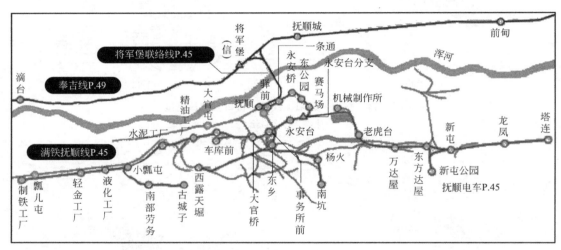

图 5-16　原抚顺电铁线路图
来源：作者根据网上资料整理。

本溪市 20 世纪末在原沈局沈阳铁路分局内成立溪田铁路公司，旅客列车采用 6 节车厢的小编组，极大地方便了沿线居民的出行，但由于种种原因，溪田铁路公司于 2002 年秋取消，现在溪田线上有车站 6 座，其中三等站两座，四等站 4 座，原有的明山站已于 2010 年撤销，温泉寺站和泉水站已于近年改为乘降所。现仅有列车 1 对，为田师府到本溪的 4316 次和 4316 次列车。而本溪应当改造溪田铁路本溪牛心台段来建立城市轨道交通系统，并通过威宁站来连接未来建设的沈本高架轻轨。

**2. 基于居民出行距离的用地多样性调控建议**

由表 5-24 可知，沈阳市的各项用地比例较为合理，都满足《城市用地分类与规划建设用地标准》GB 50137—2011 中推荐的用地比例，因此，沈阳市应当在保持合理用地比例的基础上，追求满足城市居民需求功能的均匀布局。随着地铁的建设，人口、资本等会向地铁站聚集，地铁站周围的居住小区的土地价值和吸引力会提高，那么这就需要完整的城市功能配套。因此，结合沈阳市地铁的建设，依托地铁站点形成 TOD 中心，结合地铁汇集人流的特点，将城市功能尽量集中于此，减少居民的出行需求，通过地铁线路所连接的城市各级中心，使站点附近居民交通需求定向化，以达到功能集约的目的。由于轨道交通的便达性会使城市公共功能与人流向轨道交通站点集约，但是由于土地开发强度的限制，居民居住不可能都集中在地铁站周围，因此要通过公交将居住区与轨道交通站点连接起来，以达到功能扩散的目的。通过两者的配合，优化城市结构，提高土地利用效率。依据公共交通站点的性质及其人流量的大小将站点进行分级，并从功能混合、开发强度、交通接驳及宜步空间等方面的设置确定 3 个不同等级的 TOD 单元的空间开发模式，TOD 导向的市级中心、TOD 导向的区域中心及 TOD 导向的社区中心（图 5-17）。

辽宁中部各城市用地比例　　　　　　　　　　　　表 5-24

| | 沈阳 | 鞍山 | 本溪 | 抚顺 | 辽阳 | 铁岭 | 营口 |
|---|---|---|---|---|---|---|---|
| 居住用地比例(%) | 29.9728 | 34.0572 | 30.1334 | 24.9278 | 35.6112 | 42.9605 | 30.5556 |
| 公共管理与公共服务设施用地比例(%) | 7.9927 | 4.6574 | 7.5334 | 7.2213 | 2.8874 | 16.4791 | 8.3333 |
| 商业服务设施用地比例(%) | 5.0863 | 5.2396 | 13.9905 | 5.0549 | 7.6997 | 1.4256 | 27.7778 |
| 工业用地比例(%) | 26.0672 | 30.9425 | 23.5687 | 33.6727 | 26.0443 | 16.4791 | 5.5556 |
| 物流仓储用地比例(%) | 2.5068 | 2.2705 | 1.0009 | 3.5456 | 6.7854 | 0.3526 | 5.5556 |
| 道路交通设施用地比例(%) | 12.0981 | 15.6663 | 14.8084 | 5.7842 | 14.1771 | 14.8209 | 13.8889 |
| 公共设施用地比例(%) | 2.2888 | 2.1016 | 2.0232 | 4.0367 | 2.4254 | 4.7977 | 3.7037 |
| 绿地与广场用地比例(%) | 13.9873 | 5.0649 | 6.9415 | 15.7568 | 4.3696 | 2.6116 | 4.6296 |

来源：《辽宁省统计年鉴 2016》。

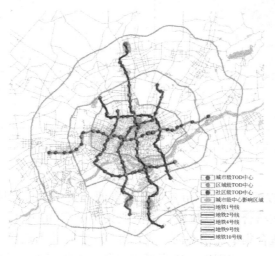

图 5-17　沈阳市 TOD 导向中心规划建议
来源：作者自绘。

根据现有设施情况及未来发展潜力，确定了 7 个城市级中心，即沈阳北站交通综合枢纽及金融中心、沈阳站交通枢纽及商业中心、中街商业中心、奥体中心商业中心、沈阳南站交通枢纽中心、新北站交通枢纽中心以及新市府行政商业中心。

城市级 TOD 中心围绕人流量较大，辐射能力较强的轨道站点进行设置，以核心辐射半径 2000m 为标准界定中心开发范围，并对其功能混合、开发强度、接驳系统、人流疏散及步行空间进行重点设计。

区域级 TOD 中心以轨道站点为核心，以辐射半径 800m 为范围界定区域级 TOD 中心，并对其功能混合、开发强度、接驳系统及步行空间进行重点设计。沈阳市结合现状与未来地铁建成后带来的人流情况，形成 12 个区域级 TOD 中心，主要布置在两条地铁线路交叉的换乘站点，如沈阳地铁 9 号线与沈阳地铁 10 号线的北换乘站淮河街站、沈阳地铁 4 号线与沈阳地铁 10 号线的换乘站北大营街站；一部分布置在区域内居住人口多但缺少公共服务资源或公共资源已经较为集中的地铁站点上，如开发大道站和北陵公园站；但要注意尽量避免在桥梁与主干路临近的交汇处布置，以减少由于 TOD 中心区与南北交通流的冲突而带来的拥堵，例如沈阳地铁 9 号线与沈阳地铁 10 号线的南换乘站浑南大道站由于其区位紧邻长青桥下桥口，如果在此高强度开发，很可能会导致过桥车流与中心汇集的车流冲突导致严重的拥堵。

社区级 TOD 中心则是结合轨道交通一般站建设，以 500m 为辐射半径界定社区级中心的开发范围。通过中心设置商业服务及公共服务功能、结合社区商业及公共服务设置体育休闲设施以及步行接驳系统。

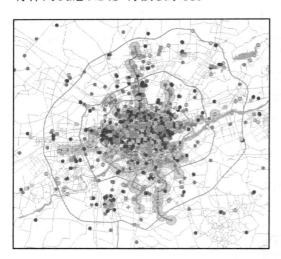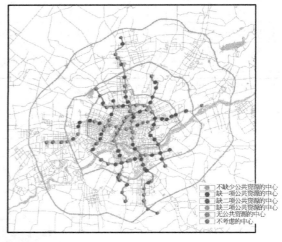

图 5-18　沈阳市公共资源分布情况及与 TOD 中心匹配度
来源：作者自绘。

由图 5-18 我们可以看出，沈阳市各项公共资源多集中于二环以内，为保证城市资源的合理分配，我们应该结合 TOD 建设，将商业集中于 TOD 中心，综合性医疗机构、学校和城市公园由于不适合集中在中心内，应在 TOD 中心外围建设。一个城市建设用地内的社区级 TOD 中心 1000m 范围以内应当至少配备一个较高水平的综合性医疗机构、一个高水平学校和一到两个大型公共绿地以减少该地区居民出行的距离与时耗。将沈阳公共资源与 TOD 中心分布图进行叠加，得到现状沈阳各级 TOD 中心公共资源配置丰富度情况。那么我们就要针对 TOD 中心公共资源的缺失，在规划时就要注意资源配置，对缺失的资源进行补充。

在中密度低分形和中密度高分型城市中，铁岭市的用地多样性非常低，从辽宁中部各城市用地比例对比来看，铁岭的居住用地比例偏高，而缺少商业服务设施用地和绿地广场用地。因此铁岭市需要首先提高商业用地和绿地广场用地的比例。其他城市的用地多样性比较平均，但仍有提高的空间，鞍山市、辽阳市的公共管理与公共服务设施用地比例不足5％，抚顺市的交通用地比例远低于 10％，鞍山、本溪、辽阳、营口的绿地与广场比例不到 10％，而鞍山和抚顺的工业用地比例过高，都大于 30％，图 5-19 为 6 市主要服务设施泰森多边形。

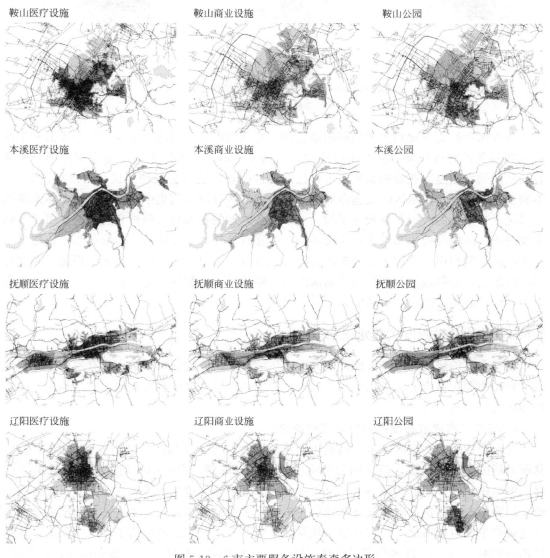

图 5-19　6 市主要服务设施泰森多边形

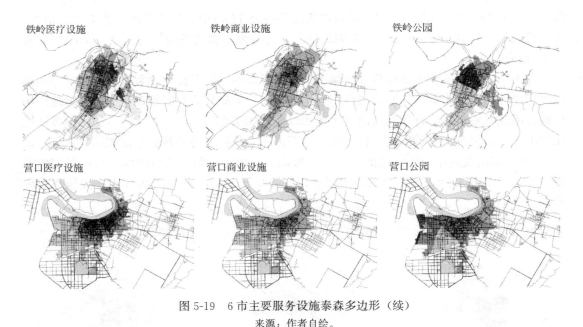

图 5-19　6 市主要服务设施泰森多边形（续）
来源：作者自绘。

一方面我们要在规划中调整好用地比例，协调城市各类用地的面积。另一方面对于城市主要服务设施的布局也应当予以重视，从这 6 座城市主要服务设施泰森多边形分析来看，共同的特点是商业设施非常集中，且向心性明显，这样会促使居民出行意向的集中，不利于低碳发展。而从医疗设施布局来看，虽然依然可以看到集中的趋势，但整体来讲城市居民主要活动的区域服务较为平均。城市公园绿地的布局与前两种有所不同，可以看到主要的集中区域与商业和医疗重合性不强，但除营口外，中心区的绿地服务水平依然好于非中心区，营口市的公园主要分布在沿海及入海口。由以上对城市主要服务设施的布置分析可以得出，为尽量缩短满足居民需求的出行距离，主要服务设施的布局不能够过度集中于中心区，应当疏散中心区功能，分散布置。

### 5.6.4　整体开发强度调控建议

根据前文的研究，城市整体开发强度对生活性碳排放的影响因素主要有容积率和绿地率。容积率会对城市的地均用电碳排放产生影响，而绿地率则会影响城市的地均用电碳排放和地均供热碳排放。

**1. 基于城市建筑开发的容积率调控建议**

容积率代表了一定区域范围内城市建筑总面积，容积率越高，城市总建筑面积越高，其所消耗的能源就越多，但在回归模型中我们可以看到，容积率与用电碳排放的关系明显，但与供热碳排放的关系不大，这与通常的思维不符，这是由于现在北方的供暖方式已经不局限于集中供热，电暖设备和地源热泵也是重要的供暖方式，沈阳市是我国最早确定的地源热泵试点城市之一，现在地源热泵在沈阳的应用面积已经到达了 5941 万 $m^2$，达到供热面积的 20%。所以容积率对供热碳排放会产生影响，不过由于其他供热方式的干扰，导致两者之间相关性不明显。因此在为了控制家庭能源消耗碳排放，控制城市的容积率是有效的手段，但随着城市人口的不断增加，城市建筑面积会不断增加，在精明增长的条件下，势必会导致容积率的不断增大。因此，我们应当从住房供给入手，提高小面积户型的比例，尽量减少大面积户型尤其是别墅的建设，以降低城市容积率的增长速度。同时在城市建设用地开发的过程中，要提高城市各地块的绿地率指标，增加有效绿化。

**2. 基于城市热环境的绿地调控建议**

整体开发强度对城市热环境的影响主要体现在两个方面：建筑开发高度与密度对风廊的影响，绿地的温湿度效应与固碳释氧效应。建筑开发对风廊的影响主要建筑的形状、高度，因此应该在控规尺度上对开发地块的建筑临街高度、形态以及地块内部绿地进行控制。而在城市绿地的调控上，增加城市的绿地面积是降低城市生活性碳排放的有效途径，根据中国标准化研究院资源与环境标准化研究所制定的《低碳城市评价指标体系》（以下称"指标"），对 2009～2020 年中国低碳生态城市发展战略目标进行了限定，要求全国城市的建成区绿化覆盖率不低于 40%，100 强城市的建成区绿化覆盖率不低于 45%。

辽宁中部各城市建成区绿地覆盖率达标情况 表 5-25

| | 沈阳 | 鞍山 | 本溪 | 抚顺 | 辽阳 | 铁岭 | 营口 |
|---|---|---|---|---|---|---|---|
| 实际建成区绿地覆盖率(%) | 41.78 | 39.428 | 47.60 | 37.41 | 39.71 | 41.40 | 36.63 |
| "指标"要求的建成区绿地覆盖率(%) | 45 | 45 | 40 | 40 | 40 | 40 | 40 |
| 达标率(%) | −7.16 | −12.38 | 19.00 | −6.48 | −0.72 | 3.50 | −8.42 |
| 尚需绿地(hm²) | 1497.3 | 952.812 | | 357.42 | 30.45 | . | 370.7 |

来源：根据《低碳城市评价指标体系》作者自绘。

从表 5-25 中可以看到，沈阳、鞍山、抚顺、辽阳、营口的建成区绿地率尚未达到"指标"的要求，沈阳市还需建设绿地 1497.3hm²，鞍山需要 952.812hm²，抚顺需 357.42hm²，辽阳需 30.45hm²，营口需 370.7hm²。

建成区绿地率的提高会极大降低碳排放水平，因为绿地不仅会通过改善微气候，降低热岛效应来影响碳排放，同时还能够吸收城市活动产生的碳排放。但是城市的发展不能一味地增加绿地的面积，此时绿地的布局形式就变得至关重要。在城市尺度上，以绿地固碳释氧为基础，构建"三源绿地"是固定城市碳排放的有效途径，"三源绿地"包括氧源绿地、碳源绿地、近源绿地。

"氧源绿地"是受霍华德"田园城市"理论启发，在中心区外围上风向建设集中成片的生态绿地，利用绿地的释氧效果为城市提供高氧浓度的空气，同时能够降低外围温度，形成边界林源风。这种布局形式强调绿地对城市的生态作用，可以有效地促进城市空气与外界的交换，对改善城市小气候，调节城市碳平衡，解决热岛效应等城市问题有着非常重要的作用，"氧源绿地"建设要求植被连续不间断。最好将其建设为以乔灌为主的多行疏林或成片密林。其形状则最好能够延伸进城市，形成楔形的绿地。

"碳源绿地"是分布在城市下风向集中布置的吸收城市郊区碳源的碳汇绿地，城市产生的 $CO_2$ 会随着城市与自然的气体交换而逐渐向下风向扩散，碳源绿地能够将 $CO_2$ 有效地固定。因为落叶植物在冬季无法进行光合作用，而呼吸作用明显，因此要保证这两类绿地的常绿植物比例。

"近源绿地"主要指分布在城市建成区范围内，以"点—带"结合的方式进行布置的绿地的模式，因其往往布置在城市碳排放源附近，因此被称为"近源绿地"。一般利用城市中的主要道路形成 500～1000m 的绿带，将各绿斑及外围森林连接起来。这样的带状绿地既能吸收城市道路及两侧建筑产生的 $CO_2$，又能形成城市风廊，降低周边温度，改善热环境，进一步降低城市周边能耗。而分散于城市的点状的绿地能够就近吸收排放源产生的 $CO_2$，降低夏季周边温度减少能耗。在绿地斑块尺度上，增加绿地斑块的复杂度能够提高绿地的环境效益。形状越复杂，热岛效应减弱就越明显，楔形绿地被认为是减弱热岛效应与增湿效应最强的绿地形式，因此在有条件的情况下，应尽量采用较舒展的平面形态，例如条带状绿地、楔形绿地等。

## 5.7 本章小结

本章在前文分析建成区空间形态对碳排放影响机制和辽宁中部城市实证结果的基础上，对低碳视角下辽宁中部城市建成区的空间形态从城市密度、外部形态、内部功能和整体开发强度四个方面提出了调控建议，为了方便叙述，将辽宁中部 7 座城市按照建成区人口密度和分形维数两个指标分为 3 类，高密度低分形城市：沈阳；中密度低分形城市：鞍山，辽阳，营口，铁岭；中密度高分形城市：本溪，抚顺。在城市密度调控方面，在分析了人口与建成区面积对碳排放的影响后，提出了以精明增长为理念的城市人口密度控制策略，而后根据城市道路的交通与开放空间功能，针对居民出行需求和街道通风的需要，提出了各城市道路面积率控制建议值和不同走向城市道路宽度建议。在外部形态调控方面，从交通和热环境两个方面，对不同类型城市提出了拓展方式和方向。在内部功能方面，针对公交覆盖水平和用地比例及布局的不足，提出了 3 类城市公交和城市功能的调控建议。最后针对整体开发强度，提出了以提高小面积城市住宅比例，控制高端楼盘为手段的城市容积率控制建议，以及通过对比《低碳城市评价指标体系》中建成区绿地率的规定，确定了沈阳等仍需建设的绿地面积，由于城市土地的稀缺性，本书还在城市尺度上，建议以"三源绿地"模式来提高城市绿地的生态功能。

# 第6章
# 城市碳空间分布现状研究

　　研究区域沈北新区地处沈阳市中部偏北，南接沈阳母城，北邻铁岭，东连抚顺，西连沈西工业走廊，2006年经沈阳市委、市政府批准将沈北新区、沈阳道义技术开发区、沈阳虎石台技术开发区、沈阳辉山农业技术开发区合在一起组建了沈北新区，总面积为1098km$^2$。目前，国内经国务院批准成立的新区有上海的浦东新区、天津的滨海新区、郑州的郑东新区，沈阳沈北新区是继以上成立的新区之后，国家又成立的一个行政新区。同年12月经国家发展和改革委员会批准，沈北新区被确定为辽宁省唯一的一个综合配套改革试验区。

## 6.1 沈北新区基本情况

　　沈北新区位于东北城市走廊的中部，北接长春、哈尔滨，向南连接沈阳、大连。沈北新区与铁西工业走廊、浑南新区、东部辉山现代农业旅游休闲度假区一起组成了沈阳4个城市重要发展空间，是沈阳中心城区向北部扩展的主要跳板，沈北新区所处的位置是东北城市走廊的枢纽重地、辽中城市圈的核心。沈北新区向北连接铁岭、法库、康平，向西连接新民、阜新，是沈阳都市区沈铁连接带重要的承载地区。

　　作为沈阳经济区的重要节点，沈北新区连接着沈阳市区与城郊。区域内交通方便，铁路与高速公路，国道及省道穿境而过且区域内正在建设中的沈阳地铁2号线、4号线及轻轨11号线、沈阳—铁岭城际轻轨铁路、京哈客运专线与沈阳新北站一起形成南北连通的城市交通运输网络，从而使沈北新区与沈阳母城及其余地区的联络变得十分便捷。

### 6.1.1 沈北新区社会自然条件

#### 1. 气候条件

　　沈北新区位于温带大陆性季风气候带上，年平均温度8.1℃，最高温度可达37.0℃，最低气温为−35.4℃。日照时间充裕，年平均日照时数可达2485.1h，四季分明。春季气候干燥多风沙、降雨较少；夏季雨期较集中，气候湿热；秋季气候干爽，多晴天；冬季干冷多西北风；年均降雨量573.0mm，无霜期176d。

#### 2. 地形地貌

　　沈北新区夹在辽东丘陵与辽河平原中间，地势东高西低，东部多丘陵，西北地区多洼地，中部为平原地区，构成了丘陵-平原-洼地的地形地貌结构特征。

**3. 沈北人口构成及分布**

从沈北新区的国民经济统计资料中可以得到，沈北新区全区户籍人口 31.1 万人，沈北各行政区人口数量见表 6-1。其中，第一产业的人数为 50615 人，第二产业的人数为 27705 人，第三产业为 25258 人，第一产业占了 0.49％，第二产业为 0.27％，第三产业为 0.24％。由以上的数据可以看出，目前情况是第一产业的比重比较大，沈北新区在城市化进程的发展中，也逐步在向第二、第三产业转变。

沈北新区行政人口、面积统计　　　　　　　　　　　　表 6-1

| 位置 | 人口（人） | 面积（km²） |
|---|---|---|
| 兴隆台 | 13914 | 52.86 |
| 新城子 | 39953 | 6 |
| 清水台 | 33877 | 88.2 |
| 辉山 | 27311 | 65.3 |
| 虎石台 | 55045 | 76.35 |
| 道义 | 34003 | 58.97 |
| 财落 | 18970 | 64.1 |
| 沈北 | 31348 | 94.64 |
| 黄家 | 18848 | 120.1 |
| 石佛寺 | 12657 | 49.08 |
| 尹家 | 14812 | 58.34 |
| 马钢 | 10138 | 71.2 |

资料来源：2013 年《沈阳市沈北新区统计年鉴》数据统计资料。

沈北新区辖 3 个经济区和 9 个街道，3 个经济区分别是：辉山农业技术开发经济区、虎石台经济技术开发经济区、道义高新技术开发经济区；9 个街道分别为：兴隆台街道、新城子街道、清水台街道、财落街道、沈北街道、黄家街道、石佛寺街道、尹家街道、马钢街道。目前，沈北新区人口主要分布在蒲河新城及新城子区域，因此这些区域也成为沈北主要的发展区域。

## 6.1.2 生态资源现状

### 1. 耕地、林地、水资源

沈北新区现有耕地 509km²，耕地资源呈现西部以水田为主、中部以旱田为主的种植分布情况，东部凭借山地资源，成为林地果园种植的集中区域。主要以种植水稻、玉米、大豆、黄瓜、冬瓜、南瓜、草莓及蔬菜为主。

林地 71km²，主要分为东部丘陵水源涵养林和经济林区、中部平原苗木基地区及西北低洼平原防护林区。

沈北境内水资源较为贫乏，天然水资源总储量为 20647 万 m³，其中，地表水储量为 9756 万 m³，人均占有量仅 926m³，和全省 1000m³/人的标准相比还比较低，仅为全国人均标准量 2400m³/人的 38.6％。按照水文地质条件划分，黄家街道、石佛街道、兴隆台街道、尹家街道和财落街道、新城子街道的西北地区属于中等富水区；财落街道、新城子街道大部分地区属于弱富水区；东部清水街道、马刚街道属于贫水区。

**2. 旅游资源**

沈北新区境内的旅游资源丰富，较为著名的怪坡风景区就位于沈北新区清水台街道，这里位于帽山山脉西麓，面向田野，背依群山，长约 80m，宽约 15m，地势西高东低。周围 9km² 内有较多自然和人文景观。七星山旅游风景区位于沈阳市沈北新区西北部的石佛寺境内，紧邻石佛寺水库，景色优美，人文气息浓厚，历史遗址众多。这里是锡伯族的文明发源地和朝鲜族的聚居地。这些景观湿地湖泊等资源不仅可以美化城市的景观环境，满足人类对自然生态的要求，也可以作为吸收二氧化碳的资源储备，开发其蕴含的固碳潜力。

### 6.1.3　沈北新区绿地布局现状

沈北新区大部分为农业用地，因此，现有的绿地主要以农业生态绿地为主，大约占规划区总面积的 68% 的土地为工地、池塘、苗木，这些绿地构成了沈北新区绿地的主要基质；另外山体绿地、景区的景观绿地水域河道周围的自然景观绿地等部分作为规划区内的绿地斑块，而河流水域及其沿岸周围的绿地一起构成了沈北新区整个绿地系统的生态廊道。区域内的大型公园及蒲河新城、新城子新城及其他 9 个街道内的建设绿地一起构成了沈北新区的绿地生态系统。

### 6.1.4　沈北新区用地分析

综合现状建设用地、基本农田、林地、生态廊道、高程、道路、水系、煤层影响、矿产分布、坡度分析等因素进行分析得出沈北用地的总体评价图，经解译分析得出沈北用地的属性范围，主要有已建区、适建区、限建区和禁建区 4 区（图 6-1）。在对不同的区域进

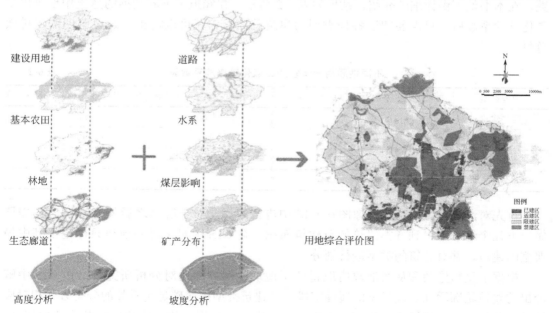

图 6-1　用地分析图

图片来源：作者自绘。

行绿地的优化建设时应把生态环境质量作为一项重要的指标进行考量，这样才能提高生态环境文明水平，建设生态文明城市。在绿地布局优化的过程中对于已建区要根据二氧化碳的模拟结果，对于污染比较严重的工业用地，要进行适量的调整，迁出碳排量高的工厂，降低所在地的二氧化碳的排量，并根据沈北的现状实际情况对绿地的布局采取适当的优化措施进行优化，对于适建区要根据当地的绿地资源情况，结合提出的绿地优化策略对未来的城市规划进行优化指导。对于限建区尽量做到少开发多保护，在现今增量规划受限，存量规划优先的大趋势下，对于限建区要进行适当的政策保护，从城市发展的大趋势下来看，要尽量保证限建区内的绿地的质和量。对于禁建区一般为生态较为敏感的区域，包括河湖湿地，自然林地等区域，对于禁建区内的开发一定要严格控制，进行最大限度地保护严防受到破坏，因为这些地区对城市的景观环境以及生态文明的发展起着至关重要的决定性作用。

## 6.2 沈北碳源碳汇核算

### 6.2.1 沈北现状碳排放核算

课题在对碳源的核算方式上将碳的排放源分为建筑运营期、交通和人的呼吸三部分进行统计计算。

**1. 建筑运营期碳排放的核算**

根据各个行业的碳排放总量和不同行业的建筑用地类型和建筑面积，核算不同用地类型的二氧化碳排放因子。在课题的前期，已经算出不同建筑类型在运营阶段的碳排放系数，在本书就不做详细的介绍，结果如表 6-2 所示。在知道了不同类型的建筑用地排出二氧化碳的系数后，只需要知道各种类型的建筑总面积，就可以得出建筑运营期的碳排放总量。

不同性质用地运营期二氧化碳排放系数表　　　　　　　　表 6-2

| 用地类型 | 二氧化碳排放系数[t CO$_2$/(m$^2$·a)] | 用地类型 | 二氧化碳排放系数[t CO$_2$/(m$^2$·a)] |
|---|---|---|---|
| 居住建筑 | 0.141 | 教科文建筑 | 0.192 |
| 工业建筑 | 4.287 | 医疗建筑 | 0.199 |
| 商业建筑 | 0.400 | 交通用地 | 0.060 |
| 办公建筑 | 0.177 | | |

首先对沈北新区的卫星影像图在 GIS 中进行解译，对于解译之后的 GIS 图，还需要做以下几个部分来得到各类建筑的总建筑面积。在 GIS 中对于每一地块只标记了其中最典型的建筑，并对建筑的类型进行划分。

根据卫星影像图和从当地政府取得的用地现状图进行比对分析研究，给在 GIS 中解译出的建筑轮廓增加建筑类型的属性字段。将建筑类型按照碳足迹系数的分类方式相对应地进行分类。因为解译之后的 shp 文件可以表达出一块用地的总建筑数量及建筑的高度，但是并没有描述出各个建筑的具体位置，只是描绘出一个典型的建筑作为例子。空间解译的方法是提取相同根据前期的遥感影像解译中，可以分别解译出沈北的容量情况和建筑高度及数量情况。

（1）了解解译后文件的属性

在容量的 shp 文件的属性表中包含：总建筑数、总建筑高度。在建筑轮廓的 shp 文件的属性表中包含：建筑的数量、建筑基底面积、建筑高度、单体建筑容量。计算建筑总面积所需要的建筑高度、建筑数量以及建筑容量的具体图面表达。

（2）进行空间连接

将建筑轮廓的图层与建设容量图层进行空间连接，将建筑轮廓图层设为目标图层，连接后的图层具有两者的所有属性。因为不同建筑类型用地的碳排放系数是以平方米为单位，所以应在沈北连接之后的图层中得到各类建筑类型的总面积。

（3）字段计算器计算

应用 GIS 中的字段计算器：总面积＝建筑数量×层数×单建筑容量/总高度，其中层数的计算按照单层建筑高度住宅为 3m，办公建筑 3.6m，商业建筑 4m 的标准进行计算，从而得到各类型建筑用地的总面积。

从用地性质的角度来看，工业用地片区的碳足迹肯定是最高的，因为工业用地的碳足迹的系数是最大的，跟其他类型的用地的系数相比是其他类型碳足迹系数的 10 被左右，所以在绿地的优化布局中不仅要注重绿地的空间布局，也要注重降低工业区的碳足迹。通过对沈北新区内部建筑的运营阶段碳排量的核算，将 GIS 中分析所得道德数据表格图 6-2 中的总建筑面积数据在 excel 中进行汇总，在分别与不同类型的建筑碳足迹的系数相乘之后求和，最后可以得出沈北新区建筑的总排碳量为 24187807t。同时，建筑运营阶段的碳排放量因为是以建筑为载体，所以可以在城市二氧化碳模拟中更加准确地确定其空间分布从而指导绿地的规划。

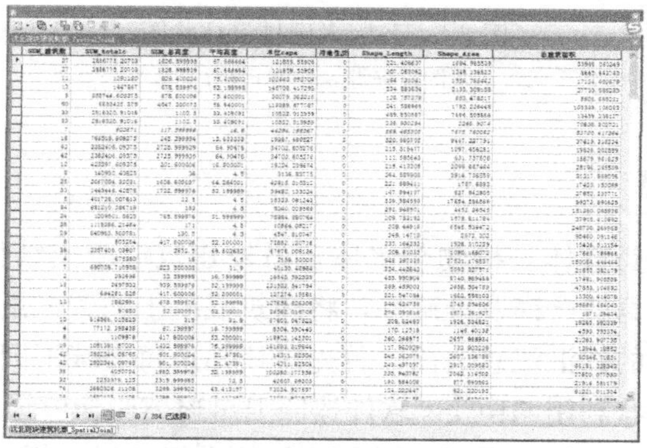

图 6-2　GIS 数据库展示
图片来源：软件截图。

**2. 沈北交通碳排量核算**

在沈北的相关资料中，可以看到沈北的道路用地，包括：高速公路、国道、省道、县道、乡道、匝道，合计交通运输用地面积共 17279489m²。用求得的道路面积乘以道路用地的二氧化碳排放系数 0.06t $CO_2$/（m²·a），可知交通用地的二氧化碳排放总量为 1036769.34t。

### 3. 沈北人口呼吸碳排量核算

人类通过呼吸代谢产生二氧化碳气体，根据宋永昌编著的《城市生态学》书中提供的数据，人类每天通过呼吸代谢每天产生 0.9kg 的二氧化碳气体，沈北新区内二氧化碳排放量的计算情况如下所示：

碳排放量＝人口数×0.9×365

其中：365 为一年的天数；0.9 为每人每天呼出二氧化碳量。

现状人口在 6.1.1 节中已经有了说明，沈北人口为 31.1 万人，通过计算可得，沈北人口的碳排放量为 102163.5t。

### 4. 沈北碳排量汇总

通过碳排量的计算可知沈北新区建筑的总排碳量为 24187807t；沈北交通二氧化碳排放量为 1036769.34t；沈北人口的碳排放量为 102163.5t，沈北新区的碳排放由以上三种因素共同组成，总计碳排放量为 $2.5×10^7$t。各因素碳排量柱状图分布如图 6-3 所示，可以明显看出建筑运营碳排放量是主要的碳排放来源，因此在模拟时可以将建筑所产生的二氧化碳作为主要的模拟对象。

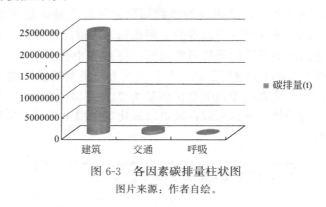

图 6-3　各因素碳排量柱状图

图片来源：作者自绘。

## 6.2.2　沈北碳汇核算

自然界中碳汇的重要载体是植物与水体，另外建筑混凝土结构也有一定量的碳汇功能，因此，为了研究核算的严谨及准确性，将建筑混凝土的碳汇量也计算在碳汇总量的合计中。在计算各类因素的碳汇汇总之前，首先应该知道每类碳汇因素的占地面积，因此要对沈北地区内的土地现状利用 ARCgis 软件按照卫星遥感影像解译。

将具有碳汇功能的用地根据需要运用 GIS 软件进行解译分析，统计汇总主要有水田、旱田、园地、林地、灌木林、草地和河流等。并对各类碳汇用地的面积进行输出，其输出结果见表 6-3。

各用地类型面积统计　　　　　　　　　　　　　　　　　　表 6-3

| 类型 | 水田 | 旱田 | 园地 | 林地 | 灌木林 |
|---|---|---|---|---|---|
| 面积（m²） | 135197850 | 389093134 | 20223324 | 76344230 | 19022.444 |
| 类型 | 草地 | 水体面积 | 道路面积 | 建筑基地面积 | |
| 面积（m²） | 7859010.8 | 18090698.9 | 17279489 | 18815806 | |

**1. 植物碳汇量核算**

在所有的碳汇因素中，植物的碳汇为最重要的组成成分。本区域中具有碳汇能力的绿地有水田、旱田、林地、灌木林、草地5种。由GIS解译的数据可知沈北植物的碳汇能力分级，另外根据GIS解译出的各类型的碳汇用地的面积，由表6-4可知各类型碳汇绿地的碳汇系数，经计算汇总可知植物的年碳汇量为10834104t。

植物碳汇系数　　　　　　　　　　　　　　　　　表6-4

| 覆盖类型 | 水田 | 旱田 | 园地 | 林地 | 灌木林 | 草地 |
|---|---|---|---|---|---|---|
| 单位面积固碳量[t/(hm²·a)] | 137 | 120 | 147 | 780 | 450 | 110 |

**2. 水体的碳汇量核算**

根据沈北的遥感卫星影像，解译出水体的空间分布，其面积为18090698.9m²，水体分布，计算可得水体碳汇系数为2t/(hm²·a)，可以得出沈北新区内水体的碳汇总量为3618.14t。

**3. 建筑的碳汇量核算**

在对建筑碳汇量的核算时建筑碳汇系数引用"十二五"课题《典型城镇群空间规划与动态监测技术集成与示范》的研究成果，不同建筑类型的碳汇系数如表6-5所示。

沈北的建设用地占总用地的20.4%，建设用地密集区主要在蒲河新城、新城子等地。经计算，混凝土的碳汇量为41696.19t。

不同类型建筑的年碳汇系数 [t/(m²·a)]　　　　　表6-5

| 建筑类型 | 工业建筑 | 居住建筑 | 商业建筑 | 办公建筑 | 医疗建筑 | 文化教育建筑 | 其他建筑 |
|---|---|---|---|---|---|---|---|
| 碳汇系数 | 0.001525 | 0.001256 | 0.001396 | 0.001407 | 0.001692 | 0.001266 | 0.001425 |

**4. 碳汇量的汇总**

经汇总可知，沈北新区内各类型植物的年碳汇总量为10834104t；水体的碳汇量为3618.14t；混凝土的碳汇量为41696.19t，将三者的碳汇量相加求和，得到总的碳汇量为$1.1×10^7$t。各因素碳汇量柱状图分布如图6-4所示，可以明显看出植物的碳汇量占主要的部分，因此在进行碳汇优化时主要的优化对象是沈北新区内的绿色植物。根据植被、水体、建筑在空间上的分布及系数权重，在GIS里做空间叠加分析可得出总的碳汇空间分布结果。

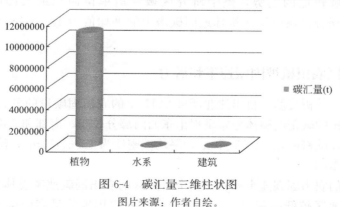

图6-4　碳汇量三维柱状图

图片来源：作者自绘。

157

通过对沈北新区碳源、碳汇量的汇总分析可知两者之间还存在着很大的差值，碳排量比碳汇量多出 $1.4\times10^7$ t，碳汇量仅为碳排总量的 44%，每年产生的二氧化碳有一多半都没有被吸收固定，固碳压力很大，需要通过进一步地减碳增汇来增加植物的固碳能力。从碳吸收的角度来讲，应该在提升绿地量的同时，注重绿地在空间布局上的优化，对于已经建成的建成区，在绿地的调整上不能够大拆大建。因此，如何在有限的绿地面积的前提下，提高绿地的固碳作用，吸收更多的二氧化碳提升固碳量是研究的重点问题，研究证明，在二氧化碳浓度增加 1 倍的情况下，固碳量也会随着增加 1 倍，但是固碳量不会随着二氧化碳的量一直增加，因此有必要了解二氧化碳在沈北新区的具体分布情况，以及其浓度值，从而更好地布局绿地所以接下来将会对沈北新区的二氧化碳的分布进行模拟。

## 6.3　沈北新区固碳能力分析

在上一节的碳源碳汇核算中了解到沈北的现状碳排量远远高于碳汇量，需要将多余的碳吸收或者扩散出去，但是绿地要布置在哪里，怎样布置才是最好的选择。在沈北新区内，具有固碳能力的主要有林地和农田，因此，接下来对沈北新区内的林地及农田的固碳潜力进行了分析。了解沈北新区哪些地方适合建造绿地，哪些地方不宜进行开发建设。在面对城市的扩张中要尽量保留高固碳能力的区域，保护高固碳潜力的区域，从而为更好地优化绿地布局打下理论基础。

### 6.3.1　沈北新区林地植被固碳速率和潜力

运用 LANDIS 对沈北新区内 2015 年的林地植物碳汇量进行模拟可得其分布结果，总的来看，碳密度的分布呈现出东部及东南部较高，而西部及北部较少的趋势，沈北新区最高的碳密度是 48.6t/hm²，碳的平均密度为 44.94t/hm²，沈北新区林地碳储量总数为 $4.83\times10^4$ t。

从沈北新区林地固碳速率分析整体来看，沈北新区的林地固碳速率呈现出东部和南部较高，而中部、西部和北部地区固碳速率较低的状况。沈北新区固碳速率的最高值是 0.243t/(hm²·a)，沈北新区林地固碳速率的平均值为 0.217t/(hm²·a)。

从 2015 年沈北新区林地固碳潜力分析中可以看出其固碳潜力总体上呈现出北部和南部较高，东部区域较低的趋势，整个研究区域林地单位面积最大的固碳潜力值约为 39.37t/hm²，而研究区域单位面积林地固碳潜力的平均值为 18.2t/hm²，区域总体的固碳潜力值为 $1.96\times10^4$ t。

### 6.3.2　沈北新区农田植被固碳速率和潜力

通过遥感解译分析反演，得出沈北新区 2015 年的农田固碳量的分布，从整个区域来看，沈北新区农田的碳密度整体分布呈现出东西两部分较高，南部和北部较低的趋势。沈北新区农田的最高碳密度是 42.75t/hm²，平均碳密度为 15.67t/hm²，沈北新区农田总的碳储量为 $1.80\times10^5$ t。

从沈北新区的农田固碳速率来看，整个研究区的农田固碳速率总体呈现出西部较高，平原地带及南部地区较低的现状，整个区域内部农田用地的最高固碳速率值为 0.112t/

（hm²·a），整个沈北区域内农田的平均固碳速率为 0.083t/(hm²·a)。

2015 年沈北新区的农田植被固碳潜力整体上呈现出南部和北部的固碳潜力最高，而中部最低的分布特征。在整个研究区域范围上来说农田单位面积固碳潜力的最大值约为 26.73t/hm²，而区域单位面积固碳潜力的平均值为 12.90t/hm²，区域总体的固碳潜力值为 $1.45 \times 10^5$ t。

### 6.3.3　沈北新区固碳速率和潜力分析

通过课题组前期对沈北新区的研究，将林地农田等的固碳量、固碳速率及固碳潜力在 GIS 中进行叠加整合分别得出叠加结果：

沈北新区总体的碳储量在分布上呈现出西部、北部的碳储量较低，而东部山林地带和南部辉山技术开发区的碳储量较高的状况，研究区域内的最高综合碳密度为 48.6t/hm²，平均碳密度为 18.21t/hm²，总的碳储量为 $2.31 \times 10^5$ t。

从 2015 年沈北新区固碳速率分析来看，沈北新区整体的固碳速率整体呈现出西部和北部较低，而东部和南部较高的趋势。研究区域内碳汇的综合固碳速率最高值为 0.239t/(hm²·a)，固碳速率的综合平均值为 0.094t/(hm²·a)。

沈北新区的固碳潜力整体呈现出中部低，东部和南部较高的趋势。整个研究区域单位面积固碳潜力的最大值约为 39.373t/hm²，而区域单位面积固碳潜力的平均值为 13.37t/hm²，总的固碳潜力为 $1.69 \times 10^5$ t。

根据沈北新区的固碳量、固碳速率、固碳潜力分析，将沈北新区内的固碳量、固碳潜力分为高、中、低三级，将固碳潜力按从高到低的顺序分为一、二、三 3 级。

通过对沈北新区固碳量及固碳速率的分级可知，沈北新区固碳量较高的区域固碳速率大多也较高，这些地区也大多是基于现状既有的湿地公园等绿色植被，因此基于绿地的优化理论在建成区拓展时，要尽量避开高固碳量区，大力开拓一级固碳潜力区，开发三级固碳潜力区。

对于高固碳量区域作为沈北新区的防护林要进行重点保护，对于低固碳量高固碳潜力区域进行封山育林，挖掘其固碳潜力。城市的建设主要向低固碳量低固碳潜力区域发展，以免碳储量的流失。

## 6.4　本章小结

本章首先介绍了沈北新区的基本情况包括社会自然状况、生态资源现状、绿地布局现状以及用地分析，利用前文碳源、碳汇核算方法和固碳能力分析方法对沈北新区的碳源碳汇进行核算，计算结果表明：沈北新区建筑的总排碳量为 24187807t，交通用地的二氧化碳排放总量为 1036769.34t，人口的碳排放量为 102163.5t，沈北新区的碳排放由以上三种因素共同组成，总计碳排放量为 $2.5 \times 10^7$ t。可以明显看出建筑运营碳排放量是主要的碳排放来源。沈北新区内各类型植物的年碳汇总量为 10834104t；水体的碳汇量为 3618.14t；混凝土的碳汇量为 41696.19t，将三者的碳汇量相加求和，得到总的碳汇量为 $1.1 \times 10^7$ t。以明显看出植物的碳汇量占主要的部分。通过对沈北新区碳源、碳汇量的汇总分析可知两者之间还存在着很大的差值，碳排量比碳汇量多出 $1.4 \times 10^7$ t，碳汇量仅为碳排总量的 44%，需要通过进一步的减碳增汇来增加植物的固碳能力。从沈北新区林地固碳速率分析整体来看，林地固碳速率呈现东部、南部较高，而中、西和北部地区固碳速率较低的状况，固碳潜力总体上呈现出北、南部较高，东部区域较低的趋势。从沈北新区的农田固碳速率来看，整个研究区的农田固碳速率总体呈现出西部较高，平原地带及南部地区较低的现状。固碳潜力整体上呈现出南部和北部的固碳潜力最高，而中部最低的分布特征。沈北新区总体的碳储量在分布上呈现出西部、北部的碳储量较低，而东部山林地带和南部辉山技术开发区的碳储量较高的状况，研究区域内总碳储量为 $2.31 \times 10^5$ t。固碳速率整体呈现出西部和北部较低，而东部和南部较高的趋势。研究区域内碳汇的综合固碳速率最高值为 0.239t/(hm$^2$ · a)，固碳速率的综合平均值为 0.094t/(hm$^2$ · a)。固碳潜力整体呈现出中部低，东部和南部较高的趋势。整个研究区域单位面积固碳潜力的最大值约为 39.373t/hm$^2$，而区域单位面积固碳潜力的平均值为 13.37t/hm$^2$，总的固碳潜力为 $1.69 \times 10^5$ t。

# 第7章

# 城市环境 $CO_2$ 空间监测方法

## 7.1 沈阳市沈北新区大气检测方案

$CO_2$ 作为最重要的人为温室气体，深受大家的关注。如何减低碳排放量成为重要的研究课题。目前已经有人在城市内选一个位置进行 $CO_2$ 测量，还没有从产生这些气体的源头处选多点测量，来更加准确地分析 $CO_2$ 的空间分布情况。

### 7.1.1 监测对象

本研究中，沈北新区大气 $CO_2$ 浓度的数据均为自行监测获得。监测仪器为德国希玛生产的 $CO_2$ 红外监测仪。监测实验主要针对空气中的 $CO_2$、氧气、温度、湿度及风速，以上 5 类通过购买的仪器进行监测完成。因为手持仪器的范围限定，我们监测的 $CO_2$ 浓度是在城市覆盖层，与通过卫星数据分析得到的 $CO_2$ 为对流层内。手持仪器的优势在于可以更好地了解我们所生活范围的 $CO_2$ 浓度变化。图 7-1 是各组进行仪器的整体校正及氧气、风速仪和二氧化碳仪的图片。

图 7-1 沈北监测使用的仪器

图片来源：作者拍摄。

### 7.1.2 监测方案技术路线

本书监测方案的设计是结合现有技术水平、人力资源的状况下，按照科学的监测方法进行。测量为同时、不同地多点测量。因 $CO_2$ 的排放具有随机性，所以在监测点位选取的时候，我们在同一个点位设置两个以上监测点，选择在不同的用地类型上，一种监测点位选择植物生理作用的绿地，另一种类型选择人类主要活动的区域。并且由于监测时间的长期性，所测数据具有规律性和指导性。在本书监测方案中一共采取了两种布点方式，分别是典型的定位监测和样带法两种方法。利用典型的定位监测方法，可以将不同用地类型的 $CO_2$ 浓度的不同时节变化体现出来。利用样线法做小尺度的空间，在蒲河新城做"十字形"的样线，进行分析。采用"十"字样带法，尽量让观测点分布在一个风向上。样带的横向选择东西方向的蒲河沿线的蒲河大道，纵向选择临近工业片区的东望街。

### 7.1.3 监测点布设

在监测地点的设置时，既要保证同种类型用地的监测点具有相关共性的前提下，也要考虑之间的差异性，在研究他们所具有的共性的同时，使之仍然不缺少横向比较的意义，从而达到布点的完整性，反映更多的规律，研究更多层面的问题。

基于上述考虑，基于沈北的土地利用现状在沈阳沈北新区共选择8组测点位置，主要考虑包含不同类项的用地及东南西北不同方位。其中商业街区：步阳商业街；公共服务设施：沈阳航空航天大学、生态所；住居区：虎石台小区、福宁小区；产业：中兴软件产业园、沈阳格林制药有限公司；公园：新城公园。

通过这8个点位的选择，我们可以看到不同用地类型直接碳排放有哪些差异，或者哪些用地类型之间的碳排放比较相近。选取了不同等级规模的居住用地，来比较同类别用地的规模人口对二氧化碳的影响情况。通过横向、纵向两方面的对比，是否可以确定二氧化碳的一些空间分布规律，了解其与用地类型间的相互联系。

这8组监测点位置中，每个范围内又分为几个小的测试点。如表7-1所示，在沈阳航空航天大学组分为4个点位，分别是校园内部、校园门前的车站（临近主干路）、离学校较近的小区内及小区外的马路（城市支路），以便分析近距离内的 $CO_2$ 空间分布情况；在商业街组，分别在商业街内和商业街的路口处分别测量，观察 $CO_2$ 分布情况；在沈北生态所组，由于生态所的地理位置原因，周围自然环境较好，人为因素较少，安排在生态所办公楼前和生态所入口处分别监测，以便观察交通方面的影响。

沈北监测点位置 表 7-1

| 编号 | GPS 位置 | | 编号 | GPS 位置 | |
| --- | --- | --- | --- | --- | --- |
| 01—航空航天校园内 | 123°24′15.81″ | 41°55′34.49″ | 04—沈北虎石台小区 | 122°31′02.08″ | 41°56′37.85″ |
| 01—车站 | 123°24′14.38″ | 41°55′19.21″ | 04—沈北虎石台小区路外 | 123°31′05.35″ | 41°56′37.85″ |
| 01—小区 | 123°24′12.19″ | 41°55′25.21″ | 05-格林制药 | 123°32′06.34″ | 41°56′29.15″ |
| 01—小区路外 | 123°24′12.39″ | 41°55′22.01″ | 06—沈北生态所办公楼 | 123°35′28.56″ | 41°54′28.88″ |
| 02—步阳商业街交叉口 | 123°23′58.43″ | 41°54′59.30″ | 06—沈北生态所交叉口 | 123°35′23.78″ | 41°54′28.88″ |
| 02—步行街内 | 123°23′58.27″ | 41°55′32.43″ | 07—新城公园 | 123°31′42.49″ | 42°36′28.98″ |
| 03-中兴产业园 | 123°30′32.21″ | 41°55′33.52″ | 08—福宁小区 | 123°31′28.56″ | 42°29′21.02″ |

对于蒲河新城的"十"字样带法的布点选择原则是横轴选取蒲河沿线，纵轴在工业区、产业园的附近。相邻每个点位之间为一个路网约300m的距离，尽量等距排开。

这8组点位中，包括不同的用地性质，可以通过实际的监测看出哪种用地类型的碳排放高；另一方面，我们也设置不同环境因子下的同类地块，通过对不同居住区的二氧化碳监测，我们可以看到人口、交通及所在区域的大环境对碳排放的影响。在沈北新区进行横向和纵向两个方面的比较，得到更加全面的信息。我们同样也选择同一个区域内的不同点位，比如学校和校外的车站，研究在同一个大的环境下，CO₂ 浓度的变化情况，通过将上述发现规律进行分析总结，提出对绿地布局的指导。

### 7.1.4　监测时间安排

为了得到科学、合理的测试结果，测试小组将选择微风或无风，且晴朗的天气下统一测量。对于典型的定位监测方法，初步定于每个月的 5 号、15 号、25 号 3 天，8 组同时监测。若碰到不理想的天气，8 组同时提前或延后监测。在同一天当中，分为早（9：00）、中（12：00）、晚（18：00）3 个时段监测。监测一次数据的时间大约为 3min，此时间段可以使二氧化碳仪稳定地记录数据。由于沈北新区的区域范围比较大，8 组监测点位得到的只是 CO₂ 的宏观分布格局，为了进一步了解沈北新区内建成区蒲河新城的 CO₂ 具体变化情况，对蒲河新城的"十"字样带法的监测时间定为某月监测的某一天集中测量，时间段也为当天的 9：00、12：00、18：00。

## 7.2　数据监测结果分析

首先，我们将对 CO₂ 的分析分为 CO₂ 的空间分布规律及时间变化规律。通过监测实验方案的实施，我们积累了大量的数据，并且按照点位及时间将其汇总和分类整理。利用 Excel 和 Spss 软件进行筛选和相关性的分析等。

### 7.2.1　CO₂ 空间分布规律

应用 GIS 地统计空间分析（Geostatical Analyst）中的反距离加权插值法（Inverse Distance to a Power）依次得到冬季、春季、夏季、秋季 CO₂ 的空间分布图。城市空间信息分析是基于数据或统计方法建立的模型，包括空间聚类分析、空间自相关分析、回归模型等。在这里，简略介绍空间相关性分析。我们知道许多空间现象，如城市污染负荷、江河污染程度等，其值在空间上的分布都具有明显的空间相关性。其表现是，两个距离很近的数据点的值比距离很远的数据点间的值更接近。一般来说，从空间分布位置间隔看，小的值总是靠小的值，大的值周围多数是大值，即相似的值在空间的分布有集聚的倾向，这就是所谓的空间相似性，认识这一点我们会发现在空间物质的集聚现象上与均值性存在着一定的联系。首先，在沈阳航空航天大学这组内，共有 4 个监测的点位，如图 7-2 所示。在监测统计得到的 CO₂ 浓度数据库内，通过 Excel 表格的筛选功能，将沈阳航空航天大学的四个监测点按照季节、点位筛选出来，制作成冬、春、夏、秋四季的表格，将每一个点位的各个季节的 CO₂ 浓度求得平均值。

其次，对于除了这 4 个点以外的位置，我们并没有实际的监测数据。而反距离加权插值法弥补了这一问题。这种方法的基本原理在于，一般来说物体离得越近，它们的性质就越相似。反之，离得越远则相似性越小。反距离加权插值法以插值点与样本点间的距离为权重进行加权平均，离插值点越近的样本点赋予的权重越大。在 GIS 中创建文件地理信息数据库，并创建点要素，在属性表里添加冬、春、夏、秋 CO₂ 浓度的

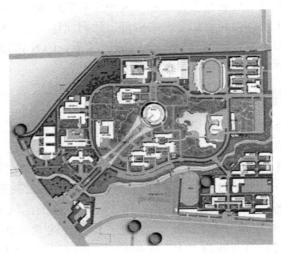

图 7-2　航空航天大学监测点位图

图片来源：作者自绘。

字段，并将点要素在图中表示出来。再利用反距离加权差值的方法进行绘制。从图中可以更加形象地看出 $CO_2$ 的浓度高低情况及分布。因为我们的监测方案是从 2015 年 1 月的冬天开始，到 10 月的秋天截止，包括了一年四季的 $CO_2$ 浓度变化。图 7-3 中图示从蓝色到红色表示浓度依次增大，从四季的 $CO_2$ 浓度空间分布中可以找到一些时空变化规律。

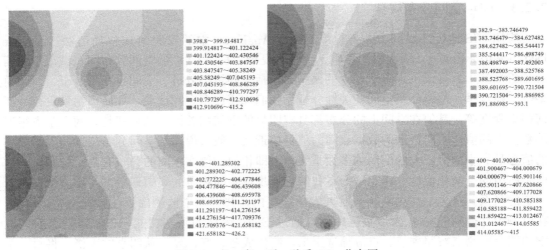

图 7-3　冬、春、夏、秋季 $CO_2$ 分布图

图片来源：作者自绘。

从四季的图中可以看出，$CO_2$ 浓度高的位置一直都是在沈阳航空航天大学外的主干路上，浓度最低的是在沈阳航空航天大学内部。整体的 $CO_2$ 浓度变化趋势均为主干路＞居住区＞支路＞校园内部。

校园内的 $CO_2$ 空间布局四季变化并不是很明显，相对于学校外部都处于低碳的区域。

沿着学校外的城市主干路一侧 $CO_2$ 浓度偏高，有向周围扩散的趋势。

小结：

（1）虽然对同一个地点来说，四季的 $CO_2$ 浓度值是变化的，并非一成不变，但是就某个点位来说，若无特殊情况，它在周围环境中的相对碳浓度的高低是稳定的。所以即使 $CO_2$ 浓度在变化，但是对于整个沈北新区来说，其在环境中所处的 $CO_2$ 浓度也是相对一定的。图 7-3 统计的是将近一年的数据，虽然不能表示固定某一时刻的 $CO_2$ 分布，仍然可以表示沈北新区的整体 $CO_2$ 浓度的高低分布。

（2）图 7-3 的第 2 张图是利用"十"字样带法进行的点位均匀密集的 $CO_2$ 监测。小尺度单元模拟新城的碳排放空间分布的研究意义，仅作为抛砖引玉。首先，以往的研究没有过从如此小的空间尺度研究碳排放，关于区域碳排放的文献大多是以省域、城市为基本研究单元。而城市是极其复杂的巨系统，对于任何分析具有空间维度的城市问题，均不能忽略城市内部空间的差异性。制定碳减排政策方面如果能对城市的碳排放空间分布有较为微观尺度的依据，相应就能够有更为可靠的依据。

（3）在我们可以看出，两个监测结果的 $CO_2$ 尺度虽然不同，但是 $CO_2$ 浓度的格局并没有变化，从蒲河新城的"十"字样带法中，我们可以更加详细地看到各个点位的变化。沿着蒲河新城的 $CO_2$ 浓度最低，说明水体的碳汇能力对周围是 $CO_2$ 浓度的影响。在格林药厂附近 $CO_2$ 浓度最高，可见污染源对于蒲河新城乃至沈北新区整体的碳排放承担巨大的责任。

（4）在沈北新区整体的 $CO_2$ 空间分布中，可以看到在沈北新区的北侧新城子范围内，浓度相对于其他城区是最低的，这与新城子所在位置有关，人口与交通也较少。

（5）我们发现在沈北新区整个的 $CO_2$ 浓度空间分布和蒲河新城的 $CO_2$ 浓度空间分布图中，在分析图的中间，也就是虎石台地区浓度偏低，在蒲河新城的分布图中更为明显，经过仔细的调研发现，在此处有一个通风廊道已经建立，可见通风廊道对于 $CO_2$ 在空气中的扩散作用的重要性（图 7-4）。

图 7-4　沈北新区 $CO_2$ 空间分布图

图片来源：作者自绘。

## 7.2.2　$CO_2$ 时间变化规律

监测得到的数据是直接反映 $CO_2$ 浓度的，除了了解 $CO_2$ 的时空分布规律外，本书也按照时间的规律，从小范围落到大范围，按照 $CO_2$ 浓度的日变化、月变化、季变化的规律来更加详细地深入了解$CO_2$浓度变化的规律。

**1. 按照当日分类**

（1）将8个点位的数据分别做成图表，从图表中可以看出，大部分的点位变化趋势相同，都遵循了早晚高、中午低的规律。其中，商业街的广场和药厂、生态所办公楼是不符合规律的点位。分别对其分析原因，首先商业街的广场属于开阔地带，是大量聚集人群的地方，植物比较少，同时中午光合作用强的时候，正是人群聚集愿意购物的时间，所以二氧化碳比较高。在药厂，因为生产周期的影响，工厂的生产会产生大量的$CO_2$，在一天的加工过程中，$CO_2$含量越来越多，而植物并没有将其完全吸收，在晚上，药厂休息，$CO_2$含量明显降低。以第一个监测点为例，图7-5$(a)$是第一个监测组的$CO_2$浓度分布情况。使用的数据是监测以来9个月的所有数据。从图中的变化可以看出，在学校、车站、小区、路边4个点位中，$CO_2$浓度的变"V"字形。出现的现象都是早晚的浓度高，中午的浓度最低。浓度高低依次为9:00＞18:00＞12:00。正常情况下，中午植物光合作用强，吸收一定量的$CO_2$，使得中午的$CO_2$浓度比较低。当到了晚上植物光合作用越来越弱，呼吸作用越来越强，$CO_2$的浓度也随之增大。4个地点的$CO_2$浓度从高到低依次为：车站＞小区路边＞园区＞学校。学校是4个点位中绿化最好，车辆较少的点位，$CO_2$浓度较低。车站位于沈阳主要干道浑南大路上，来往车辆较多，$CO_2$浓度最高。

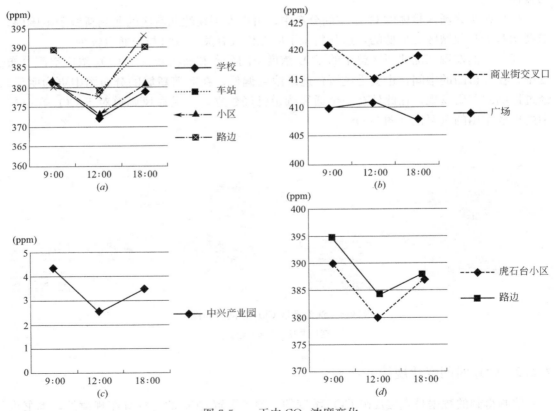

图7-5 一天内$CO_2$浓度变化

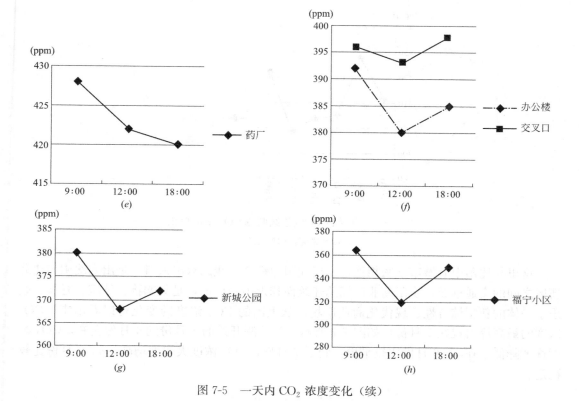

图 7-5　一天内 CO₂ 浓度变化（续）

图片来源：作者自绘。

（2）因为我们监测方案中对实际的连续几日的数据和一天当中的连续数据并没有安排。所以对于按照当日的 $CO_2$ 浓度变化，我们又增加了一组连续数据，一共从 7 月 6 日到 12 日，为期一周的监测，监测点位为中兴产业园，虽然不能做到当天的连续监测，但是我们将时间排得更近，以求得 $CO_2$ 浓度更仔细的变化。从 1 天 3 次的监测变成 1 天 6 次的监测，时间段分别为 8：00、10：00、12：00、14：00、16：00、18：00。每天的监测表格做成图表形式，如图 7-5(b) 所示。将 6 天的数据各个时间段算出平均值，得到图表所示的趋势。大体的趋势为早上 8：00 到 10：00 为上升阶段，从 10：00 开始到下午的 16：00 点左右，$CO_2$ 浓度处于整体下降阶段，从 16：00 点到 18：00，$CO_2$ 又处于上升阶段。从两个图中可以综合得出，在上班的早晚高峰时段，$CO_2$ 浓度普遍上升，在白天，$CO_2$ 浓度范围比较稳定，随着具体的地点的情况而定。但一整天的大体趋势是固定的。在白天的监测中，出现一个峰值在 10 点左右，出现一个低谷在 14：00～16：00 左右（图 7-6）。

**2. 按照月份分类**

（1）以步阳商业街为例，步阳商业街共有两个点位，分别是步阳商业街交叉口、步阳商业街内。步阳商业街是沈北新区第一个商业中心，位于沈北新区"北金廊"及道义核心商圈的龙头区位，东接北金廊沿线道义南大街，南靠百年老街正良四路，地处道义地区最繁华地段。

167

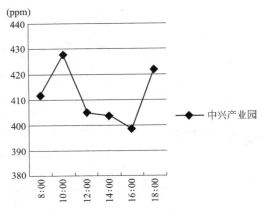

图 7-6　一天内间隔 2h 连续监测 $CO_2$ 浓度变化

图片来源：作者自绘。

这里与沈阳中心城市紧密相连，紧连沈阳地铁 2 号线的双出入口，是出入沈阳与沈北新区之间的交通枢纽。步阳商业广场总建筑面积近 10 万 m$^2$，是集购物、休闲、餐饮、娱乐于一体的新型综合性、现代化商业广场。从上图的 $CO_2$ 浓度的变化可以看出来，$CO_2$ 浓度的最高峰出现在 7 月份，如图 7-7 所示。从监测开始的 1 月份到 4 月份左右，$CO_2$ 浓度逐渐降低，在 3～6 月份比较平稳，到了 7 月份，$CO_2$ 浓度大幅度增高，8、9 月份比较稳定。

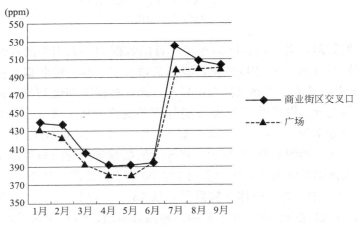

图 7-7　步阳商业街不同月份 $CO_2$ 浓度分析图

图片来源：作者自绘。

（2）以第一组的数据作为研究对象，从九个月的曲线图 7-8 的曲线变化可以看出，大体的趋势还是一致的，各月 $CO_2$ 浓度的排列从高到低依次为：6 月＞2 月＞7 月＞8 月＞9 月＞1 月＞5 月＞4 月＞3 月。总体趋势和季节的变化一致，2 月是学校在供暖的时间，而且临近过年，不可避免地交通拥堵和放鞭等所产生的 $CO_2$。对 $CO_2$ 的整体变化趋势有一定的影响。其他的月份，6 月、7 月、8 月、9 月及 5 月、4 月、3 月都是按照一定的规律逐渐下降的，$CO_2$ 的动态变化是有一定规律可循的。

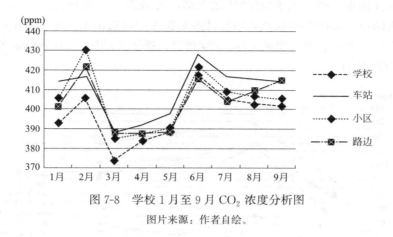

图 7-8　学校 1 月至 9 月 $CO_2$ 浓度分析图

图片来源：作者自绘。

### 3. 按照季节分类

大气中 $CO_2$ 主要源有生物呼吸、化石燃料燃烧、土地利用变化等。

（1）航空航天大学点位：首先，以第一组的沈阳航空航天大学为例，大学此组监测点共分为 4 个点位，分别是位于学校园区绿地内、学校西门的车站、学校南边的祥瑞家园园区内部和园区外部的道路。将四个点位分别按照冬、春、夏、秋的 $CO_2$ 浓度在 excel 中进行筛选，绘制成折线图，如图 7-9 所示。按照时间的格局，从图中可以看出，4 个点的走势均为夏季的 $CO_2$ 浓度最高，植物没有完全吸收，春季的 $CO_2$ 浓度最低，冬季和秋季的 $CO_2$ 浓度相差不多。依次为夏季＞秋季＞冬季＞春季，猜想这应该与沈阳的风向有关，沈阳在夏天比较闷热，风小，所以 $CO_2$ 不易扩散，在春天，风速比较大，所以 $CO_2$ 被吹散得快些，浓度自然低一些。缺少 $CO_2$ 和风速的关系，下一步有待验证，如果有显著相关性，证明通风很重要，夏季的比冬季的还高。

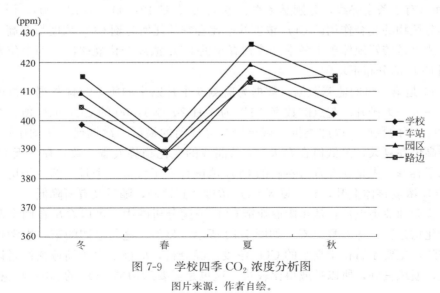

图 7-9　学校四季 $CO_2$ 浓度分析图

图片来源：作者自绘。

为了更加详细地介绍 $CO_2$ 随时间变化规律，再做进一步的分析。将第一组的沈阳航空航天大学组的冬、春两季数据从监测统计的数据库中筛选出来，除了算出两季的平均值外，还包括各个季节早、中、晚的 $CO_2$ 浓度情况。接下来的图 7-10 分别是冬季和春季的 $CO_2$ 浓度分布情况图。

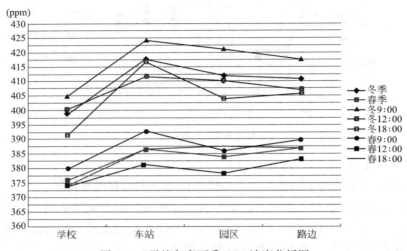

图 7-10　学校冬春两季 $CO_2$ 浓度分析图

图片来源：作者自绘。

冬季的时间是从 1 月 20 日到 2 月 5 日，春季的时间是从 3 月 6 日到 15 日。图 7-10 中 $CO_2$ 浓度以 $360 \times 10^{-6}$ 为底线，最高刻度为 $430 \times 10^{-6}$，可以清楚地看到，$CO_2$ 浓度的走势分为两个部分。一部分 $CO_2$ 浓度刻度在 $360 \times 10^{-6} \sim 390 \times 10^{-6}$ 之间（有 4 条走势线，分别是春季、春 9：00、春 12：00、春 18：00），另一部分在 $390 \times 10^{-6}$ 与 $430 \times 10^{-6}$ 之间（有 4 条走势线，分别是冬季、冬 9：00、冬 12：00、冬 18：00）。说明冬季没有了大部分植物的光合作用的 $CO_2$ 浓度几乎比春季的任何时刻 $CO_2$ 浓度都要高。上述学校内的监测点是较好地体现出冬季过渡到春季的 $CO_2$ 浓度变化规律以及四个位置的土地利用不同 $CO_2$ 的分布不均匀。

图 7-11 是第一组的监测数据，数据为监测 9 个月以来的所有统计数据。按照早中晚的顺序，一天一天排开。起点的数字"1"为 1 月 20 号 9：00 的 $CO_2$ 浓度值。"2"为 1 月 20 号 9：00 的数据，以此类推。截至论文完成前的最后一次调研。从图中可以看出，全年的最高值在夏天，最低值在春天，4 条曲线的变化趋势大概一致，在冬天 $CO_2$ 浓度偏高，到了春季，先是在 3 月份左右的 $CO_2$ 浓度稳定了大概一个月。然后经历了一段过渡期后 $CO_2$ 浓度整体上升，到了夏天 $CO_2$ 浓度达到顶峰，随后又有所降低。

（2）步阳商业街点位：从步阳商业街 $CO_2$ 浓度分析图中，可以看出在两个监测点位四季的变化均是秋＞冬＞夏＞春。如图 7-12 所示，显然，这与监测的第一组学校的四季规律不一致，主要矛盾在于夏季的 $CO_2$ 浓度。经分析，应该是由于商业街区是以广场的形式为主，通风良好，所以扩散得比较快。这也是需要后边的 $CO_2$ 的影响因素相关性进行验证的。

（3）格林制药厂点位：格林制药厂的整体季节变化规律为：冬＞秋＞春＞夏。格林

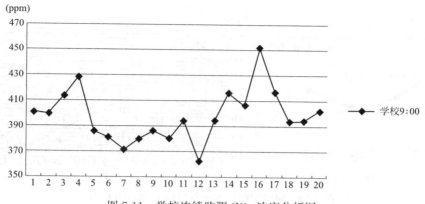

图 7-11　学校连续监测 CO₂ 浓度分析图

图片来源：作者自绘。

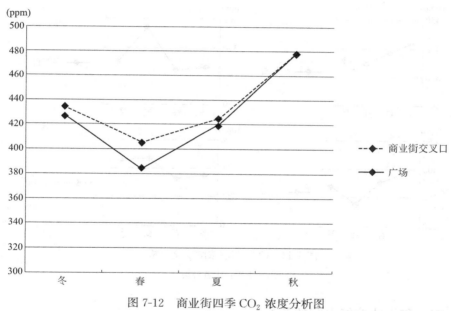

图 7-12　商业街四季 CO₂ 浓度分析图

图片来源：作者自绘。

制药厂作为一个典型的污染源，二氧化碳大部分为在其制造产生，在秋冬季节，风速慢，二氧化碳浓度高。在春秋季节，风速大，二氧化碳浓度低。且在秋冬季植物的光合作用减弱，到冬季并没有植物的光合作用。图 7-13（b）是监测格林制药厂的连续数据监测结果。格林制药厂是我们选取比较特殊的一个点，因为制药厂的特殊性，周一至周五 CO₂ 浓度有一个升高的趋势，在周六、周日休息的时候，CO₂ 浓度会较同季节时候要低。通过这样的规律，我们可以知道制药厂的季节变化是有一定研究意义的，可以参照的，但是制药厂的季节性的数据不能作为总结规律的参考，这也是作为工业等产业的特殊情况。

（4）图 7-14 是分别产业园、虎石台小区、公园、福宁小区的四季变化图。

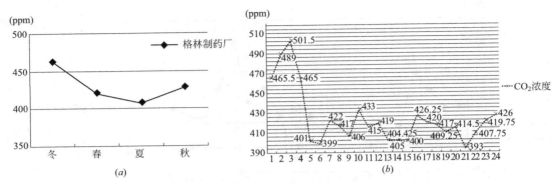

图 7-13　格林制药厂连续监测 $CO_2$ 浓度分析图

图片来源：作者自绘。

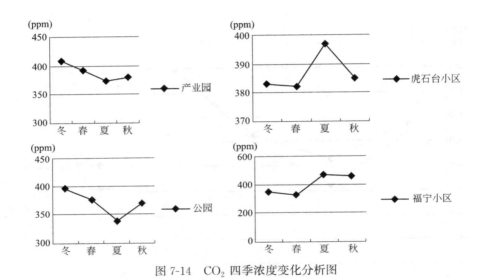

图 7-14　$CO_2$ 四季浓度变化分析图

图片来源：作者自绘。

### 7.2.3　$CO_2$ 和用地功能之间的关系

首先，由于实时监测的点位的随机性比较大，例如在马路上有车辆经过和没有车经过的 $CO_2$ 浓度大约差 $10 \times 10^{-6}$，甚至更多。所以一天、两天的数据不足以看出 $CO_2$ 的规律，监测一年时间，积累了大量的数据，得到的结果是相对客观和真实的。在进行 $CO_2$ 监测方案的时候，我们根据碳足迹的浓度大小找到理论值高的点位，并且将选取的点位尽量包括多种用地类型。根据用地类型以及监测点位处于的位置等因素，8 个监测点位的浓度大小依次为：5＞2＞6＞3＞4＞1＞7＞8，如图 7-15。我们可以得到：

（1）对于不同用地类型的比较，作为污染源的格林制药厂是浓度最高的，其次是商业街区。最低的是位于新城的公园和小区。

（2）同种类型、规模的用地在不同的环境、地理位置中，$CO_2$ 浓度会有所不同。例如虎石台小区和福宁小区，两个小区规模相当，但是由于地理位置的不同，影响小区的

$CO_2$ 浓度。因为虎石台小区处于蒲河新城范围内,属于人流车流相对密集区域,相对于福宁小区所在的新城子地区处于高碳的大环境中,所以即使两个小区的基本情况相同,但是虎石台小区要比福宁小区 $CO_2$ 浓度高。

(3) 在相邻的区域中,不同用地性质的用地内 $CO_2$ 浓度存在一定的差异,例如在学校的监测点位,车站浓度>小区路边>小区>学校内部。

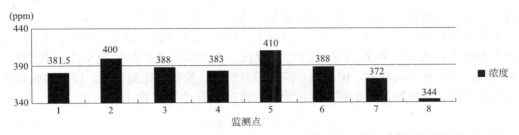

图 7-15 不同监测点位 $CO_2$ 浓度图

图片来源:作者自绘。

其次,对前面的两小节进行分析总结:沈北新区的当天 $CO_2$ 浓度大部分呈现早晚高、中午低的“V”字形趋势;月变化与季变化的趋势相同,学校点位呈现夏季>秋季>冬季>春季的趋势,步阳商业广场呈现秋季>冬季>夏季>春季,污染源药厂呈现冬>秋>春>夏。产业园呈现冬季>春季>秋季>夏季。虎石台小区呈现夏季>春季>冬季>春季。生态所呈现冬季>春季>秋季>夏季。公园呈现冬季>春季>秋季>夏季。福宁小区呈现夏季>春季>冬季>春季。

通过对以上数据的用地功能及 $CO_2$ 浓度年、月、日的变化特征进行总结,共分为以下几种类型:

(1) 典型污染源:如监测点位中的格林制药厂,制药厂每天产生较高浓度的 $CO_2$ 等温室气体,具有一定的周期性,在周六、周日制药厂休息,在周一到周五是碳排放量大的时间段。日变化为 9:00>12:00>18:00。季节变化为冬季>秋季>夏季>春季。其位置的 $CO_2$ 浓度主要取决于制药厂排放的强度和植物的碳汇功能。

(2) 步行商业街区:商业街区的广场是聚集大量人流的地方,同时周围绿植量又比较少,以空旷的硬质铺地为主。商业街的广场在日变化分析时,和其他点位存在差异,峰值在 12:00 左右,可见影响 $CO_2$ 浓度变化的主要是广场上聚集人流的程度和植物的碳汇能力。

(3) 小区、学校:从季节和月、日变化可以看出,两者之间的变化趋势一致,小区和学校都属于有时段性的人流活动,居民是早晚回家,学生是早晚分别上下课。在对绿地布局的指导中,将这两种用地类型归为一类考虑。两者的年变化规律均为夏季最高,春季最低。

(4) 公园、产业园:两者季节和月、日变化变化趋势一致,而且均是人少,二氧化碳排放量较少,且绿地比较多的用地类型。两者均在冬季 $CO_2$ 浓度达到最高值。造成冬季浓度最高的主要原因是冬季的绿地的碳汇能力大大降低。

## 7.3 $CO_2$ 和环境因素之间的相关性

### 7.3.1 $CO_2$ 与风速的相关性

表 7-2 是用 SPSS19.0 软件对风速和 $CO_2$ 浓度之间的相关性分析。所用的数据是整个学校组 9 个月的数据。在表注中显示在置信度为 0.05 时，为显著相关。表中 $CO_2$ 和风速的相关性为 $-1.67$，为负相关。表示风速越大，$CO_2$ 浓度越低。这也与我们设想的一样，风速大的地方，将 $CO_2$ 吹散得快，$CO_2$ 浓度低。在步阳商业广场的点位中，我们发现，夏天应该是风比较小的地方，但是由于广场的开阔性，使得风速流动快，反而造成夏季的浓度低的原因。通风廊道就是利用风速的增大将多余的 $CO_2$ 扩散出去。

$CO_2$ 浓度与风速相关性分析　　　　　　　　　　　　　　表 7-2

| 相关系数 | | | | |
|---|---|---|---|---|
| | | | 二氧化碳 | 风速 |
| Spearman 的 rho | 二氧化碳 | 相关系数 | 1.000 | −.167 * |
| | | Sig.（单侧） | . | .010 |
| | | N | 192 | 192 |
| | 风速 | 相关系数 | −.167 * | 1.000 |
| | | Sig.（单侧） | .010 | . |
| | | N | 192 | 192 |

\* 在置信度（单侧）为 0.05 时，相关性是显著的。

### 7.3.2 $CO_2$ 与湿度的相关性

因为湿度的数据是我们从当天的天气上所查，并不是当时具体点位的湿度，测两者相关性的时候，输入的数据是当天 $CO_2$ 的平均数据，所以有可能是湿度的不准确性造成了两者的不显著相关（表 7-3）。

$CO_2$ 浓度与湿度相关性分析　　　　　　　　　　　　　　表 7-3

| 相关系数 | | | | |
|---|---|---|---|---|
| | | | 二氧化碳 | 湿度 |
| Spearman 的 rho | 二氧化碳 | 相关系数 | 1.000 | .405 |
| | | Sig.（双侧） | . | .170 |
| | | N | 13 | 13 |
| | 湿度 | 相关系数 | .405 | 1.000 |
| | | Sig.（双侧） | .170 | . |
| | | N | 13 | 13 |

### 7.3.3 $CO_2$ 与温度的相关性

通过 SPSS 软件分析 $CO_2$ 浓度与温度的相关性（表 7-4），可以看到，温度与 $CO_2$ 是显著的正相关。这与之前进行的季节性的分析有一定的联系。此结论表示温度越高，$CO_2$ 浓度越高，与之前得到的学校组夏天的 $CO_2$ 浓度最高相吻合，$CO_2$ 浓度与温度的关系目前没有人验证过，对温度的控制主要是以季节性为主，可以通过长期的检测得到更加准确的答案。

$CO_2$ 浓度与温度相关性分析

表 7-4

| 相关系数 | | | | |
|---|---|---|---|---|
| | | | 二氧化碳 | 温度 |
| Spearman 的 rho | 二氧化碳 | 相关系数 | 1.000 | .298＊＊ |
| | | Sig.（双侧） | . | .000 |
| | | N | 192 | 192 |
| | 温度 | 相关系数 | .298＊＊ | 1.000 |
| | | Sig.（双侧） | .000 | . |
| | | N | 192 | 192 |

＊＊在置信度（双侧）为 0.01 时，相关性是显著的。

## 7.3.4　小结

针对这一章对 $CO_2$ 和监测的数据进行的相关性分析，$CO_2$ 浓度变化有明显的时空动态特征，受环境变化、气候变化影响较明显。得知 $CO_2$ 浓度的变化是和风速成负相关性，和温度成正相关性的。影响 $CO_2$ 浓度变化的因素有很多种，产生 $CO_2$ 的环境也是复杂多变的，但是我们掌握了 $CO_2$ 的一些规律，进行总结，应用到实际的规划中去，尽可能地降低 $CO_2$ 的浓度。

# 第8章

# 城市环境 $CO_2$ 扩散动态模拟方法

## 8.1 模拟前期探究

### 8.1.1 模拟尺度及范围

沈北新区地处沈阳市中部偏北,南接沈阳母城,北邻铁岭,东连抚顺,西连沈西工业走廊,地势以平原为主,属于温带季风气候,城市主要干道以及街区道路错综复杂,城市绿地布局紊乱,对城市产生的气体污染物的吸收固定能力较弱,释氧能力较低下,人均供氧量较低。从宏观的域尺度、中观的建成区尺度以及微观的小区尺度对沈北新区内部的二氧化碳进行分级动态模拟,通过对不同尺度内二氧化碳扩散的模拟提出沈北新区绿地在不同尺度范围内的优化布局。不同尺度下对二氧化碳的模拟所建立的模型尺度不同,如图8-1所示,则其模拟所得结果的精细程度也不相同,据此提出不同尺度下的绿地优化布局。

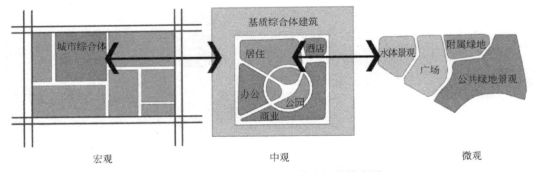

图 8-1　不同级别下的模型体块划分精度图

#### 1. 宏观域尺度

宏观域尺度的模拟研究将整个沈北新区作为模拟对象,通过对区域内部的道路、建筑运用模糊理论进行取舍,简化以道路、绿地、河流等作为模拟模型的边界划分标志,从而将研究区域分为不同的区域地块(即为模型中的block)。宏观尺度内的研究主要是为了确定大范围内的二氧化碳整体流动态势从而来确定大块的绿地斑块以及通风廊道对区域内二氧化碳分布及扩散的影响，并相应地来优化布局沈北新区内的绿地生态系统。

**2. 中观片区尺度**

不同的研究尺度所得出的研究结果尺度也不尽相同，为了全方位、多层次地进行研究，笔者结合沈北新区规划图，联合沈北新区的建设现状选取沈北新区新城子新城建筑作为中观尺度的研究区域，并选取较宏观尺度更精细的结构模型来对建成区进行二氧化碳的动态模拟。

**3. 微观小区尺度**

选择新建的具有代表性的沈北辉山新城天泰小区，作为微观尺度的模拟对象对居住小区进行动态模拟，在这个尺度之上，可以较为精确地得出释氧效应在不同高度的空间动态分布状况，以作为对宏观、中观两个尺度的模拟分析的补充。另外作者在进行小尺度模拟时对沈阳市既有居住区普遍采用的不同类型居住组团布局方式建立流体力学模型，进行二氧化碳扩散的模拟分析。以 4 个单元的多层居住建筑作为基本模拟单位，具体层数为 6 层，一梯三户。根据居住组团布局形式具体分为 5 大类，分别是：南北朝向基本形式居住组团、南北朝向山墙错落前后交错形式居住组团、南北朝向山墙错落左右交错形式居住组团、南北朝向山墙错落左右前后交错形式居住组团、建筑朝向有角度偏移形式居住组团。并对不同的居住组团布局模式进行模拟，从而使微观小尺度下的模拟更加全面。

## 8.1.2　风环境对碳分布的影响

城市气候对城市的影响主要是通过风的作用，因此风环境的确定是 CFD 软件进行模拟的前提条件，风环境主要包括风向、风速两个方面。通过 Autodesk 公司推出的建筑概念设计分析软件可以对沈阳市沈北新区的风气候环境参数进行输出，从而得到不同季节的风玫瑰图（图 8-2），通过对风玫瑰图中不同季节多时段的风频率、风速进行统计。

注：逐时段的采样时间段为 6～10 点；10～14 点；14～18 点；18～22 点；22 点～次日 6 点。逐时间点为 2 点、12 点、16 点、20 点、24 点。

从沈阳市不同季节的风玫瑰频率图中所显示的数据可知：

（1）从春季 3～5 月风玫瑰频率图全天的范围来看，春季的主导风向为西南风。风速主要集中在 9～14m/s 之间。最大风速可超过 20m/s，主要表现为西南风。

（2）从夏季 6～8 月风玫瑰频率图全天的范围来看，夏季的主导风向为南风。风速主要集中在 11～20m/s 之间。最大风速可超过 20m/s，主要表现为南风。

（3）从秋季 9～11 月风玫瑰频率图全天的范围来看，秋季的主导风向为东南风和东北风。风速主要集中在 9～20m/s 之间。最大风速可超过 20m/s，主要表现为东北风。

综合以上对风环境的分析可知，沈北新区春季的主导风向表现为西南风，夏季主导风向表现为南风，秋季主导风向表现为东南风和东北风，沈阳年平均风速为 3.0m/s（图 8-3），模拟中进行风环境参数设置时以沈阳的常年平均风速为准。

以流体力学模拟作为二氧化碳扩散的主要模拟手段。研究角度是植物的固碳功能，而这一功能需要通过植物的叶片进行光合作用才得以实现。根据植物的一般生理活性，在沈阳地区，绿地植物在秋季和冬季叶片枯萎，不具有固碳功能，因此本节流体力学模拟以沈

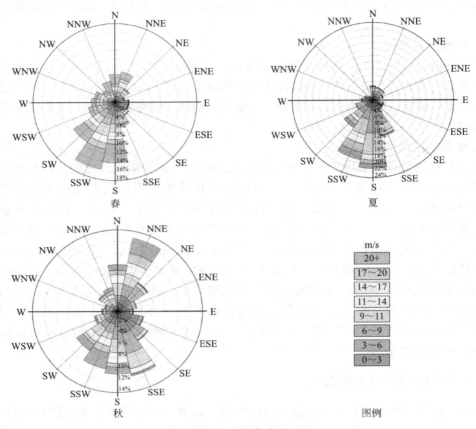

图 8-2　风玫瑰图

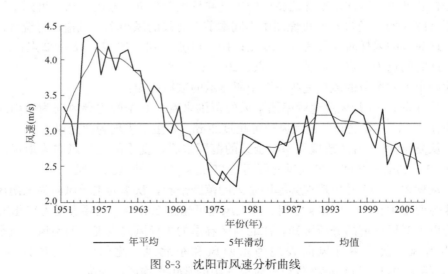

图 8-3　沈阳市风速分析曲线

阳市春季和夏季的气候参数进行设置。由沈阳市风向玫瑰图中可以得知，沈阳市春季及夏季的主导季风风向以西南风和南风为主，其他方向风频很弱，因此，本节流体力学模拟只以这两大季风风向为基础参数进行二氧化碳扩散模拟，其他季风风向均未考虑。

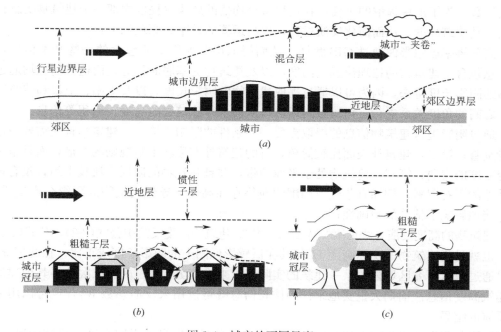

图 8-4　城市的不同尺度

（a）城市区域尺度大气边界层；（b）小区尺度边界层；（c）微尺度的示意图

由图 8-4 可知，在城市的不同尺度下城市规划的环境气候技术在城市尺度上关注的是城市的风道建设，在小区尺度上关注城市冠层内的通风及物质扩散效率。因此，对不同尺度下城市二氧化碳空间分布的评估分析上也要针对不同的要素分析；在域和片区尺度上（中观尺度上）分析城市通风廊道及结构要素，在小区尺度上，分析冠层的二氧化碳扩散率。

## 8.2　二氧化碳模拟过程

### 8.2.1　物理模型的建立

#### 1. Auto cad 软件建立物理模型

城市是一个复杂的综合体，街道、建筑、生态绿地、水面等交织在一起，结构复杂。如果不进行一定的简化，整个城市的模型建立过程将会是一个不可能完成的过程。就是一般城区要把地物都表示得很清楚也将非常复杂，而且没有必要。研究从宏观、中观、微观的物理模型构建主要运用 Autocad 软件绘制。在流体力学 CFD 软件对模型精度要求的控制范围内，建立精度合理的城市物理模型是进行模拟的第一步骤，按照一定的原则来对物理模型进行合理的简化处理。

建筑物理模型需要进行简化处理，建筑物理模型的高度确立通过成熟的方法——阴影长度法，也就是通过高分辨率的遥感影像图对垂直于建筑物的阴影长度进行提取，之后利用反演推算出建筑物的建筑高度。首次需要对遥感影像图进行角度和长度的筛选，之后通过实测的建筑物高度来对阴影长度和建筑高度的关系系数进行推算，最后选取平均值作为反演系数。为了加快提取的进度，在这里每个均值的斑块仅提取内部一个建筑物阴影长度来反演其建筑高度，从而简化反演过程，提高运算的效率。原理如下：

高分辨率遥感影像通过 GIS 解译，从而提取出影像图上所包含的一些基本信息，这些信息包含了建筑物的地理位置、高度，以及建筑物的基底面积等。而这些信息均通过建筑物的阴影长度得来，因为可以通过提取建筑物的阴影长度，以及太阳、卫星和建筑物与地面之间的角度关系进行三角函数的运算，从而求得建筑物的高度、面积等信息。

通过阴影进行建筑物信息的提取需要一些条件的限制。第一，建筑物首先需要与地球保持垂直；第二，建筑外表面比较简单，有的建筑外部形状不是规则的矩形，而是呈现出一定程度的弯曲；第三，建筑物处于平原地带，并且建筑物的四周也比较平坦，没有地形等其他的干扰因素；例如有些建筑周围的地势存在高差，导致建筑物的阴影会产生错位，就直接地影响了估算的精确性；

建筑物的高度反演方法见第 2 章 2.3.1 中 3. 建筑物高度反演中公式(2-2)、公式(2-3)。

也就是说建筑物的实际高度 $H$ 与其在遥感影像图上的阴影长度成正比。在此情况下，可以通过获取研究区域内的某一建筑的实际高度来推算 $K_i$ 值，从而依次求得其他建筑物的建筑高度信息。前期大量实地采样的楼高信息既可以用来反演参数 $K_i$，也可以用来监测反演的结果。

阴影的提取可以用时下流行的商业软件，基本都可以自动提取出来建筑物阴影信息，阴影的长度计算可以用分辨率乘以像元数来获得，也可以将提取的阴影信息矢量化后用商业软件来量测。

运用阴影长度法通过沈北新区遥感影像图对沈北新区的建筑高度进行反演，因不同地区的建筑高度不同，因此将沈北新区内的建筑根据不同的性质进行板块的划分，并反演其建筑斑块的真实高度，从而将建筑整体按照高度分为 5 个等级，模型构建每一级别的高度设置见表 8-1，即 1 级（低：高 3～10m）；2 级（中低：高度 10～21m）；3 级（中：高度 21～30m）；4 级（中高：高度 30～50m）；5 级（高：高度大于 50m）。

城市分级对应参数表　　　　表 8-1

| 城市分级 | 分级名称 | 高度 |
| --- | --- | --- |
| 1 级 | 低 | 3～10m |
| 2 级 | 中低 | 10～21m |
| 3 级 | 中 | 21～30m |
| 4 级 | 中高 | 30～50m |
| 5 级 | 高 | 大于 50m |

**2. 域、建成区、小区三尺度物理模型的建立**

（1）宏观域尺度物理模型的建立

在宏观域的尺度上，选取整个沈北新区作为研究对象，进行二氧化碳的扩散动态模拟，由于城市的发展，沈北新区不可能是独立的一片建设区域，周围的各类建设用地在季风的作用下不可避免地会对其内部的二氧化碳的浓度及其分布产生一定的影响，所以模拟时对二氧化碳的质量百分数计算时选用的碳排放强度为标准值，根据实际情况进行取舍宏观域尺度的物理模型图如图 8-5 所示。

图 8-5　全域物理模型图

图片来源：作者自绘。

（2）中观片区尺度物理模型的建立

在中观建成区尺度上，选取了基本建设完毕的沈北新城子新城。该新城周围皆为绿地，在模拟时几乎不受周围二氧化碳分布的影响，这使模拟结果更加准确，另外新城子新城虽然规模不大，但是各类用地类型齐全，可以作为沈北比较有代表性的地域，来模拟二氧化碳的空间布局，进而指导绿地的空间优化布局。中观尺度的模型建设如图 8-6 所示。

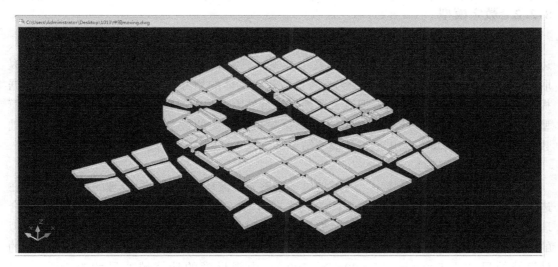

图 8-6　沈北新城子新城物理模型图

图片来源：作者自绘。

（3）微观小区尺度物理模型的建立

选择具有代表性的沈北辉山新城天泰小区作为微观尺度的模拟对象，该小区内高层、多层、低层建筑齐全，可以更加全面地说明二氧化碳在小区范围内不同建筑形态对其扩散分布的影响，该小区面积为 $17.08hm^2$。在这个尺度之上，可以较为精确地得出释氧效应场在不同高度的空间动态分布状况，以作为对宏观、中观两个尺度的模拟分析的补充。如图 8-7 所示，模型模拟的区域为小区的实际边界，由于小区的尺度相对域和建成区的尺度相比要小很多，因此模型只需要稍微简化，可以精确地建出每栋建筑的模型，尽量还原模拟区域真实的空间尺度。

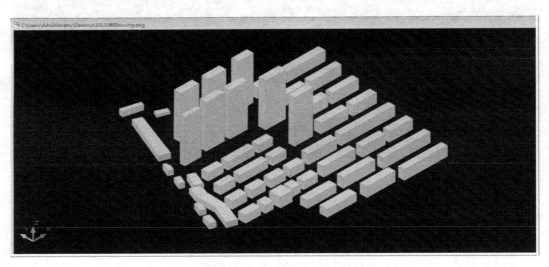

图 8-7　辉山街道天泰小区物理模型图

图片来源：作者自绘。

### 8.2.2　数字模型

CFD 模拟主要通过以下流程来进行，主要包括物理模型的建立、网格模型的划分、边界参数的设置、模型的迭代运算等几个步骤。只需要按照步骤进行遥感图像信息的提取，之后在 CAD 中以遥感影像图为参考进行建筑群体的划分及主要街道的提取，并根据提取的各类数据信息对建筑、河流、草地等进行外围形状的整合，最后将建立好的物理模型导入 CFD 软件中进行整理来获得沈北新区模拟所需要的数字模型，之后导入各种基础数据资料进行计算即可输出最终的模拟结果。

**1. 计算域（风洞）**

将建筑模型放入风环境中，为了使风场能够充分流动，需要设置合理的边界尺寸，在进行 FLUENT 模拟时需要创建一个城市大空间，并确定城市大空间的长宽高的尺寸，合理的计算能够提高软件的计算速度及模拟精度，因此计算域的尺寸要适当地大于需要模拟的模型的尺寸，用来模拟计算域中二氧化碳的扩散分布特征。对于宏观尺度的模拟采用的计算域的尺寸为 50000m×50000m×1500m；中观尺度的计算域的尺寸为 10000m×10000m×500m；微观尺度的计算域的设计尺度为 1000m×1000m×100m；并在所建立的物理模型的对应位置设立风场模型的进风口及出风口，用来模拟城市气候环境下研究区域内的二氧化碳空间分布格局。

**2. 网格划分与边界定义**

（1）网格类型

网格主要有结构网格和非结构网格两大类，结构网格的划分节点排列秩序性较强，呈规律性排列，当给出一个节点的编号之后，即可得出与其相邻的其他几点的编号，能够与计算机的语言自动地匹配，从而便于操作与计算。结构网格相当于拓扑关系中的均匀网络划分，可以方便地处理计算域的边界条件，但是当使用结构网格来求解具有复杂几何形状的流场时，由于节点的有序排列就不能够根据几何形状的变化而变化，在应用中经常会遇到网格划分较困难的情况。

非结构网格不同于结构网格，节点的位置没有一个固定的法则来进行约束，节点的布置没有特定的拓扑关系，不受求解域的及边界形状的限制，灵活性较好，可以自动地生成适应于不规则形状的边界，根据流畅的不同来进行网格的调整，对不规则形状的区域较为精准的计算十分有用。

（2）网格质量

生成网格的质量好坏直接影响着计算结果的准确性，如果网格质量太差就会使计算终止，质量较差的网格可能会得出错误的结果。主要从以下三个方面来评定网格质量的好坏：节点的分布是否光滑，是否有偏斜及其分布特性。但对于节点的特性及光滑性的判定还停留在定性的描述上，而网格的偏斜度的判断已经有了定量的评判标准，偏斜度与网格质量的对应关系如表 8-2 所示。

偏斜度与网格质量关系

表 8-2

| 偏斜度 | 网格质量 | 偏斜度 | 网格质量 |
|---|---|---|---|
| 1 | 变形 | 0.25～0.5 | 好 |
| 0.9～1 | 差 | 0～0.25 | 优秀 |
| 0.75～0.9 | 较差 | 0 | 等边形 |
| 0.5～0.75 | 一般 | | |

（3）网格划分

进行模拟计算的第一步就是要对建立的物理模型进行网格划分，网格的精细程度代表了计算的精细度。网格的划分越精细，模拟结果的精度就越高，但是越高的精度就会大大地降低计算的速度。当两个建筑之间的距离过近的时候往往会导致划分网格的失败，并且会生成错误报告，可以根据报告来对网格或者是模型进行调整，对于整个域的模拟来说属于较大尺度的模拟，因此要选取合理的模拟精度，并根据建筑的重要程度来确定对应网格的尺寸大小，如果有必要还需要对模型网格进行局部加密处理。

Gambit 与 Fluent 均是 CFD 模拟软件中的处理软件，运用 Gambit 软件对模拟模型进行模拟计算的前期处理，对模型进行结构化网格及非结构化网格进行处理。支持四面体，六面体及混合结构网格的生成。并可以对生成的网格模型进行质量检验，找出网格质量较差的部分，便于进行人工修正，对于重要的部分进行局部加密而不会影响已生成的其他网格部分。

本研究所模拟的模型外形比较规则，因此采用结构化网格划分方式进行计算，为了提高试验模拟的精确度，对网格模型的划分尺度进行多次的划分尝试，来保证每个计算面都能够正确地划分网格，根据不同的模块尺度大小，形成 5m、10m、15m、20m 不等的分析网格系统。

**3. 域、片区、小区三尺度 Gambit 网格模型的建立**

（1）宏观域尺度网格模型的建立（图 8-8）。

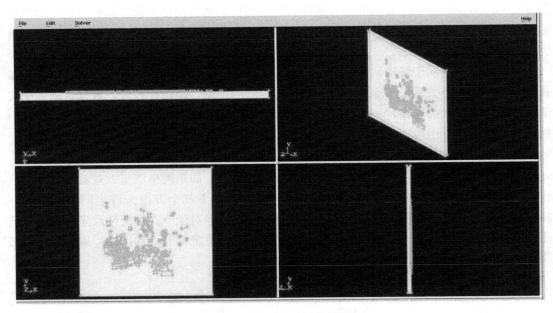

图 8-8　沈北模型网格划分

图片来源：作者自绘。

（2）中观片区尺度网格模型的建立（图 8-9）。

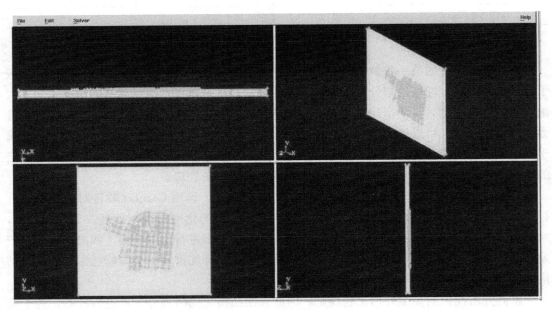

图 8-9　新城子街道模型网格划分

图片来源：作者自绘。

（3）微观小区尺度网格型的建立（图 8-10）。

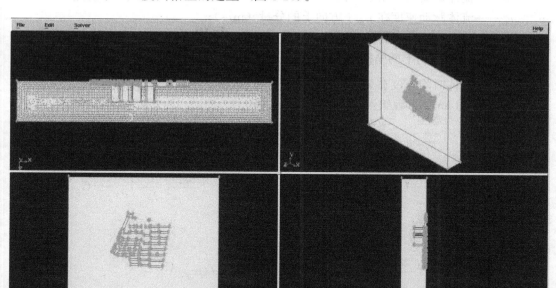

图 8-10　沈北辉山新城天泰小区模型网格划分

图片来源：作者自绘。

## 8.2.3　参数设置

### 1. 选择求解器和求解方程

FLUENT 的求解是以多种方程为基础的。CFD 模拟技术所运用的核心理论是计算流体力学以及数值分析的方法，将计算区域进行离散处理并将微分方程转化为代数方程，从而求解出计算区域的数值解来获取流场的相关性质，由于二氧化碳密度高于室内的空气密度，因此利用 Fluent 模拟二氧化碳排放过程需要求解质量方程、动量方程、能量方程、密度方程、组分方程和湍流模型方程。

将 Gambit 建成的宏观、中观、微观物理模型导入 Fluent 模拟软件中，进行相关流体力学参数条件的设定，最终设置迭代运算的次数，在进行模拟计算的过程中，所采用的控制方程主要有：

（1）连续性方程：

$$\frac{\partial \bar{U}_i}{\partial x_i} = 0 \quad i = 1, 2$$

（2）动量守恒方程：

$$\frac{\partial \bar{U}_i}{\partial t} + \bar{U}_j \frac{\partial \bar{U}_i}{\partial x_j} = -\frac{1}{\rho} \frac{\partial \bar{p}}{\partial x_i} - \frac{\partial}{\partial x_j}(\overline{u_i u_j}) + v \, \nabla^2 \bar{U} \quad j = 1, 2$$

式中　$\bar{p}$——流体时均压强（Pa）；

　　　$\rho$——流体密度（$kg/m^3$）；

$v$——流体运动黏性系数（Pa·s）；

$u_i$、$u_j$——流体脉动速度在 $i$、$j$ 方向上的分量（m/s）；

$\overline{u_i u_j}$——流体脉动切应力（Pa）；

$x_i$、$x_j$——$i$、$j$ 方向上的坐标（m）；

$\overline{U}_i$、$\overline{U}_j$——流体时均速度在 $i$、$j$ 方向上的分量（m/s）。

（3）标准的 $k-\varepsilon$ 方程组：

$$\frac{\partial k}{\partial t}+\overline{U}_j\frac{\partial k}{\partial x_j}=\frac{\partial}{\partial x_j}\left(\frac{v_t}{\sigma_k}\frac{\partial k}{\partial x_j}\right)+v_t\left(\frac{\partial \overline{U}_i}{\partial x_j}+\frac{\partial \overline{U}_j}{\partial x_i}\right)\frac{\partial \overline{U}_i}{\partial x_j}-\varepsilon$$

$$\frac{\partial \varepsilon}{\partial t}+\overline{U}_j\frac{\partial \varepsilon}{\partial x_j}=\frac{\partial}{\partial x_j}\left(\frac{v_t}{\sigma_\varepsilon}\frac{\partial \varepsilon}{\partial x_j}\right)+\frac{\varepsilon}{k}\left[C_{\varepsilon 1}v\left(\frac{\partial \overline{U}_i}{\partial x_j}+\frac{\partial \overline{U}_j}{\partial x_i}\right)\frac{\partial \overline{U}_i}{\partial x_j}-C_{\varepsilon 2}\varepsilon\right]$$

式中　$\varepsilon$—湍动耗散率。

（4）组分方程：

$$\frac{\partial(\rho_{c_s})}{\partial t}+div(\rho u c_s)=div(D_s grad(\rho c_s))+s_s$$

式中　$c_s$——组分 $s$ 的体积浓度；

$\rho_{c_s}$——组分 $s$ 的质量浓度；

$D_s$——组分 $s$ 的扩散系数。

**2. 模拟的初始条件设立**

根据不同季节风向风速条件的不同，设置不同的风环境参数及初始温度，本书将实测所得的温度数值设置为参数温度。二氧化碳的质量百分数根据用地性质的不同通过不同的方式得出，对于工业用地，由于不同类型工厂的碳排量有很大的差异，而居住用地、商业用地、文化娱乐用地等虽然不同地区的同类性质用地的二氧化碳排量不尽相同，但是它们之间的碳排量没有明显的差异，因此对于工业用地，其二氧化碳的质量百分数由调研所得数据将排碳企业分为高、中、低三类分别进行测量换算而来，而其他类型的用地的二氧化碳质量百分数通过直接采样测量得出。并根据整合汇总的数据参数进行输入来模拟不同季节不同参数条件下的二氧化碳空间分布模式。

根据调研得出沈北新区 169 个主要排碳企业的各种煤炭的消耗量，通过计算得出该企业的二氧化碳排量，将企业的二氧化碳排量通过 spss 的聚类分析可将各企业按排放量分为高、中、低三类，从而将沈北新区主要的排碳企业分为高排碳企业、中排碳企业、低排碳企业三类。

根据分析结果所得出的位置信息分别对高、中、低三类排碳企业所在地二氧化碳的浓度进行监测汇总，可得出其二氧化碳的浓度范围，见表 8-3。

各类型企业周边二氧化碳浓度范围　　　　　　　　　　　　　　　表 8-3

| 企业类型 | 企业及周围二氧化碳浓度范围(ppm) |
|---|---|
| 高排碳企业 | 408.85～415.20 |
| 中排碳企业 | 403.85～408.85 |
| 低排碳企业 | 399.91～403.85 |

对大气环境中污染物或者气体浓度的表达方法主要有两种：第一种为质量浓度表示法：每立方米空气中所含有污染物的质量，单位为 $mg/m^3$；第二种为体积浓度表示法：一百万体积的空气中所含有污染物的体积数，单位为 ppm；目前的大部分气体检测仪器所测得的气体浓度值都是体积浓度（ppm）。但是我国规定要求气体的浓度以质量浓度（如：$mg/m^3$）来表示。

由于使用质量浓度来表示污染物浓度的方法可以直观地表现出来污染物的真正量，但是质量浓度的表示方法的数值跟与监测气体时的温度及压强有直接的关系，其数值跟温度成反比，跟压强成正比，因此，测量时需要同时测定气体的温度及大气压强。在使用体积浓度来描述污染物的浓度时，因为采用的是体积比，就不用考虑这样的问题。将所测得的体积浓度（单位 ppm）与质量浓度（单位 $mg/m^3$）进行换算来进行模拟参数的获取，可以通过以下方式进行计算：

$$mg/m^3 = M/22.4 \times ppm \times [273/(273+T)] \times (B_a/101325)$$

式中　$M$——为气体分子量；

　　　ppm——测定的体积浓度值；

　　　$T$——温度；

　　　$B_a$——压力。

在标准状况下，氧气的密度为 1.429g/L，二氧化碳的密度 1.977g/L，空气的密度 1.293g/L，在标准状况下 1 摩尔（22.4 L）的空气重量为 $1.293 \times 22.4 = 28.963g$，1 摩尔空气中含二氧化碳 0.0003 摩尔，也就是 $22.4 \times 0.0003 = 0.00672L$，其重量是 $1.977 \times 0.00672 = 0.01329g$，因此，空气中二氧化碳旳质量分数为 $0.01329/28.963 = 0.0459\%$。本模拟是在理想状态下进行的，所以浓度单位 ppm 与 $mg/m^3$ 的换算可以简化为 $mg/m^3 = M/22.4 \times ppm$，在相同体积的情况下密度之比等于质量之比，所以空气中二氧化碳的质量百分数可以约等于 $M/22.4 \times ppm \times 1.293 \times 10^6$。

据此可以计算出三个类型的工业用地中的二氧化碳的质量百分数，如表 8-4 所示。

**各类型企业周边二氧化碳质量百分数**　　　　　　　　表 8-4

| 企业类型 | 企业及周围二氧化碳质量百分数(%) |
|---|---|
| 高排碳企业 | 0.0621~0.0630 |
| 中排碳企业 | 0.0614~0.0621 |
| 低排碳企业 | 0.0608~0.0614 |

通过采样测量可知现状沈北新区空气中二氧化碳浓度以及商业、办公、教育、居住等用地中二氧化碳的浓度及其质量百分数如表 8-5、表 8-6 所示。

**各类型用地周边二氧化碳浓度范围**　　　　　　　　表 8-5

| 用地性质 | 测得二氧化碳平均浓度(ppm) |
|---|---|
| 大气 | 380.00 |
| 商业 | 386.50 |
| 办公、教育 | 385.78 |
| 居住 | 384.00 |
| 其他 | 396.23 |

各类型用地周边二氧化碳质量百分数 表 8-6

| 用地性质 | 二氧化碳质量百分数(%) |
| --- | --- |
| 大气 | 0.0577 |
| 商业 | 0.0587 |
| 办公、教育 | 0.0586 |
| 居住 | 0.0583 |
| 其他 | 0.0602 |

在 Fluent 模拟计算中，二氧化碳质量百分数均选取中间值作为模拟的初始条件，重力加速度值设置为 $9.81m/s^2$，通过设置计算域内风流场的参数及温度来模拟不同季风下的二氧化碳空间分布。本研究在城市参数模型的内部流场计算中，不考虑温度对污染气体流场的影响，也不考虑空气的受温度影响的上升浮力，而且城市流场近地面气流速度受下垫面影响，数量级不大（20m/s 以下），因此可以将模型内部的流场计算按照不可压缩流动来处理。

**3. 边界条件的处理**

（1）入口风速分布

当气流穿过不同特征的地形或者地带时由于摩擦力的缘故会使气流的能量消减，降低风速，从而影响风的流场，这种影响程度会随着高度的增加而降低，当达到一定的高度时，地面的模型粗糙程度可以忽略不计，这一受地球的表面摩擦力影响的高度区域称为大气边界层。大气边界层的高度会随着地形地貌及气象条件的不同而有所差异，一般情况下，地面以上垂直高度 300m 且最高不超过 1000m 的范围内属于大气边界层的范围，在这个范围以上的风速就不受地表的形态的影响，可以在大气梯度的作用下自由流动。为了使模拟结果更加准确、更接近真实值，就必须考虑风速随高度的变化，在近地面的风速服从一定的分布规律：

$$u = u_0 (\frac{z}{z_0})^a$$

式中　$u$——$z$ 高度处的风速（m/s）；

　　$u_0$——参考高度处的风速（m/s）；

　　$z$——距地面的高度（m）；

　　$z_0$——参考高度（m）；

　　$a$——表示地面粗糙程度的系数，取值为 0.2。

由于气象台对 $a$ 的取值为 0.16 与 $a$ 的取值 0.2 所处的地理位置信息可能不同，所以应该对设置的风速条件进行修正。根据气象学原理，修正后可以得到：

$$u = 0.533u_i$$
$$z_0 = 2$$

式中　$u_i$——气象台预报风速（m/s）。

（2）出流面的边界条件

设定流场出流面上的流体流动已得到了充分的扩散，流动形态已经恢复为无建筑影响时的流动特征，因此将出口边界的压力设置为 0；建筑物表面为有摩擦的平滑墙壁。

（3）迭代收敛

每组 Fluent 模拟都需要经过对设置方程的反复计算。在流体力学的模拟中，这样的计算只有当运算因子达到一定的数值并且趋于稳定或者达到某个区间时才算是迭代收敛。不同的软件表示收敛的方式有不同，所有的动态模拟都需要对收敛问题进行考虑并随时调整参数。在本研究模拟二氧化碳扩散过程中，通过调节亚松弛因子，来保证迭代运算的结果更趋于稳定，对于组分传输问题，将松弛因子设置为 0.8，以使得收敛更容易，然后进行 5000 次的迭代运算得出模拟的最终结果，本研究所设置的不同季节、不同尺度下的模拟参数设置见表 8-7。

各模拟区域参数设置 表 8-7

| | 空气温度（K） | 空气中二氧化碳质量百分数（%） | X 方向风速（m/s） | Y 方向风速（m/s） |
|---|---|---|---|---|
| 域（春季） | 293.15 | 0.0577 | 2.1 | 2.1 |
| 域（夏季） | 298.85 | 0.0577 | 0 | 3 |
| 建成区（春季） | 293.15 | 0.0577 | 2.1 | 2.1 |
| 建成区（夏季） | 298.85 | 0.0577 | 0 | 3 |
| 小区（春季） | 293.15 | 0.0577 | 2.1 | 2.1 |
| 小区（夏季） | 298.85 | 0.0577 | 0 | 3 |

## 8.3　FLUENT 软件动态模拟结果分析

经过上述的各个步骤，Fluent 软件可以准确迅速地对研究对象进行二氧化碳环境动态模拟，得出释放二氧化碳的空间分布状况以及在空间中的量，同时对于计算结果可以较为直观地进行分析和判断，对于后期的规划设计提供可靠的依据。

### 8.3.1　域、片区、小区三尺度模拟结果

#### 1. 宏观域尺度二氧化碳扩散模拟结果

宏观域尺度的模拟主要体现了大范围内的二氧化碳走势，通过对沈北新区春、夏季二氧化碳的模拟结果可以清晰地看出二氧化碳在不同季节主导风向下的分布状况，通过对沈北新区二氧化碳浓度的空间分布分析可以总结出以下几个方面的结论：首先，总碳排放空间格局的分布趋势图 8-11 上来看，二氧化碳浓度较大的区域主要分布在沈北新区的下风向；其次，通过对不同主导风向下的二氧化碳浓度分布可以看出，在有通风廊道的地区二氧化碳比较容易扩散，相应的二氧化碳浓度较低，当主导风向与通风廊道方向一致的情况下更加有利于附近二氧化碳的扩散，相应的该地区的二氧化碳浓度也较低。还有就是当工业建筑用地布局在较长边垂直于主导风向时，其下风向上的二氧化碳扩散范围较其较短边垂直于主导风向时的扩散范围广，因此，在工业建筑用地的规划时不仅要考虑风向对城市其他建设用地的影响，还应该考虑工业用地自身布局对二氧化碳排放及扩散吸收上的影响。

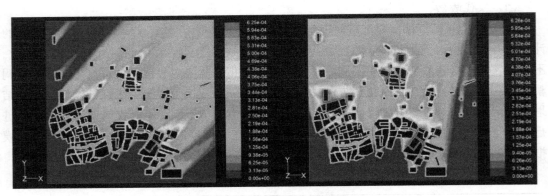

图 8-11　沈北新区春、夏季二氧化碳扩散模拟结果

图片来源：作者自绘。

**2. 中观片区尺度二氧化碳扩散模拟结果**

中观尺度的模拟主要选取了周围环境对其影响较小的新城子新城作为模拟对象进行分析并提出优化策略，对于蒲河新城部分可根据宏观的模拟结果结合该部分模拟结果对中观尺度细的绿地结构提出优化策略，通过对新城子新城春、夏季二氧化碳的模拟结果可以清晰地看出二氧化碳在中观尺度上的分布状况，通过对二氧化碳的空间分布结果的分析可以总结出以下几点结论：首先，总碳排放空间格局总体趋势图 8-12 上看，由于新城子新城从整体上来看通风状况较为良好，二氧化碳的扩散较为适宜，其下风向上的二氧化碳没有形成集聚。其次，在滨河的通风廊道处通风效果好，二氧化碳浓度较其他地区更低。另外，对于没有障碍物的西部工业用地部分在通风良好的春季其所产生的二氧化碳可以得到及时扩散。在夏季，主导风向为南风，其下风向上的二氧化碳扩散距离较远，浓度稀释较慢扩散效果不及春季主导风向为西南风时的好，这主要说明了两个问题：其一，说明了通风廊道对于城区二氧化碳扩散的重要性；其二，说明了在城市规划中道路、水系、绿道等形成的通风廊道对城市二氧化碳扩散的影响。

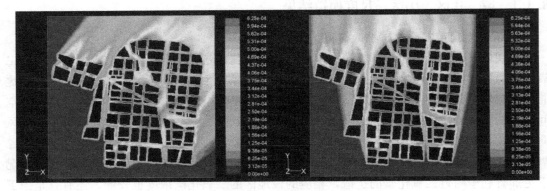

图 8-12　新城子新城春、夏季二氧化碳扩散模拟结果

图片来源：作者自绘。

**3. 微观小区尺度二氧化碳扩散模拟结果**

小区尺度的模拟比较精确直观，通过小区内春、夏季二氧化碳的模拟结果可以清晰地

看出二氧化碳在小区内的分布状况，通过对小区内二氧化碳浓度分布模拟结果的分析，可总结出以下几个方面的结论：首先，总碳排放空间格局总体趋势图 8-13 上看，二氧化碳占空气体积比较大区域为整个小区的下风向方向；其次，二氧化碳浓度最高的区域主要有两方面，第一该区域缺乏通风道，上风向建筑体块比较长，或者上风向前一排的建筑挡住了当前建筑之间的空隙。第二就是该区域的下风向存在高度较高的建筑从而形成了湍流风，湍流风带走了较高建筑脚下的二氧化碳，然而却阻挡了上风向建筑二氧化碳的扩散从而使上风向二氧化碳形成集聚，提高了该区域的二氧化碳浓度。

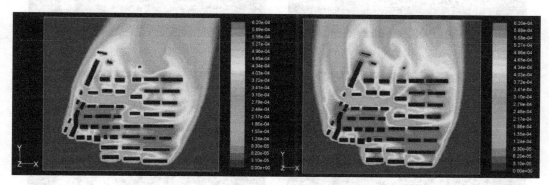

图 8-13　天泰小区春、夏季二氧化碳扩散模拟结果

图片来源：作者自绘。

#### 4. 结果简析

将春、夏两季的二氧化碳分布模拟结果对比可知，通风廊道对降低二氧化碳浓度的重要性，因此，还应该利用城市中的天然廊道——主要道路、河流等形成纵向、横向的绿带，或者在规划时刻意地留出绿化廊道，从而将各绿地斑块及城市周边的林地连接起来，形成生态绿化网络，一方面廊道通风带走城区的二氧化碳，另一方面绿化网络还可以固定二氧化碳释放氧气，从而达到降低二氧化碳浓度的目的。

据模拟结果可知，二氧化碳集聚的区域多是由于空气流通不畅导致的，因此在规划时应注重内外部绿地的结合和沟通，保证内外生态格局的连续性，运用带状绿地将城市的各类绿地联系起来从而形成城市生态绿化网络，来满足城市居民对环境的要求。同时应该尊重区域的自然条件；城市绿地生态系统在城市中起着重要的作用，在布局时要依照场地的自然生态条件，依形就势地进行。在优化时应充分结合当地的自然地理条件，这样比较容易地将规划融入大自然中，最大限度地发挥其生态效益。

### 8.3.2　不同尺度下的典型水平剖面分析

#### 1. 宏观域尺度典型水平剖面二氧化碳空间布局

由宏观域尺度的春、夏季风的二氧化碳浓度分布模拟结果（见图 8-14、图 8-15），在 $H=0.1m$、$1.5m$、$9m$、$18m$ 的对比分析可知，在宏观范围内植物可吸收二氧化碳的高度内二氧化碳的浓度变化不明显，相同浓度二氧化碳所分布的范围变化也不明显，具体分析见表 8-8。

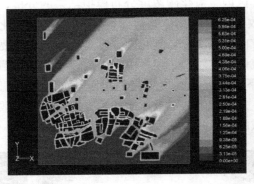

*(a)* $H=0.1m$

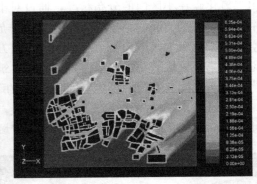

*(b)* $H=1.5m$

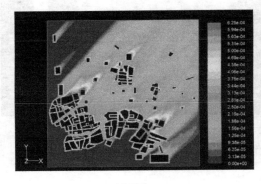

*(c)* $H=9m$

*(d)* $H=18m$

图 8-14　沈北新区春季二氧化碳扩散平剖面分布结果

图片来源：作者自绘。

各模拟区域参数设置　　　　　　　　　　　　　　　　　　　　　　表 8-8

| 水平高度 | 高度分析 | 二氧化碳分布特征 | 原因分析 | 植物配置策略 |
|---|---|---|---|---|
| $H=0.1m$ | 此时高度为地面高度 | 二氧化碳呈线性连续分布;各点位浓度差异大 | 接近碳排放源，建筑连续性强，来风无法进入，外界新鲜空气无法输送至街道内部，无法稀释污浊空气，形成污染物大面积高浓度积聚 | 在这一高度在固碳植物的选择上应选地被植物及灌木相互搭配进行布局 |
| $H=1.5m$ | 人类呼吸的敏感范围 | 二氧化碳依然呈线性连续分布;在研究区域内二氧化碳整体所占的面积未有明显地减小 | 该高度处二氧化碳浓度依然较高，建筑密度依然较大，外来风很难进入街区内部，造成了污染物的滞留 | 这一区域的绿地固碳对于生活在居住区内的居民来说是最重要的，是很多灌木枝叶所处的平均高度，这一区域的绿地栽植以灌木的固碳效果为更好，因此，在二氧化碳浓度较高的区域主要以灌木的布置为最佳，可配合布置草坪等地被植物 |
| $H=9m$ | 地被植物及灌木植物生长的极限点 | 二氧化碳浓度较高的区域面积有所减少，污染源气体呈现出较少间断，呈线段状分布 | 该高度虽然是多数植物的生长极限点，但是在该高度处建筑密度并没有明显地减少，因此通风效果依然不好，内部产生的二氧化碳不能及时排出 | 在此区域如果栽植禾本科地被植物和灌木，由于高度的原因其固碳作用会很小，因此该二氧化碳浓度较高区域以乔木布置为最佳 |

| 水平高度 | 高度分析 | 二氧化碳分布特征 | 原因分析 | 植物配置策略 |
|---|---|---|---|---|
| $H=18m$ | 一般植物生长的极值 | 二氧化碳整体浓度有所降低,建筑背风面浓度较高 | 此高度建筑密度有所减小,外界风可以较多地带走内部产生的二氧化碳,但在建筑背面二氧化碳容易形成集聚 | 由于高度较高,此区域应栽植中高乔木为最佳 |

 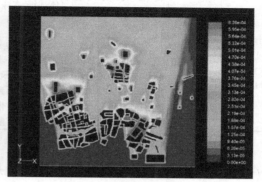

(a) $H=0.1m$ (b) $H=1.5m$

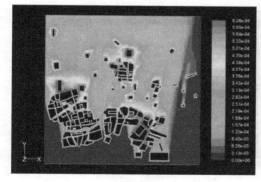 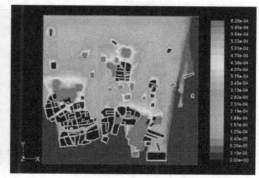

(c) $H=9m$ (d) $H=18m$

图 8-15 沈北新区夏季二氧化碳扩散平剖面分布结果

图片来源:作者自绘。

## 2. 中观片区尺度典型水平剖面二氧化碳空间布局

由中观尺度的新城子新城春、夏季风的二氧化碳浓度分布图（见图 8-16、图 8-17），$H=0.1m$、$1.5m$、$9m$、$18m$ 的二氧化碳浓度分布结果可知，在较低高度植物可吸收二氧化碳的范围内二氧化碳的浓度及分布范围变化不明显。具体分析见表 8-9。

各模拟区域参数设置　　　　　　　　　　表 8-9

| 水平高度 | 高度分析 | 二氧化碳分布特征 | 原因分析 | 植物配置策略 |
|---|---|---|---|---|
| $H=0.1m$ | 此时高度为地面高度 | 二氧化碳呈线性连续分布;片区内整体污染面积大,各点位浓度差异大 | 接近碳源,街道两侧的界面连续性强,来风无法进入内部,外界新鲜空气无法输送至片区内部,二氧化碳气体不能得到及时的稀释,从而形成其大面积的高浓度集聚区 | 这一高度在固碳植物的选择上应选地被植物及灌木相互搭配进行布局 |

续表

| 水平高度 | 高度分析 | 二氧化碳分布特征 | 原因分析 | 植物配置策略 |
|---|---|---|---|---|
| $H=1.5m$ | 人类呼吸的敏感范围 | 二氧化碳气体呈现出较少间断,呈线段状分布;区域内二氧化碳气体浓度未有明显的下降 | 街道两侧界面多为低层建筑以及部分的建筑裙房,形成了较封闭的街道空间,只有在建筑的间隔区域,边界风可以疏散部分二氧化碳气体,但是大部分二氧化碳气体仍然无法被排出 | 这一区域的绿地固碳对于生活在居住区内的居民来说是最重要的,是很多灌木枝叶所处的平均高度,这一区域的绿地栽植以灌木的固碳效果为更好,因此在二氧化碳浓度较高的区域主要以灌木的布置为最佳,可配合布置草坪等地被植物 |
| $H=9m$ | 地被植物及灌木植物生长的极限点 | 二氧化碳气体呈局部团状集聚与块状分布;片区整体浓度有所降低 | 此高度处边界风受到的阻碍仍较多,二氧化碳气体仍未充分扩散;在连续建筑界面处,来流受阻形成由迎风面到背风面的旋涡,部分二氧化碳被带走,部分二氧化碳向建筑背面扩散 | 在此区域如果栽植禾本科地被植物和灌木,由于高度的原因其固碳作用会很小,因此该二氧化碳浓度较高区域以乔木布置为最佳 |
| $H=18m$ | 一般植物生长的极值 | 二氧化碳整体浓度较低,各点位浓度差异不大。部分建筑的背风面二氧化碳形成集聚 | 该高度处边界风带走了较多的二氧化碳气体,降低了整体的二氧化碳浓度。但是由于湍流风的影响,在较高建筑的背风面形成了二氧化碳的集聚 | 由于高度较高,此区域应栽植中高乔木为最佳 |

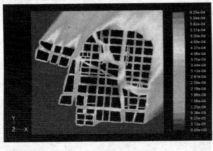 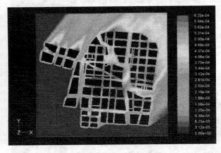

(a) $H=0.1m$        (b) $H=1.5m$

 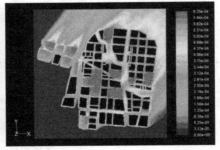

(c) $H=9m$        (d) $H=18m$

图 8-16 新城子新城春季二氧化碳平剖面分布结果

图片来源:作者自绘。

### 3. 微观小区尺度典型水平剖面二氧化碳空间布局

小区春、夏季风的二氧化碳浓度分布图 8-18、图 8-20 所示,$H=0.1m$、1.5m、9m、18m 分别对应二氧化碳分析图 8-19、图 8-21 中的 (a)、(b)、(c)、(d)。小区二氧化碳扩散分析图 (a)、(b)、(c)、(d) 中楼间深灰色区域即为二氧化碳的主要分布区域,具体分析见表 8-10。

 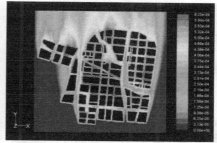

(*a*) *H*=0.1m　　　　　　　　(*b*) *H*=1.5m

(*c*) *H*=9m　　　　　　　　(*d*) *H*=18m

图 8-17　新城子新城夏季二氧化碳平剖面分布结果
图片来源：作者自绘。

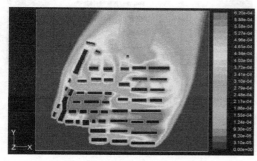 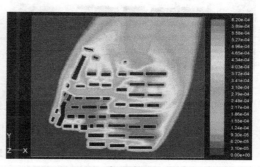

(*a*) *H*=0.1m　　　　　　　　(*b*) *H*=1.5m

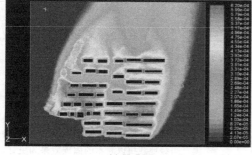 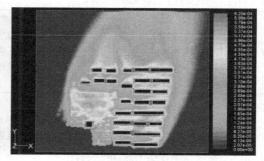

(*c*) *H*=9m　　　　　　　　(*d*) *H*=18m

图 8-18　小区春季二氧化碳平剖面分布结果
图片来源：作者自绘。

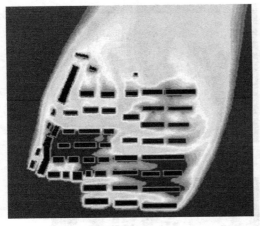

(a) H=0.1m

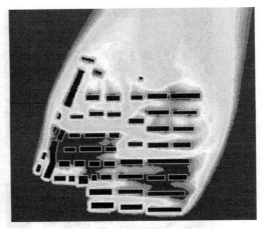

(b) H=1.5m

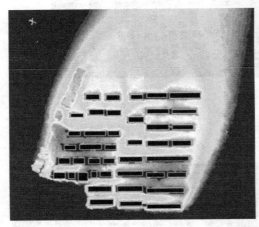

(c) H=9m

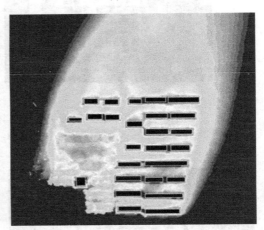

(d) H=18m

图 8-19　小区春季二氧化碳集聚分布分析图

图片来源：作者自绘。

各模拟区域参数设置　　　　　　　　　　　　　　　　表 8-10

| 水平高度 | 高度分析 | 二氧化碳分布特征 | 原因分析 | 植物配置策略 |
|---|---|---|---|---|
| H=0.1m | 此时高度为地面高度 | 二氧化碳呈线性连续分布；街区内整体所占面积大，各点位浓度差异较大 | 接近碳源，道路两侧的界面连续性强，来风无法进入小区内部，外界新鲜空气无法输送至内部，无法稀释二氧化碳浓度，形成大面积高浓度积聚 | 这一高度在固碳植物的选择上应选地被植物及灌木相互搭配进行布局 |
| H=1.5m | 人类呼吸的敏感范围 | 二氧化碳气体呈现出较少间断，呈线段状分布；研究区域内二氧化碳浓度下降不明显 | 道路两侧界面多为低层建筑以及部分的建筑裙房，形成了较封闭的街道空间，只有在极少的开口处，外界风可以疏散部分二氧化碳，但是大部分仍然无法被运输排出 | 这一区域的绿地固碳对于生活在居住区内的居民来说是最重要的，是很多灌木枝叶所处的平均高度，这一区域的绿地栽植以灌木的固碳效果为更好，因此在二氧化碳浓度较高的区域主要以灌木的布置为最佳，可配合布置草坪等地被植物 |

续表

| 水平高度 | 高度分析 | 二氧化碳分布特征 | 原因分析 | 植物配置策略 |
|---|---|---|---|---|
| $H = 9m$ | 地被植物及灌木植物生长的极限点 | 二氧化碳气体呈局部团状与块状分布;小区内部集聚面积明显减少,仅部分建筑背风面浓度较高 | 该高度处距离碳源有一定距离,建筑密度有所降低,从而引来了外界风带走了部分二氧化碳,从而降低了该高度处的二氧化碳浓度 | 在此区域如果栽植禾本科地被植物和灌木,由于高度的原因其固碳作用会很小,因此该二氧化碳浓度较高区域以乔木布置为最佳 |
| $H = 18m$ | 一般植物生长的极值 | 二氧化碳气体基本扩散,但仍有部分区域呈现点状分布;二氧化碳浓度整体较低且差异不大 | 建筑密度明显降低,开敞空间增多,边界风可沿建筑空隙进入小区内部,带走污染物 | 由于高度较高,此区域应栽植中高乔木为最佳 |

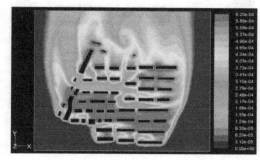

(a) $H$=0.1m

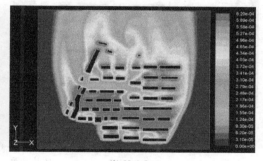

(b) $H$=1.5m

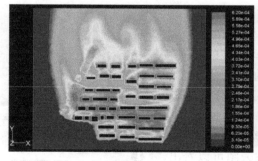

(c) $H$=9m

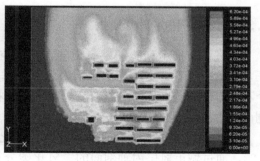

(d) $H$=18m

图 8-20　小区夏季二氧化碳平剖面分布结果

图片来源:作者自绘。

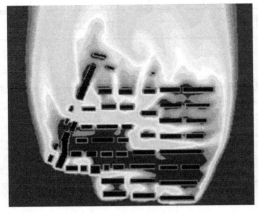 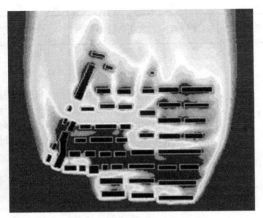

(a) H=0.1m　　　　　　　　　　(b) H=1.5m

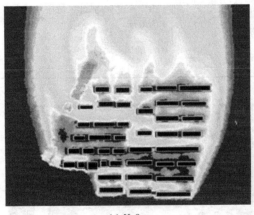 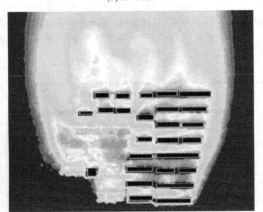

(c) H=9m　　　　　　　　　　(d) H=18m

图 8-21　小区夏季二氧化碳集聚分布分析图

图片来源：作者自绘。

### 8.3.3　典型垂直剖面分析

　　为进一步揭示和验证二氧化碳在不同空间形态的分布特征，选取小区春、夏两季小区同一位置的垂直剖面对以下 12 个不同空间形态点位的二氧化碳空间分布来进行分析比较，剖面位置见图 8-22。

　　春、夏两季模拟结果的垂直剖面二氧化碳扩散效应见图 8-23，通过城市冠层内轴剖面的二氧化碳分布云图可以看出，小区内释放的二氧化碳在风环境影响下的空间格局扩散分布与静态分布有所不同。

　　表 8-11 为选取的 12 个空间在垂直方向不同高度下的二氧化碳质量分数，从二氧化碳的分布云图可以看出，各点位的二氧化碳的浓度随着高度的上升而呈现出逐渐下降的趋势，

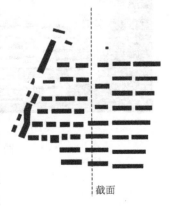

图 8-22　轴剖面位置示意图

图片来源：作者自绘。

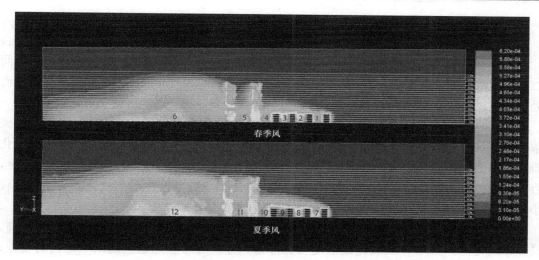

图 8-23 小区春、夏季二氧化碳 $X$ 轴剖面扩散模拟结果

图片来源：作者自绘。

由于不同点位的小区域环境不同，因此，不同点位二氧化碳浓度在垂直方向上的变化趋势也不尽相同。

小区剖面垂直方向上的二氧化碳质量分数（%）　　　　　表 8-11

| 高度/不同空间 | 1 | 2 | 3 | 4 | 5 | 6 |
|---|---|---|---|---|---|---|
| 0 | 0.0279 | 0.0465 | 0.0527 | 0.0279 | 0.0403 | 0.0341 |
| 5m | 0.0248 | 0.0496 | 0.0465 | 0.0279 | 0.0372 | 0.0341 |
| 10m | 0.0217 | 0.0465 | 0.0465 | 0.0279 | 0.0341 | 0.0341 |
| 15m | 0.0186 | 0.0465 | 0.0465 | 0.0279 | 0.0310 | 0.0341 |
| 20m | 0.0155 | 0.0403 | 0.0372 | 0.0248 | 0.0248 | 0.0341 |
| 30m | 0.0062 | 0.0186 | 0.0248 | 0.0124 | 0.0186 | 0.0310 |
| 50m | 0 | 0 | 0.0031 | 0.0031 | 0.0062 | 0.0310 |
| 80m | 0 | 0 | 0 | 0 | 0.0031 | 0.0248 |
| 100m | 0 | 0 | 0 | 0 | 0 | 0.0124 |
| 高度/不同空间 | 7 | 8 | 9 | 10 | 11 | 12 |
| 0 | 0.0372 | 0.0496 | 0.0620 | 0.0310 | 0.0341 | 0.0496 |
| 5m | 0.0372 | 0.0496 | 0.0620 | 0.0310 | 0.0341 | 0.0465 |
| 10m | 0.0341 | 0.0465 | 0.0589 | 0.0310 | 0.0341 | 0.0434 |
| 15m | 0.0310 | 0.0434 | 0.0589 | 0.0310 | 0.0341 | 0.0403 |
| 20m | 0.0279 | 0.0403 | 0.0558 | 0.0341 | 0.0341 | 0.0372 |
| 30m | 0.0155 | 0.0217 | 0.0310 | 0.0248 | 0.0279 | 0.0341 |
| 50m | 0 | 0 | 0.0062 | 0.0093 | 0.0186 | 0.0310 |
| 80m | 0 | 0 | 0 | 0 | 0.0124 | 0.0248 |
| 100m | 0 | 0 | 0 | 0 | 0.0062 | 0.0093 |

由表 8-11 可知：

（1）对比 1、2、3、7、8、9，二氧化碳在各空间地点的平均浓度排序为，3＞2＞1，9＞8＞7，可知在风环境的影响下，处于上风向的空间二氧化碳浓度较处于下风向的空间二氧化碳浓度低，通风良好的地区，边界风可以较容易地带走建筑所产生的二氧化碳，而处于较下风向的空间二氧化碳不易扩散，容易形成集聚，提升该地区的二氧化碳浓度。

（2）封闭性较强的空间点 2、3、8、9，浓度变化不大的区间为：0～5m，二氧化碳浓度高，且分布均匀；5～15m，二氧化碳浓度变化不大，略有降低；15～25m，二氧化碳浓度有明显降低趋势，开始呈不均匀分布状态；25m 以上，二氧化碳浓度降低明显，直至逐渐扩散。在两侧建筑的影响下，来风对 20m 以下建筑产生的二氧化碳气体影响较小，对 20m 以上高度的污染气体有较好的疏散作用。

（3）较为开敞的空间点 1、7，浓度变化不大的区间为：0～5m，二氧化碳浓度较高，且分布均匀；5～20m，二氧化碳浓度明显降低，并且分布状态也呈现出不均匀的现象；20m 以上，二氧化碳气体逐渐扩散。在两侧建筑的影响下，来风主要对 5m 以下的二氧化碳气体影响较小，对 5m 以上高度的二氧化碳气体有较好的疏散作用。对比 1、7 可知，当边界风垂直于建筑较长边时对二氧化碳的扩散作用较边界风与建筑较长边成一定夹角时的扩散作用差。

（4）两侧建筑高度差异较大的空间点 4、10，二氧化碳的分布不均匀，上风向建筑的背面均形成了二氧化碳的积聚，上风向建筑较下风向建筑低从而在下风向较高建筑脚下形成湍流风带走了该空间内的二氧化碳气体，降低了该空间的二氧化碳浓度。

（5）由较高建筑围合形成的空间点 5、11，由于风向分布以及周边建筑环境形态的影响，在高层建筑间隙间产生了狭缝效应，整体二氧化碳浓度较低，二氧化碳垂直分布变化不明显。

（6）高层成排建筑围合的通风道 6、12，可知当边界风与建筑成一定夹角时，其扩散作用较好，该区域的二氧化碳浓度较低，相比空间区域 12 边界风与建筑较长边垂直，从而阻碍了风的流通，造成二氧化碳在建筑周边的集聚，较区域 6 的扩散作用要差很多。

通过对剖面图不同点位二氧化碳浓度的分析比较，可以在绿地空间优化布局及植物配置时根据不同场地空间形态的不同类型进行相对应的植物搭配优化。

为了解风在建筑模型中的流动情况对小区内的风压进行了矢量的模拟分析，其结果见图 8-24。

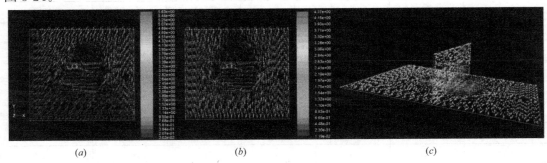

(a)　　　　　　　　　　(b)　　　　　　　　　　(c)

图 8-24　小区风压矢量模拟结果

图片来源：作者自绘。

由矢量图 8-24 可以看出，随着风向的改变，其与建筑之间的角度发生了变化，建筑对风力流动的阻挡程度发生了变化，当建筑之间的空隙成为通风廊道的时候就使建筑对风阻碍较小，减小了此处的风压，风速较快，也就是说促进了该处二氧化碳的流动。在建筑密度较小的地区对风的阻碍较小，有利于风的流动，风压较小，同时也有利于二氧化碳的扩散，当风遇到较高建筑阻挡的地区促使风压增加，容易形成对风的阻挡，因此较高建筑地区应增加建筑间距，降低其建筑的密度。

由轴向风压矢量模拟结果可以看出，当风绕过建筑时，会在其屋顶发生分离，背风区会形成较大的涡流区域，背风区域内的二氧化碳因为受到回旋风的影响，容易形成集聚，不易将集聚的二氧化碳扩散出去。同时，迎风面由于建筑对风的阻碍作用促使风向的回流从而带走了迎风面的二氧化碳气体，降低了其浓度。

### 8.3.4　模拟精度验证

为了检验模拟结果的准确性，对沈北新区选取 8 组点位进行监测，以检验模拟的结果。并将实测数据与模型模拟出来的结果进行单因子差异性分析，为了保证采样结果的可靠性，选择较为精密的测量仪器，并且按照科学的采样方法来进行验证。

本验证中，沈北新区空间内的二氧化碳浓度的数据均为自行监测获得。监测仪器包括手持式二氧化碳测试仪（含温度）、风速仪，如图 8-25 所示。本节所采用的监测方案是从 2015 年 1 月的冬天开始，到 10 月的秋天截止，包括了一年四季的二氧化碳浓度测量。另外，由于大气中的二氧化碳的浓度与气象条件有直接的影响关系，因此在测量监测点的大气中二氧化碳浓度的同时，查阅中国气象网，同时收集沈阳市同期监测点的气温、湿度及风速等气象参数。

图 8-25　手持式二氧化碳浓度测试仪及风速仪

图片来源：作者实拍。

本书监测方案的选择是结合现有技术水平、人力及设备能力的现实状况下，遵循正确的采样监测方法进行的。在测量时，不同的地点同时进行测量，因为二氧化碳的排放具有随机性，所以监测点位的布局原则是在同一个监测点上选取两个以上的测量点来进行测量。在测量点的选择上根据不同类型的用地性质，有的测量点选择植物生理作用较强的绿地，有的选择人为作用较强的活动区域。在本节的监测方案中共选取两种采样布点方法，分别是典型的定位测量和"十"字样带法两种方法。基于这两种方法共选取了 8 组监测点，14 个测量点进行测量。

为了得到科学、合理的测量结果，测量时选择微风或无风晴朗的天气下统一测量。对于典型的定位监测方法，初步定于每月的 5 号、15 号、25 号 3 日进行，并且 8 个小组同时进行监测。若碰到不适合进行测量或者对测量有很大影响的天气，8 个小组同时提前或延后监测日期。在同一天当中，测量时间分别选择为早（9：00）、中（12：00）、晚（18：00）3 个时段进行监测，具体的 14 个测量点位如表 8-12 所示。

沈北测量点位置

表 8-12

| 编号 | GPS 位置 | |
|---|---|---|
| 01—航空航天校园内 | 123°24′15.81″ | 41°55′34.49″ |
| 01—车站 | 123°24′14.38″ | 41°55′19.21″ |
| 01—小区 | 123°24′12.19″ | 41°55′25.21″ |
| 01—小区路外 | 123°24′12.39″ | 41°55′22.01″ |
| 02—步阳商业街交叉口 | 123°23′58.43″ | 41°54′59.30″ |
| 02—步阳街内 | 123°23′58.27″ | 41°55′32.43″ |
| 03—中兴产业园 | 123°30′32.21″ | 41°55′33.52″ |
| 04—沈北虎石台小区 | 122°31′02.08″ | 41°56′37.85″ |
| 04—沈北虎石台小区路外 | 123°31′05.35″ | 41°56′37.85″ |
| 05—格林制药厂 | 123°32′06.34″ | 41°56′29.15″ |
| 06—沈北生态所办公楼 | 123°35′28.56″ | 41°54′28.88″ |
| 06—沈北生态所交叉口 | 123°35′23.78″ | 41°54′28.88″ |
| 07—新城公园 | 123°31′42.49″ | 42°36′28.98″ |
| 08—福宁小区 | 123°31′28.56″ | 42°29′21.02″ |

经测量对 8 个监测点位 14 个测量点的测量结果取平均值，其结果可得图 8-26。

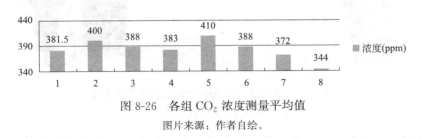

图 8-26　各组 $CO_2$ 浓度测量平均值
图片来源：作者自绘。

将监测点位的测量所得的二氧化碳体积浓度转化为二氧化碳在空气中的质量浓度，然后与模拟结果中 8 组监测点各测量点的浓度均值（表 8-13）的两组数据运用 spss 软件进行差异性分析配对样本 T 检验可得结果见表 8-14。Sig 值为 0.390＞0.05，表明模拟结果与实测二氧化碳数值之间差异不显著，满足模拟的精度，证明 CFD 模型对二氧化碳扩散效应场的模拟是有效和可行的。

各点位测量值与模拟值 　　　　　表 8-13

| | 1 | 2 | 3 | 4 | 5 | 6 | 7 | 8 |
|---|---|---|---|---|---|---|---|---|
| 测量值($\times 10^{-6}$) | 381.5 | 400 | 388 | 383 | 410 | 388 | 372 | 344 |
| 测量浓度($\times 10^{-6}$) | 580 | 608 | 589 | 582 | 623 | 589 | 565 | 523 |
| 模拟浓度($\times 10^{-6}$) | 564 | 595 | 578 | 590 | 626 | 532 | 564 | 548 |

配对样本 T 检验 　　　　　表 8-14

成对样本检验

| | | 成对差分 | | | | | t | df | Sig. |
|---|---|---|---|---|---|---|---|---|---|
| | | 均值 | 标准差 | 均值的标准误 | 差分 95% 置信区间 | | | | |
| | | | | | 下限 | 上限 | | | |
| 对 1 | 测量值-模拟值 | 7.75000 | 23.94488 | 8.46579 | −12.26842 | 27.76842 | .915 | 7 | .390 |

## 8.4　本章小结

本章以沈北新区为例，阐释了城市环境 $CO_2$ 扩散动态模拟方法。首先确定了模拟的尺度和范围，宏观尺度将整个沈北新区作为模拟对象，中观尺度选取沈北新区新城子新城建筑作为模拟对象，微观尺度选择具有代表性的沈北辉山新城天泰小区作为模拟对象。并分析了不同尺度下风环境对碳分布的影响。运用 AutoCAD 软件建立模拟对象物理模型。将建立好的物理模型导入 CFD 软件中进行整理来获得沈北新区模拟所需要的数字模型，构建数学模型后，对模拟需要的各类参数进行设置，之后导入各种基础数据资料进行计算即可输出最终的模拟结果。

根据模拟结果可得到如下结论，（1）空气流通不畅是导致二氧化碳聚集的主要原因，因此在规划时应保证内外生态格局的连续性；（2）城市绿地生态系统在城市中起着重要的作用，在布局时要依照场地的自然生态条件，依形就势地进行。（3）在优化时应因地制宜，充分结合当地的自然地理条件，这样比较容易将规划融入自然中，发挥其最大的生态效益。

# 第9章

## 城市低碳绿地优化布局

### 9.1  宏观域尺度的绿地空间优化布局

通过将春、夏两季的二氧化碳空间分布模拟结果进行叠加即可得出二氧化碳的时空布局结果，根据二氧化碳的分布特征，按照二氧化碳浓度从高到低的顺序依次设置为绿地的最适宜建设区、较适宜建设区及适宜建设区，从而可以得出绿地固碳适宜性分析图，根据模型得出的不同高度二氧化碳浓度扩散的分布情况，在相应的区域进行相对应树种选择及植物配置优化。

#### 9.1.1  宏观绿地适宜性分析

根据宏观模拟结果对应的绿地分布即得出宏观域尺度沈北新区绿地固碳适宜性分析结果，可以清晰地了解到哪些地区最适宜进行绿地的布置，哪些地区更需要通风廊道的建设，进而对应地布置绿地的位置。通过宏观尺度的绿地适宜性分析结果可以从基质、斑块、廊道三方面在沈北新区构建南北贯通，西联东拓的绿道生态网络系统，构建以中心部分的大片绿地为核心点，以蒲河、万泉河、大洋河、左小河、九龙河为依托来建立生态廊道，以东部山地森林公园、七星山森林公园、石佛寺水库、辉山森林公园等为节点，以广大的农田、林网为基地的"大生态、大景观"的城乡绿化网络。并通过绿道将分散的节点进行整合，将市内的绿地串联成一个完整以主次生态廊道节点基地相结合的绿道网络系统。绿地系统总体可以分为斑块（patch）、廊道（corridor）和基质（matrix）三大类，对景观的性质起着决定性作用，是景观稳定及可持续性循环的根本所在。

#### 9.1.2  绿地斑块布置

绿地斑块是指具有一定规模且在空间上非连续性的内部均质的绿地单元，与周围环境有着不同的物质组成且具有较为清晰的边缘，与围合它的景观具有明显异质性的空间实体单元。

**1. 沈北新区绿地斑块布置**

为了让二氧化碳被更好、更有效率地吸收，根据宏观尺度的模拟结果，可以将绿地进行划分。在主导风向的上风向根据沈北实际情况布置相应的氧源绿地，在建成区的下风向二氧化碳的主要扩散区域布置相应的碳源绿地，在接近建成区且有重要意义的通风廊道的开敞空间布置利于二氧化碳扩散的近源绿地。沈阳的四季分明，在冬天，为西北风，虽然冬季绿地几乎不具备固碳功能，但是为防止风沙的进入，在北部设置防风林，阻止北部的风沙进入沈北新区内部。

**2. 碳源绿地、氧源绿地**

绿地固碳的同时释放氧气，但因为碳源绿地和氧源绿地从功能和定义上有所不同，因此在空间布局上也进行区别对待，所以其植物的布局与配置也是不同的。根据模拟结果在建成区的下风向二氧化碳浓度较高的区域布置相应的碳源绿地，同时结合现有的东部山林公园等绿地资源进行碳汇绿地的建设，目的是吸收市区中没有被吸收掉而扩散出来的二氧化碳，所以适合建造成碳汇林，以针阔叶交替的形式布置，减少二氧化碳的扩散，从而使二氧化碳更多地被吸收与固定，在植物的选择上可选固碳能力较强的植物。根据模拟结果二氧化碳在空间上的布局，结合辉山森林公园将氧源绿地布置在沈北新区的南侧上风向位置上，其主要功能是为城区输送氧气，所以在树种选择上应该采用林、灌、草结合的布局方式，形成有利于通风绿色廊道，从而将更多的新鲜空气输送到沈北新区的建成区中，在植物的选择上主要根据植物的释氧能力选择释氧能力较强的植物。

**3. 近源绿地**

为了对二氧化碳进行充分的吸收，减少城区二氧化碳的剩余量，应对距离碳源最近的近源绿地进行精准的布置。近源绿地主要为分布在建成区的周围，主要以点状和带状相结合的形式进行分布，其主要特点为大范围分散，小范围集聚，规模大小依照城市中心区变化而变化，主要是考虑城区各类功能区绿地与周围二氧化碳排放源的关系，但在满足碳汇固碳和植物生态效益的同时，也要兼顾景观的视觉效果，注重树种色彩的搭配。根据二氧化碳扩散的模拟结果所布置的近源绿地主要是距离建成区较近目前尚未建设的成片绿地，由于距离建成区最近，可以第一时间吸收由建成区扩散出来的二氧化碳。

不同地区的植物树种的固碳释氧能力也各不相同，在对植物的选择时要根据沈阳各类乔木、灌木、地被植物的释氧量、固碳量从高到低的排列顺序，对于不同的绿地位置采用相对的措施。根据沈北新区固碳潜力分析，对于固碳潜力较大的碳汇绿地，可以借鉴斯坦利公园的保护措施。通过将部分农田变成林地，对于这部分处于城市的下风向的林地，可以将其保护起来，自然封育，经过50年的生长发育，按照正常林地对二氧化碳的吸收固定能力来计算，可以将碳汇量提高2～3倍。对于固碳量较大的区域，采取的措施是保育，即保护碳汇量比较大的区域。

**4. 防风林**

借助沈北新区的西北部七星山风景旅游区，设置一片防风林。因为沈阳的冬季季风为北风，设置于此处的防风林可以阻止北部的风沙进入沈北新区建成区内部。所以对该处的防风林进行优化时，树种的选择应该以防风功能为主要参考指标，主要采用针叶林和阔叶树种相结合的配置方式。因为在冬季阔叶树没有树叶，但是针叶依然可以防风，在植物的选择上应该使用沈阳当地种植的松柏为主。

在沈北的西北处有一处水库是石佛寺水库，是冬季风进入沈北建成区的通道，但是在沈北的西北部均为农田用地，没有可以遮挡风沙进入建成区的高大树木。所以应该在石佛寺水库的沿岸设置防风林地，这样不仅可以起到阻止水土流失的保护作用，还可以降低冬季季风速度。沈北绿地主要以农田为主，通过对防风林的建设，不仅可以保护城区不受冬季风沙侵蚀的困扰，也可以有效地阻止果园、经济作物、牧场受到风沙的侵袭。

### 9.1.3 廊道建设

廊道是指与其相邻的两边的基质具有不同物质组成的线性或者带状结构的绿地。廊道的一般功能有物种的生境及迁徙通道、物质能量的传输和循环及过滤抑制的功能。绿地生态系统的廊道主要有绿道和蓝道两种形式，绿道主要有用于防护作用的防护林廊道、沿道路布置的绿地道路廊道等。蓝道主要依靠河流水系形成。在绿地生态系统中，廊道的主要作用是联系绿色斑块以及沟通城市内部与外部绿地斑块、自然生态山地水系的桥梁作用，从而将城乡的绿地系统形成一个有机的整体，带来物质与能量的传输与交换。城市中的带状绿廊对于引入外界新鲜空气、缓解城市中心热岛效应、改善城市局部气候以及提升整个城市的景观绿化效果也都具有重要作用。

在城市的建筑群落空间中，通风廊道的存在有利于促进城乡之间空气流场之间的物质交换，当通风廊道与城市主导风向一致时，即廊道与城市风向之间的夹角在 $30°\sim60°$ 的范围内，且廊道的出口方向也顺应主导风向时，廊道具有良好的通风效果。季风进入廊道之后会随着廊道流动，当季风遇到与该主廊道相连的次廊道时会一次进入各次级廊道。因此在城市的设计中，应充分考虑城市街道与景观生态廊道等线性开放空间对于城市通风的功能。基于 CFD 技术对沈北新区的模拟结果对沈北新区的绿地布局优化进行通风廊道的构筑从而来加强通风效果，降低区内二氧化碳的浓度。

**1. 绿带廊道和生态廊道的引入**

绿带廊道是由较为自然稳定的植被或者人工建造的植被。其位置大多存在于城市边界地带或者各城区之间，起着连接各城区绿地、分割城市地块控制城市无序蔓延的作用。绿带廊道作为绿地系统的重要组成部分，其最主要的功能是起到改善生态环境、提高城市生态系统稳定性、促进城乡绿地生态一体化发展的作用。城市绿地生态系统结合各类绿地斑块形成一体化的绿色网络布局，从而可以为市民提供大量的绿色空间，丰富城市景观、降低人口密度、创造优美休闲空间，从而来提高生活的质量。沈北新区现有的廊道主要是沿着城市主干道路两侧的绿化带，及沿水系两岸的绿地，因此现有的廊道体系不完善，且生态廊道宽度较窄。可以引入多种形式绿带廊道和绿色道路，丰富沈北的绿地结构，同时应加强对潜在生态网络的保护。

生态廊道的主要构成元素有城市绿化隔离带、公园、城市林地、山地、河流水系、湖泊等。廊道的主要作用是通过一定的秩序将这些城市中孤立的、面积较小的生态元素联系成一个完整的、具有重要生态功能的网络体系。城市的生态廊道主要起着调节城市气候、缓解热岛效应、保障城市交通等的作用。在实际的建设优化时可以将城区的绿化和道路相整合，在道路的两侧布置带状、楔状的公园绿地广场等，这样不仅可以增加道路的宽度，同时也增加了通风的面积，美化了城市的环境，拉近了各绿化元素之间的距离，加强了各元素之间的联系，增强了绿地系统的整体性。

**2. 沈北新区绿道网络构建**

根据模拟结果对沈北新区内现有绿道系统进行整合，用廊道将建设的各绿地斑块进行整合，使其形成系统的整体，在廊道的优化时按照模拟结果，对二氧化碳分布的集聚区依托现有的绿地资源引入廊道，同时带来新鲜的空气，同时要注意各通风廊道之间的相互结合。对于现状二氧化碳成片集聚但是绿地资源较少的位置，在规划布局时要注意通风廊道的引入。这样不仅可以美化环境，同时可以带走集聚的二氧化碳气体。根据宏观域尺度的二氧化碳空间分布模拟结果，廊道的布局如下：

在城区内沿主道路及部分支路设置绿地廊道，适当增加道路两边绿化面积，改善社区道路和区域自行车通道的通行条件，廊道的建设要尽可能地满足使用者的需求，主要以步行的散步道为主，避免与机动车交通道有太多的交集。在布置上与城市的交通系统相结合，便于居民通过各种方式来进入绿道，提高廊道的使用效率。这样不仅可以与现状交通紧密联系，同时也能够使市民的生活与自然要素实现无缝衔接，从而方便居民的使用，而更加容易感受到绿色的氛围，同时延伸到乡村地区，为城市居民的步行、自行车出行创造良好的通行环境，这样有利于市民绿色出行。

沈北新区绿道具有两个主要功能：一是通过串联区域中不同类型的资源要素，构筑网络型的城市开敞空间，弥补城市绿地系统规划中城市开敞空间不足的问题，从而引导边界风进入城区内部，带走城区产生的二氧化碳，减少二氧化碳气体的集聚，降低城区二氧化碳的浓度。二是作为城市中的线性绿色出行空间，引导居民绿色低碳出行，承担部分城市公共交通的功能，从而降低出行过程中的碳排放的总量。

## 9.1.4　绿地基质优化

城市内部的绿地基质是指面积最大，联通成片的绿地植物环境，是整个绿地系统性质的决定因素。绿地系统中不同尺度下景观基质的概念是相对的，在城市绿地空间优化布局规划中，把建成区建筑看成一个斑块的话，除建筑之外的广场、公园，以及城郊的自然景观就是基质。对于绿色基质的布局主要从绿地的布置、空间的优化等方面进行。

（1）周边绿地布置：在整体的布局中，所占面积最大的绿色基质应属城郊的自然生态景观，在城郊的绿地优化布局是应主要考虑主导风向的下风向，从而使绿地基质更容易的来吸收有建成区内释放出来的二氧化碳气体。结合模拟结果根据二氧化碳在空间中的分布特征，选择性的布局不同性质、不同形式的绿地。对于不同性质的绿地在植物搭配的选择上也应该注意减少由植物的高差而带来的相互影响，从而更加有利于二氧化碳的扩散与吸收。

（2）开放空间整合：城市建筑密度比较大，开放空间一般较少，在研究模拟分析过程中，发现开放空间较大的区域二氧化碳浓度明显降低，因此，结合城市功能设计，一定的开放空间是改善城市建成区空气质量降低城区二氧化碳浓度的重要手法。利用 CFD 模拟技术来模拟城市二氧化碳分布场，进而根据模拟结果来确定开放空间的分布，并根据不同季节的特征来设置适应不同季节的开放空间。

（3）建筑附属绿地：对于建筑附属绿地在布局上应结合场地的空间功能来进行，根据实际状况选择带状、点状等绿地形式来进行布置。比如在建筑的背风面由于受建筑的影响而产生的涡流现象，对二氧化碳的吸收效果较差，考虑到冬季植物防风滞尘的原因，应增加植物与建筑之间的距离来减小风影区的影响。对于迎风面由于受建筑阻碍而产生的逆流现象导致建筑迎风面的脚下二氧化碳含量较低，因此，在绿地布局时应选择建筑迎风面一侧的前方来布置周边式的带状绿地，从而减少风力回流对二氧化碳固定的影响。

以使用功能为主的绿地空间，由于受到场地空间的限制，应多采用带状绿地，因带状绿地的占地面积较小，布置分散且种植路径较长布置也较为灵活，利于空间的分割与围合。若场地较为充裕，也可设置为点块状的绿地形态。

主要功能以景观为主的绿地在布置时可采用中心式绿地或者分散式绿地进行布置。当场地较为狭窄、空气流通性较差的空间可以采用分散式布局的方法来布置绿地，通过绿地的优化布局，改善该空间的局部环境。对于空间较为开敞的地块绿地最好采用中心式布局，因该空间内部风环境稳定性差，二氧化碳的吸收固定不受绿地边界形式的影响，中心式布局有利于二氧化碳多角度的吸收，且二氧化碳在扩散至绿地下风向时产生的涡流较小。

## 9.2 中观建成区尺度的绿地优化布局

### 9.2.1 中观绿地适宜性分析

根据中观新城子新城模拟结果对应的绿地分布即得出中观尺度新城子新城绿地固碳适宜性分析结果，如图 9-1 所示。

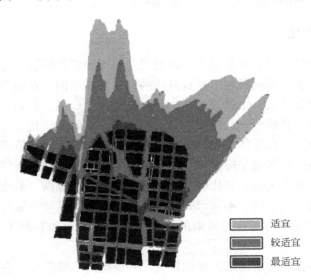

图 9-1 中观尺度绿地固碳适宜性分析结果
图片来源：作者自绘。

从中观尺度上来说，根据模拟结果的精度以及模拟的范围可以知道二氧化碳在具体的街道内的浓度分布，从而可以更加精细地布置更小尺度上的绿地系统、廊道、节点。良好的绿地布局模式，不仅是碳汇固碳的必要，更能美化城市环境。综合分析我国城市绿地系统的布局特征，主要分为块状绿地、带状绿地、楔形绿地以及以上几种绿地形式混合布局。基于中观尺度的二氧化碳在新城子、道义、虎石台、辉山街道的模拟结果提出基于固碳释氧及碳扩散的绿地空间优化布局方案。

### 9.2.2 关键节点布局优化

由于在沈北新区建成区内，城市生产生活会产生大量的二氧化碳，它们悬浮于城市中心区周围，具有增温的作用，从而容易形成城市热岛效应，导致悬浮于城市中心区的二氧化碳气体无法通过大气循环排出去，使这些二氧化碳气体形成集聚，从而会对人体也产生的一定的危害，同时空气中的污染颗粒也无法进行扩散，这样一连串的物理反应对城市居民的生活造成了一定的影响。

基于二氧化碳的扩散模拟结果对建成区的绿地进行整体的空间优化布局，不仅需要在建成区的下风向布置大面积的碳汇绿地，而且需要在建成区的内部布置点块状用于降低碳源的二氧化碳浓度的近源绿地。在城市建成区的生态系统的某些关键地段，即大型开放空间及块状绿地中分布着点块状的绿地，这些绿地在空间上布局的面积大小及数量现状均具有一定的生态意义，并直接影响市民的游憩与生活质量。所以在对城市的块状绿地布局时应充分考虑现状绿地的布局，将形状和大小合适的绿地合理地穿插在现有绿地系统中，使不同级别的绿地的服务范围将研究区域尽可能多地覆盖，从而使其发挥更好的生态功能及更好的生态服务功能。

在建成区内部由点状绿地及带状绿地相结合进行布置进而形成一定生态功能的绿地结构网络的绿地布局方式称为近源绿地布局模式。在建成区的内部，除了道路两旁的绿化，很少有成块状的绿地，因此优化时充分地利用城区中的主要道路形成纵向、横向相交叉的绿带，从而将零散分布的各绿地点块及城郊分布的绿地链接在一起来形成一个覆盖建成区连接城乡的绿化网络。

在建成区内，块状绿地包括公园、街头绿地等，这些斑块状的绿地在满足人们对生活环境舒适要求的同时，也降低了绿地周围二氧化碳的浓度。不同功能的绿地按照其服务半径分散、均匀地布置在建成区的内部，不仅能使城市融入大自然中，而且能借助绿地布局网络将新鲜空气引入城市内部，改善城市生态环境。大型开放空间布置主要以景观绿化廊道为依托，公共主题广场、步行创意街、展示交流场所、休闲绿地等公共空间节点为组成内容，呈点珠状散布于集聚区，形成多层次、多主题的开放空间，各个空间节点利用建筑或景观广场等形成不同的区域中心，增加了集聚区的空间通透性。结合纵横交错的道路河流水系形成绿地通风廊道形成网络形式的绿地布局，不仅可以维持绿地生态系统的稳定性，而且可以将城市的各类点状绿地如城市公园、街头绿地、苗圃庭院等进行串联，构建一个自然高效、生态多样的动态绿色网络系统。该网络不仅可以有效改善城市交通所带来的碳排放的压力，同时方便了市民的使用，美化了环境，调节了城市内部空间的微气候环境。

## 9.2.3  建成区水系廊道建设

城市建成区的廊道系统主要是指由道路形成的绿廊、滨水滨河形成的蓝廊，这些廊道在城市的生态景观中扮演着重要的角色，形成了城市的主要骨架，廊道绿地在吸收、消减及缓和城市二氧化碳威胁、减少城市交通压力、降低城市密度、提高土地的集约化、高效化利用，对环境建设和生态恢复均具有重要作用。廊道的通风作用，在一定程度上为企业所产生的二氧化碳的扩散提供了良好的通道。廊道的外部形态是为线型分布，对物种及能量的流动起到重要的通道及拦截作用。廊道有3种基本类型：线状廊道、带状廊道和河流廊道。线状廊道主要是依托道路、排水、灌渠、篱笆等形成的；带状绿地是指内部环境较为丰富具有一定宽度的绿色条状绿地；河流廊道主要是依托河流两岸绿地形成，其宽度及形态依据河流的走势变化而变化。在城市中，绿地廊道的功能是可以吸收和降低城市中的二氧化碳和污染物，对污染物起到降尘的作用，净化空气，更重要的是在城市中心的廊道可以有效地降低城市中心的人口密度和建筑的容积率，对生态的恢复能力有很大的帮助。廊道的良好通风，一定程度上为氧气的扩散提供了很好的通道。生态廊道是将小的生态节点串联在一起，形成的有系统有规模的生态网格，其中的组成元素有城市中的绿地隔离带、城市公园、山川、湖泊、河流水系等，生态廊道的作用在于更加整体地把握城市的环境气候，缓解城市的污染问题，并且有效提高城市交通的通行功能，对城市的日常生活和发展有不可或缺的作用，廊道的空间隔离和通透格局见图 9-2。

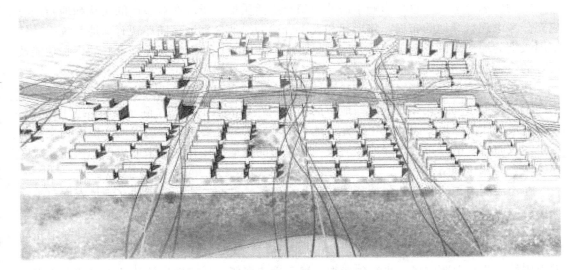

图 9-2　廊道空间布局功能示意图
图片来源：作者自绘。

**1. 绿廊的建立**

　　绿化景观廊道是由规划区内主要道路及两侧绿化形成的景观大道组成的网络绿化景观系统，在景观大道的交叉点形成节点空间，并在绿化廊道与城市主要道路交叉点处结合中心广场形成开敞空间；节点主要由位于区内道路交会处的开放空间以及各个地块组团内部的绿地构成。廊道不仅可以引进新鲜空气，增加通风能力，降低建成区内的二氧化碳浓度，更可以将沈北蒲河新城与新城子新城的各个功能的用地连接起来，从而提高整个沈北新区的绿地系统的整体性。

　　除了通过绿廊植物对二氧化碳进行吸收之外，还可以通过绿廊在季风的作用下将其扩散出建成区，如图 9-3 所示。组成城市通风廊道的主要元素包括水体、广场、高压走廊、道路绿带、各类绿地等元素。绿化植被对风的流场具有阻挡、诱导、偏转以及净化的功能。通过模拟得出沈北新区的二氧化碳的空间分布图，在图中可以清楚地看到在沈北新区的 4 个建成区中，虎石台的二氧化碳浓度偏低，二氧化碳的趋势有一个减缓的过程。在虎石台地区，虽然人口密集，而且碳足迹也很高，但是在模拟结果中浓度却比周围的道义街道、辉山街道以及新城子要低，究其原因，发现在沈北新区的虎石台开发区外有一条南北方向的生态廊道，在季风的作用下带走了大量由虎石台区产生的二氧化碳，可见生态廊道对于空气流通的作用。为了提高道义、辉山和新城子的二氧化碳扩散程度，应设置生态廊道使其与虎石台地区的廊道结合起来，形成一个统一的系统，更好地完成廊道风的引导和扩散作用。在夏天，辉山街道处的氧源绿地承担了生产输送氧气和形成廊道的双重职责。

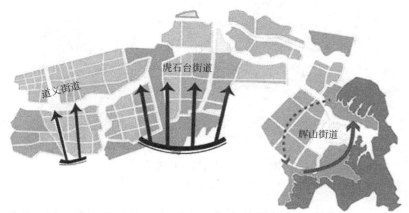

图 9-3　廊道在风环境下的作用
图片来源：作者自绘。

　　城市的通风廊道优化布局不完全是要顺应城市的主导风向布置，其布置方向应该由城市的主导风向在城市中的扩散实际现状及城市的空间机理结构与城市的人口分布状况共同来决定的。如果作为通风廊道，应该以不阻碍风的流通的较低的植物和草坪等进行组合，不能只顾着增加用地的绿地率。同时，在城市的容积率高、建筑排布比较密集的地方，要尽量将廊道布置在合理的位置，不要增加本就拥挤的城市密度。在城市用地容积率相对比较低的地方，在城市的风道上要尽量少建大型的绿地。风道除了与自身绿地的布局变化形式之外，还要与城市的水系相结合，水系的滨水空间与绿地的结合，具有非常高的生态价值，是城市中的天然风道。在沈北新区范围内，有万泉河、大洋河、左小河、九龙河、蒲河等多条河流经过，结合河流发展建设城市风廊具有重要意义。由于乔木在氧气释放和提高单位面积绿量两方面上优于草坪和灌木树种，在之前的研究中已经得出各类植物的不同的组合方式所产生氧气的系数。因此，应该选择以乔木为主，将其他灌木与草木相结合的组合方式，这样不仅各类植物都能充分地吸收阳光，释放足量的氧气，同时也增加环境的美感。

　　沈阳的主导风向为夏季南风、冬季西北风，但是冬季植物固碳释氧作用较弱，因此，在建立通风廊道时主要考虑夏季主导风向，结合主导风向在城市不同空间中的风向和风速、城市建筑密度、人口密度以及城市地形特征在南北方向建立廊道，更利于风的流动和氧气的输送，如图 9-4 所示。在冬季，三源绿地格局中碳源绿地的部分成为上风向，因此在植物的选择上，应该选择阔叶树种为主，因为阔叶树种在冬天落叶后，对空气的流通的阻碍较小，可以形成相对的通风廊道，从而利于建成区二氧化碳的扩散。

**2. 绿色廊道设计**

绿色廊道的空间布局结构及绿廊的设计宽度等因素特征均对其生态功能的发挥具有重

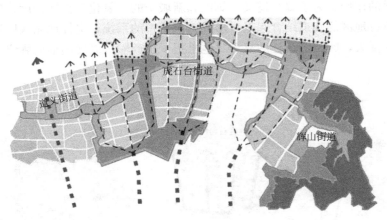

图 9-4　蒲河新城风环境分析
图片来源：作者自绘。

要影响。本小节对城市建成区内的绿色廊道的宽度及水平垂直布置结构提出对应的策略：

（1）绿色廊道的宽度优化

因为受边缘效应的影响，廊道宽度的大小对其生态功能的发挥会具有重要的影响，这种影响在廊道宽度在 7～12m 时才能够表现出来，一般来讲在满足廊道基本宽度的基础上，越宽越好，但是综合各方面因素考虑，过宽的廊道会造成其生态效应不能够充分地发挥。经大量的研究表明，绿地覆盖率在达到 30% 才能有效地改善所在地区的小气候，因此，从降低二氧化碳浓度改善环境质量的角度来说，绿色廊道的最小宽度可以通过将所需绿地的总面积除以生态廊道的实际长度来得到，在宽度受到一定限制的地区可通过尽可能地增加绿化面积来提高绿地覆盖率。考虑到绿地结构的合理性布局，廊道宽度不应小于 20m，为了达到净化降碳的作用，林带宽度以 30～40m 为宜，因为过小的林带宽度会使绿带的防护效果大大降低，过宽的绿地林带生态效应发挥效果不如分成几条较窄的林带的防护功能好。比如一条 150m 宽的廊道就不如分成 3 条 50m 宽的绿色廊道发挥的效果好，因为气流在通过宽度过宽的林带的后半部分时，速度常常为零，后面的林带就起不到过滤吸收固定二氧化碳的作用，从噪声隔离的角度来说，3m 以上的绿色廊道就能起到一定的隔声效果，在城市综合体绿色廊道的设计过程中，绿色廊道还发挥观赏、游憩的功能，其设计是结合面状公园和景观节点，因此宽度应考虑具体的场地大小、协调相关功能，比如当宽度不能满足 30～40m 时，可适当减小宽度，在植物结构方面采用乔灌木和常绿树种结合的多层群落结构来增强其二氧化碳的吸收效果。

（2）绿色廊道的植物结构

绿色廊道的吸收净化效益发挥不仅与廊道的宽度有很大关系，还依赖于廊道内部的植物结构以及主导风向与绿廊结构之间的关系。当主导风向与绿色廊道中的林带列植方向垂直时，空气可以进入林带，达到净化的目的。当其与林带列植方同斜交时只有部分空气进入林带净化，而当其与林带列植方向平行时几乎达不到降碳净化空气的作用，见图 9-5（a）水平结构。当大小乔木与灌木的组合方式发生改变时，所产生的绿地生态功能也不同。只有大、小乔组成的结构单一的通透型绿廊，由于树冠下部稀疏，气流在林中减速通过，只可以起到一定的防风作用，但隔声和吸收二氧化碳净化空气效果不佳，由单一品种的乔灌木组成的半通透型绿廊只有部分气流进入林中，部分气流上升至树冠绕行，隔离、过滤效果也不佳。从改善小气候、隔离污染和噪声等生态发挥的发挥来说，大、小乔木、灌木、绿篱、草坪相结合组成的矩形或三角形断面的绿廊，由于垂直层次丰富而且配置紧凑效果最好，全草坪绿地的效果最差，见图 9-5（b）垂直结构。故在建成区绿色廊植物结构配置时，应采用乔灌草相结合的紧凑型结构，选取多种本土植物品种，做到四季有景，在满足生态效益的同时兼顾审美需求。

主导风向与林带垂直　　主导风向与林带斜交部　　　"井"字形布局空气易于通过　　　"品"字形布局降低风速
空气进入林带净化　　　分空气进入林带净化

(a) 水平结构

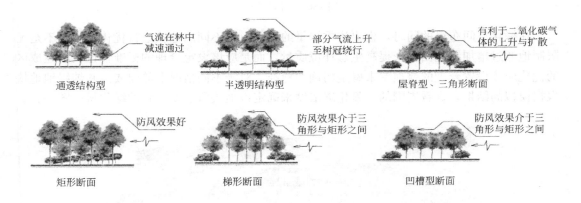

(b) 垂直结构

图 9-5　廊道植物种植结构示意图

图片来源：作者自绘。

## 9.2.4　建成区片状绿地布局建议

在建成区内的点状绿地和带状绿地相结合共同组成了城市的绿化生态结构网络，而成片的绿地对于城市的生态功能起着重要的调节作用。在建成区范围内，假如将建筑作为城市的斑块的话，那么作为背景而存在的成片的绿地就是研究区域的基质，进一步对道义、虎石台、辉山街道的成片状的绿地进行布局分析，并提出优化建议，对于新城子新城部分的绿地布局及建议也同样适用，在不同用地性质的建筑的主导风的下风向，通过二氧化碳的扩散模拟分析可知是二氧化碳分布的主要区域，因此，在这些位置上布置基于碳汇吸收的碳汇绿地，在主导风向的上风向，也就是建成区的东南部布局基于固碳释氧功能的氧源绿地，从而为城市输送入新鲜的氧气，替换城内的污染气体，同时为了使城市内的二氧化碳气体更加容易被扩散吸收，结合道路、水系、铁路、高速公路等资源建成依据主导风向而设置的南北方向的通风廊道，从而形成内部与外部相结合，四通八达的绿化生态网络，从而增加了城区的通透性（图9-6）。

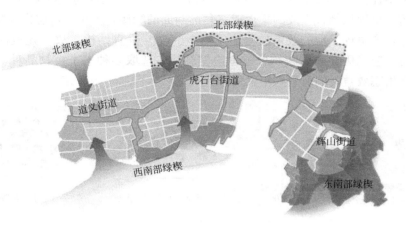

图9-6　建成区片状绿地影响图

图片来源：作者自绘。

在绿化空间布局的同时，也要注重绿量的标准，在不同的地块进行优化建设时不是无限制地通过增加绿地面积来提高生态环境质量，而是应该设定合理的标准，也就是建成区的优化应该设置合理的绿地率来确定明确的标准。对于不同情况下的建成区和纯绿地地块根据模拟的结果，查看周围的二氧化碳浓度来确定该地块所需要达到的绿化量（图9-7）。

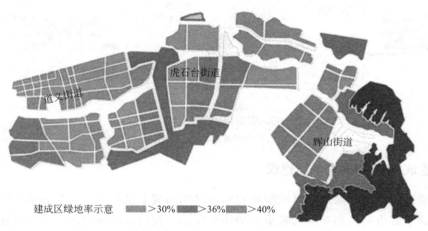

建成区绿地率示意　>30%　>36%　>40%

图9-7　建成区绿地布局控制图

图片来源：作者自绘。

### 9.2.5　工业点微调建议

绿地的优化布局固然重要，但是由于部分工业的位置在合理系统的规划完成之前已经建成，因此总会有部分污染较大、排碳量较多的企业处在不合理的位置，从而给绿地的优化布局提高了难度，根据二氧化碳的空间分布、工业所在地的二氧化碳排量及城市用地规划的整体考虑，将处于城市中心区且排碳量较大对绿地优化布局有较大影响的企业沈阳煤业集团有限公司、沈阳抗生素厂以及沈阳同联药业有限公司迁出建成区的中心位置，布置在规划的城市工业区位置，从而减轻建成区内二氧化碳的压力，也有利于工厂工业废弃物的集中处理。

## 9.3　微观小区尺度的绿地优化布局

### 9.3.1　微观绿地适宜性分析

根据模拟结果对应的绿地分布即得出微观尺度天泰小区的绿地固碳适宜性分析结果，如图 9-8 所示。

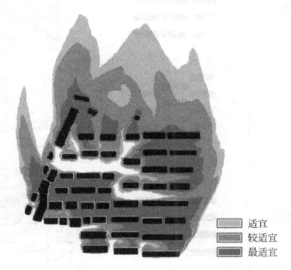

适宜
较适宜
最适宜

图 9-8　微观尺度绿地固碳适宜性分析结果

图片来源：作者自绘。

沈阳市的主导风向春季为西南风、夏季为南风、秋季为东南风和东北风、冬季为西北风，对植物的功能主要考虑春、夏两季的风向。沈北新区就建成区来说在春、夏季节处于上风向，在秋、冬季节处于下风向。

根据沈北新区的固碳潜力分布，以及模拟出的宏观、中观、微观尺度范围内绿地适宜性空间分布结果相结合，从而确定沈北新区的绿地分布结构及优化方式。根据结果建构有利于维系生态平衡的绿地系统，运用乔、灌、草植物的组合对模拟结果的最适宜、较适宜、适宜片区进行合理配置。

城市绿地的空间布局优化的目的就是要在整体上发挥绿地的固碳释氧效应，增加整体的碳汇量，降低空间中存在的二氧化碳，从而来缓解其对城市造成的环境压力，来改善城市居住条件，修复城市整体的生态平衡，从而来满足居民对户外活动、游戏、娱乐的需求。相同面积的绿地当其植物配置配置不同、结构布局不同的情况下，植被对二氧化碳的吸收能力也各有不同。在城市有限的建成区范围内，并不能盲目地通过增加绿地面积来达到增加碳汇的效果。所以如何在其他条件都不变的情况下，通过调整绿地的位置、布局来增加二氧化碳的吸收是一项非常重要的影响因素。

## 9.3.2 绿地布局模式优化

根据以上对小区的模拟方法对沈阳市既有居住区普遍采用的不同类型居住组团布局方式建立流体力学模型，进行二氧化碳扩散的模拟分析，对应不同的类别提出相应的绿地布局优化模式，具体如表 9-1 所示。

居住组团建筑模型及绿地布局模式　　　　　　　　表 9-1

| 序号 | 类别 | 建筑模式 | 绿地布局模式 |
|---|---|---|---|
| 1 | 基本形式居住组团 | | |
| 2 | 前后交错形式组团形式一 | | |
| 3 | 前后交错形式组团形式二 | | |
| 4 | 左右交错形式居住组团形式一 | | |
| 5 | 左右交错形式居住组团形式二 | | |
| 6 | 左右前后交错形式居住组团形式一 | | |

续表

| 序号 | 类别 | 建筑模式 | 绿地布局模式 |
|---|---|---|---|
| 7 | 左右前后交错形式居住组团形式二 |  | 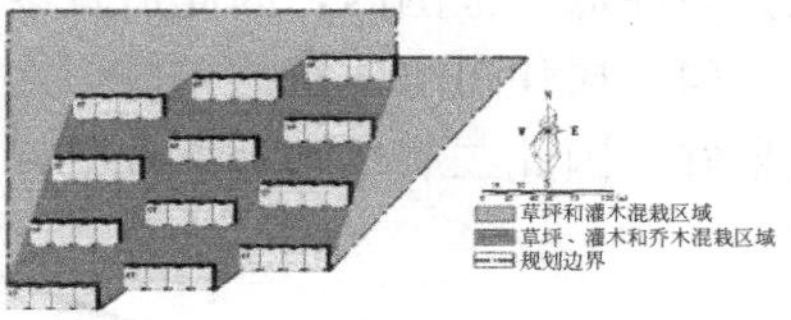 |
| 8 | 南偏东 20°形式居住组团 |  | 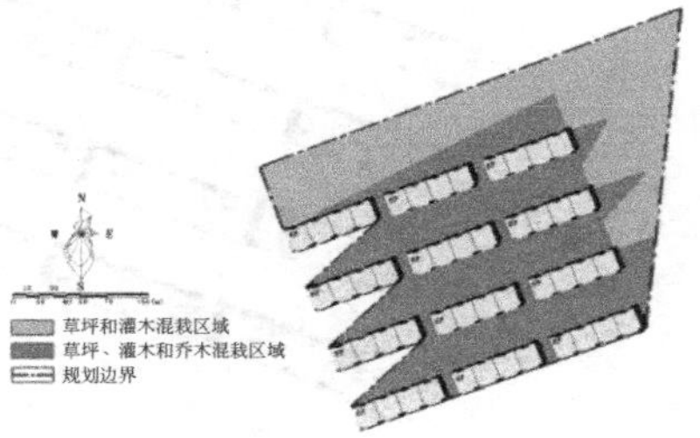 |
| 9 | 南偏西 20°形式居住组团 |  | 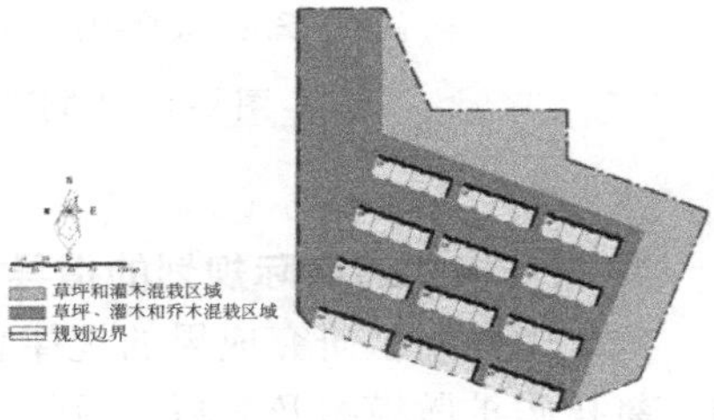 |

以上这些居住组团的布局形式为沈阳市居住区普遍采用的基本布局形式，具有广泛的代表性。其中有角度偏移的建筑组团选择南偏东 20°和南偏西 20°的居住组团来进行研究。因通过 Weather Tool 计算得出的沈阳地区建筑的最佳朝向为南偏西 15°至南偏东 25°之间，因此本书在有角度偏移居住组团形式的选择时选择这两组组团进行模拟分析。

**1. 固碳绿化布局模式规律总结**

根据以上对 5 大系 9 种不同布局形式的居住组团的二氧化碳扩散模拟及分析，总结出了每种组团布局形式的相应的碳汇绿地的布局模式，根据对所有绿化布局模式的统一比较、分析，总结出碳汇绿地布局模式的简单规律如下：

（1）碳汇绿地的布局模式根据组团建筑的具体布局形式呈现出不同的形态模式分布，如基本形式居住组团的碳汇绿地以三角形形态和梯形形态分布于居住组团的东、西、南三个方向，而南偏东 20°居住组团的碳源绿地布局模式以矩形和三角形分布于组团的北和东两个方向。但是所有居住组团的碳源绿地布局形态以矩形、梯形、三角形为主要固碳的绿化形态。

（2）在研究的所有形式居住组团的东侧均布置有以三角形或梯形为主的大型碳源，在所有形式居住组团的南侧均布置有以矩形或梯形为主的大型碳源绿地。

（3）在研究的所有形式居住组团的内部及靠近建筑的周边区域，二氧化碳在所做模拟的四个高度均分布密集，因此在居住组团的内部和靠近建筑的周边区域的绿化布局以乔木、灌木、草本混合搭配布置。在居住组团的外围距离建筑相对较远的区域，二氧化碳一般分布在低空范围内，因此适宜以草本及灌木混合搭配布置。

（4）居住组团建筑的布局形式如按有利于主导季风风向疏散的形式布局，则季风通过效果好，因此二氧化碳疏散效果好，所需要的碳源绿地面积相对较小（图 9-9）。

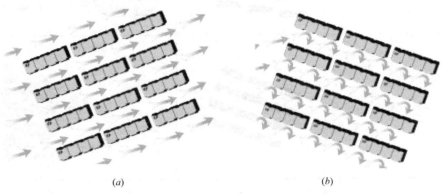

（a）       （b）

有利于季风疏散的组团布局形式    不利于季风疏散的组团布局形式

图 9-9　不同形式组团布局对季风的疏散效果示意图

图片来源：作者自绘。

**2. 布局模式对实际规划的指导**

上文中介绍了研究成果的规律总结，即在研究过程中通过对所有研究的居住组团模型的二氧化碳扩散模拟及分析，总结出了一些基于固碳的绿化布局的共性，由此推断，这些共性对于沈阳市其他同类的实际规划工程也应具有理论指导意义，具体总结如下：

在制定实际居住区或居住组团的中心绿地规划时，从释氧角度考虑，基于固碳的中心绿化布局区位如果以相应的居住区或居住组团为参照物，应将绿地布局在城市主导风向的上风向，即相应的居住区或居住组团季风的上风向位置。近源绿地是就近吸收居住区排放的二氧化碳，因此近源绿地应结合居住区耦合布置。从固碳的角度考虑，基于固碳的中心绿化布局区位如果以相应的居住区或居住组团为参照物，应将绿地布局在城市主导风向的下风向位置上，即相应的居住区或居住组团的下风向位置。具体布置如图 9-10 所示。

## 9.3.3　固碳植物的筛选

通过对沈阳地区森林树种进行综合考虑，在植物树种的选择时应选择适应性强、固碳释氧能力较强的乔灌草植株。本节对植物选择的总结完全从固碳释氧的单一角度出发，提出在固碳释氧量方面最佳的乔、灌、草植物的最佳选择种类。

**1. 乔木的选择**

根据乔木的固碳能力大小选取适应沈阳地区的 20 种乔木，按照植物固碳能力从高到低的顺序依次为：银中杨、旱柳、皂角、国槐、刺槐、大叶朴、小叶朴、黄檗、银杏、火炬、糠椴、臭椿、京桃、元宝槭、蒙古栎、假色槭、紫椴、油松、稠李、华山松。

根据乔木的释氧能力大小选取适应沈阳地区的 20 种乔木，按照植物释氧能力从高到

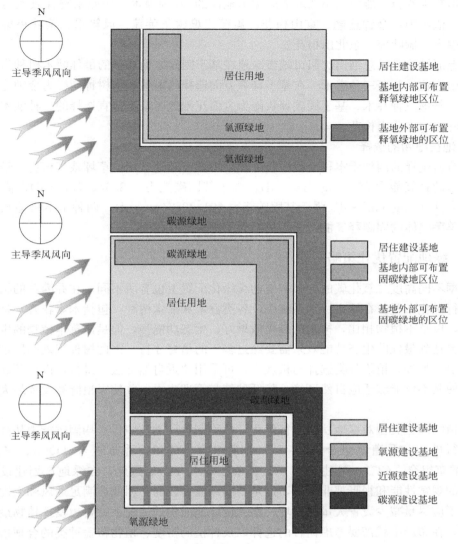

图 9-10　"三源绿地"适宜性布置区位图
图片来源：作者自绘。

低的顺序依次为：银中杨、旱柳、刺槐、皂角、国槐、大叶朴、小叶朴、黄檗、银杏、火炬、糠椴、臭椿、京桃、元宝槭、蒙古栎、假色槭、紫椴、油松、稠李、华山松。

由上面结论可以总结出沈阳市城市绿地基于固碳方面优先选择的乔木树种为银中杨、旱柳、皂角三种乔木。基于释氧能力优先选择沈阳地区乔木树种的选择为银中杨、旱柳、刺槐三种乔木。在固碳释氧方面最不适合选择的三种乔木树种为油松、稠李、华山松。

**2. 灌木的选择**

根据灌木的固碳能力大小选取适应沈阳地区的十种灌木按照植物固碳能力从高到低的顺序依次为：金钟连翘、京山梅花、蔷薇、鸡树条荚蒾、风箱果、紫叶小檗、紫丁香、红瑞木、榆叶梅、东北山梅花。

根据灌木的释氧能力大小选取适应沈阳地区的 10 种灌木，按照植物释氧能力从高到低的顺序依次为：金钟连翘、京山梅花、蔷薇、鸡树条荚蒾、风箱果、紫叶小檗、紫丁香、红瑞木、榆叶梅、东北山梅花。

由上面结论可以总结出沈阳市城市绿地在基于固碳方面选择的最佳灌木树种为金钟连翘、京山梅花、蔷薇三种灌木。在基于释氧方面选择的最佳灌木树种同样为金钟连翘、京山梅花、蔷薇三种乔木。基于固碳释氧能力方面沈阳地区最不适宜选择的三种灌木为红瑞木、榆叶梅、东北山梅花。

**3. 地被植物的选择**

本节所选择的两种禾本科地被植物为沈阳市城市绿地常用的草坪栽植植物。经核算统计早熟禾的释氧能力 897.45g/(m$^2$·d)，强于其固碳能力 598.64g/(m$^2$·d)。高羊茅的释氧能力 910.73g/(m$^2$·d) 强于其固碳能力 601.32g/(m$^2$·d)。两种禾本科地被植物相比较高羊茅整体的固碳释氧能力强于早熟禾的固碳释氧能力。

### 9.3.4 绿地配置优化策略

根据不同高度二氧化碳的分布相应的在绿化配置上也有所不同，在乔灌草的结合上也需要进行优化布置。在城市绿地系统中，各类乔木和灌木树种（包括木本花卉）是主要绿化材料，以草本植物相比，树木的绿化效果好、生态功能强，但是该草本植物的生长周期较长，要达到最佳的生态功能效果需要经过多年的培育才行。因此树种规划的质量和水平非常重要。另外，植物种类选择与植栽中，可采用"近自然林法"进行，以保证绿植的成活率，使其不仅能够适应自然环境，降低种植与管理成本，并使绿植能够发挥最大的生态效益。

从植物配置类型对绿地功能进行优化，植物配置种类按照日平均固碳能力从高到低的顺序进行排列：乔灌草组合（QGC）、乔灌组合（QG）、乔草组合（QC）、单独乔木（Q）、灌草组合（GC）、单独灌木（G）、单独草本（C）。因此，在绿地规划建设中，尽管草坪的观赏性能和视野都非常好，但是其固碳能力较弱，因此在满足通风和人性化设计的前提下应尽量减少设置大量的草坪。在一定绿地面积的情况下，要想发挥植物最优的生态功效，在布局中就需要考虑树种的选择以及种植的密度、植物覆盖种类的合理搭配等因素，最重要的是要根据二氧化碳的空间分布进行绿地的优化布局。

## 9.4 本章小结

本章在二氧化碳空间分布模拟的基础上，分别提出宏观全域、中观建成区、微观小区三个尺度的低碳绿地布局优化策略。宏观域尺度根据二氧化碳的分布特征按照二氧化碳浓度从高到低的顺序依次设置为绿地的最适宜建设区、较适宜建设区及适宜建设区，并基于斑块-基质-廊道提出了相应的优化策略。中观建成区尺度则提出关键节点、水系廊道、片状绿地和工业用地的优化策略。微观尺度则从绿地布局、植物筛选、绿地配置着手进行优化。提出了三源绿地的绿地建设理念，根据模拟结果在建成区的下风向二氧化碳浓度较高的区域布置相应的碳源绿地，以针阔叶交替的形式布置，减少二氧化碳的扩散从而使二氧化碳被更多的吸收与固定，在植物的选择上可选择固碳能力较强的植物。上风向位置上，布置为城区输送氧气的氧源绿地，在树种选择上应该采用林灌草结合的布局方式，形成有利于通风绿色廊道，从而将更多的新鲜空气输送到沈北新区的建成区中，在植物的选择上主要选择释氧能力较强的植物。为了对二氧化碳进行充分的吸收，减少城区二氧化碳的剩余量，应对距离碳源最近的近源绿地进行精准的布置。其主要特点为"大范围分散，小范围集聚"，在满足碳汇固碳和植物生态效益的同时，也要兼顾景观的视觉效果，注重树种色彩的搭配。

# 第 10 章

# 城市低碳规划的总结与思考

## 10.1 城市低碳规划的总结

城市绿地的生态布局对可持续发展起着直接的决定作用，在维持城市整体的生态系统的平衡及改善城市生态环境方面也起着重要的作用，城市绿地的布局不仅要满足城市居民游憩观赏的需要，而且要满足净化空气、减轻污染的需求，应采用乔、灌、草植物类型相结合，从而形成功能结构合理、植物相处和谐的绿地生态系统。并注重保护城市生态系统的稳定完整，来构建适合于当地人民生产、生活与当地社会经济发展相协调的城市绿地生态系统。

本书研究是建立在大量的实地调查和理论研究的基础上完成的，以三源绿地理论为指导，提出绿地系统优化思路，对城市绿地系统进行宏观、中观、微观层面的优化布局，注重保护绿地系统的可持续性，将斑块基质廊道，点线面及植物配置结合考虑构建适应当地情况的城市绿地生态系统，为当地的绿地优化提供一个参考。

本研究选择辽宁中部城市群为分析案例，并结合碳平衡理论对示范区沈北新区进行了综合分析。虽然尽可能多角度、多方法、多尺度地开展研究，但在人力和物力有限的情况下，依旧存在很多待完善之处，鉴于此，本章部分针对研究得出的主要结论和未来展望进行了讨论。

### 1. 辽宁中部城市群固碳潜力及特征

在森林固碳潜力方面，则出现西高东低的情况，辽宁中部城市群中最大的森林单位面积固碳潜力约为 $86.81t/hm^2$，而区域平均单位面积固碳潜力为 $20.01t/hm^2$，区域总的固碳潜力为 $5.88 \times 107t$。平均单位面积固碳潜力低于东北内蒙古自治区国有林区平均单位面积固碳潜力 $75.21t/hm^2$（印中华等，2014），高于青藏高原高寒区阔叶林乔木层固碳潜力为 $19.09t/hm^2$（王建等，2016）。不同城市之间的平均单位面积固碳潜力顺序为：沈阳市 $29.33t/hm^2$、铁岭市 $21.52t/hm^2$、营口市 $21.03t/hm^2$、辽阳市 $20.48t/hm^2$、鞍山市 $20.33t/hm^2$、抚顺市 $19.41t/hm^2$、本溪市 $18.06t/hm^2$。城市森林总固碳潜力依次为抚顺市 16501284t、本溪市 12083288t、鞍山市 9439388t、铁岭市 9306756t、营口市 5641989t、辽阳市 3834923t、沈阳市 1991839t。这表明辽宁中部城镇群占主导地位的森林植被碳汇潜力不高，最大森林单位面积固碳潜力出现在城镇群西部地区，虽然潜力大，但是面积过小。主要原因是城镇群东部成熟、过成熟林储碳量已经很高，碳汇潜力已经非常有限了，而西部多为中幼龄林，碳汇潜力大，但是面积不足。

**2. 辽宁中部城市群不同土地利用类型碳蓄积量**

辽宁中部各城市不同土地利用类型碳蓄积量从结果分析中可得，各城市总碳蓄积量由高到低依次为抚顺、铁岭、本溪、鞍山、沈阳、营口和辽阳，这与各城市土地利用组成有关。其中，抚顺和本溪的林地面积较大，铁岭的林地和耕地面积均较大，因此这三个城市的碳蓄积总量较高，而辽阳和营口的辖区总面积相对较小，所以得出的碳蓄积总量明显低于其他城市。

从各城市不同土地利用类型碳蓄积量组成情况来看，沈阳以耕地碳蓄积量最大，而其他 6 个城市均为林地碳蓄积量最大，占各城市土地利用碳蓄积总量比例均超过 50％，其中本溪和抚顺的占比相对较高，分别达 89.0％和 85.1％；沈阳、营口和辽阳建筑用地碳蓄积量占比相对较高，分别为 9.7％、7.1％和 6.1％，其他城市占比均不足 5.0％。

**3. 辽宁中部城市群各市建筑相关碳足迹系数**

通过对建筑相关过程的建材准备阶段碳足迹、施工阶段碳足迹和拆除阶段碳足迹分析，综合得出砖混结构和钢混结构建筑相关碳足迹分别为 247.14kg/m$^2$ 和 357.26kg/m$^2$。各种建材中，水泥对碳足迹贡献最大，这主要与建筑的水泥用量大、生产过程中消耗能源多等因素有关；而从建筑过程的各阶段来看，建材准备阶段的碳足迹对整个建筑碳足迹贡献较大，在砖混结构和钢混结构建筑中的贡献占比均超过 80％；同时考虑到辽宁中部城市建筑结构中砖混结构占比较大的特点，并参考［《建筑施工手册》（第四版）（2003）第二分册，建筑施工手册（第四版）编写组］，得出辽宁中部城市的建筑相关碳足迹为 269.16kg/m$^2$。

**4. 基于建筑容量提取的辽宁中部城市群碳足迹计算方法**

基于遥感影像提取建筑面积的方法能够有效提取建筑面积的总量和空间分布，基于建筑面积提取结果对累积碳足迹计算和空间分布评估起到支撑作用，对于后续的空间优化和减排研究有重要意义。辽宁中部 7 座城市建筑面积和累积碳足迹由高到低依次为沈阳、鞍山、抚顺、辽阳、营口、铁岭和本溪；2011～2013 年，年均碳足迹由高到低的顺序为沈阳、本溪、抚顺、鞍山、铁岭、营口和辽阳。

**5. 辽宁中部城市群碳排放总量**

辽宁中部城市建筑与居民生活总体碳排放量，由高到低依次为：沈阳、鞍山、抚顺、铁岭、辽阳、营口和本溪，各城市间差异较大。沈阳和鞍山建筑相关碳排放最高超过90％，说明城市建筑规模与城市碳排放密切相关。从辽宁中部各城市土地利用组成来看，建筑用地碳排＞林地＞耕地＞草地，建筑用地碳排放占比高达 95.8％。

**6. 辽宁中部城市群建筑相关碳足迹评价**

在高排放城市中，经济较为发达的城市，例如沈阳和鞍山，均属于高排放-低效率类型。主要是由于经济发达地区房屋建筑的容积率较大，建筑结构复杂，因此单位面积所需建材必然较多，因此都属于低效率类型。这些地区也是未来碳减排的重点区域。在保障这些地区的经济发展前提下，降低碳排放，逐步向低排放-高效率转变。

**7. 辽宁中部城市群规划预案下土地利用格局**

两种预案下各土地利用类型的变化趋势相对一致，但变化的幅度存在差异。在辽宁中部城市群建设用地变化是其他土地利用类型变化的主导和诱因。城镇建设用地在"规划预案"下的上升幅度比在"低碳预案"中上升幅度大，表明集约发展可以有效节约建设用地。由于城镇化发展导致的人口的流动，农村居民点用地面积呈下降趋势，在"规划预案"中下降得更快，表明规划的城镇化速度可能比现实的要高。旱地和水田的面积都呈下降趋势，水田趋势相近。有林地面积在"规划预案"中呈下降趋势，而在"低碳预案"中林地面积有所上升，其原因为建筑用地面积减小为绿化提取空间。灌木林和草地面积较小，随其他土地利用类型变化而变化，两个预案下差别较小。

**8. 碳源碳汇下土地格局优化策略**

"氧源绿地"模式是指主要为城市碳源提供释氧固碳、滞尘等功能的大型绿地分布模式，特点是主要分布在城市中心区周边，地理位置处于城市上风向，分布面积较大，分布种类多为乔灌草多复层绿地及混交乔木林等释氧量高的植物配置。

"碳源绿地"即吸收城市郊区碳源的碳汇绿地，其模式主要是指在靠近碳排放较大的功能区周边分布固碳能力强的植被的布局模式，其特点是紧邻城市功能区，地理位置处于下风向，分散布置。

"近源绿地"模式主要指分布在城市建成区范围内，采取点状-带状相结合的方式布置绿地的模式，其分布特点是"大范围分散，小范围集聚"，规模大小依照城市中心区变化而变化。

**9. 基于碳平衡理念下沈北新区低碳规划**

碳平衡理念下基于三源绿地规划原则调整区域土地利用格局，增加绿地面积 $1000hm^2$，总碳汇量增加 $17.8\%$，绿地功能布局方面使用乔灌草相结合植物配置方式，比原有单一植物种类碳汇量增加 $52.3\%$，实现蒲河的生态治理与廊道绿地建设。横向廊道增加绿地面积 $146hm^2$，增加固碳量 $7.2$ 万 $t/a$。纵向廊道增加绿地面积 $1.8km^2$，沈北新区共增加绿地固碳量 $153t/a$。

在低碳引导下的产业用地布局时，要优先布局碳汇用地。首先对区域内的用地进行分析，对植被生长条件有利的区域进行着重布置，优先考虑碳汇产业。其次，在布局时，要严格遵守碳源用地在一定程度上避让碳汇用地。因为大多情况下，碳源产业对用地的要求不高，因此应该对碳汇用地有所避让，从而使碳汇体系更为完整连续。第三，在土地利用格局上，选择合适的企业共生群落模式并重视工业群落内部土地利用格局类型的选择，在两种尺度上，把控紧凑型的布局策略，形成产业链，达到循环经济效益的最大化。最后，在碳汇用地的遴选上，优先布置固碳能力高的碳汇用地，如林业，远远要高于农田和草地。

# 10.2　研究创新点

城市碳排放量的计算方法有很多种分类，但从城市各类用地功能角度出发计算碳排放、碳吸收显然与空间规划更为直接。课题拟建立"沈阳沈北地区的碳平衡研究体系"，具有实用价值，能够更加客观地体现城市各类用地对城市碳平衡的影响，便于对城市空间规划进行对应研究。

　　将单空间要素，如城市紧凑度、城市密度等与城市碳排放间的关联，而对各个空间要素进行加权，通过统计学方法建立综合模型。城市是一个复杂综合体，多维度描述能够更加深刻地揭示其低碳空间发展规律，从这个角度讲，课题的研究具备一定的创新性与超前性。

　　本书的研究内容之一是提出碳平衡导向的城市空间优化策略。以空间形态与碳排放为研究基础，但并不局限于技术研究，针对辽宁中部城市群特有的地域性特色，结合沈北新区从区域关系层面、土地利用格局层面来探索低碳化城市空间的设计策略和方法，为建构低碳化城市研究体系奠定基础。

## 10.3　未来的展望

**1. 建筑容量提取技术方面**

　　（1）建筑容量提取结果不可避免地产生误差。累积碳足迹可反映城市建设规模，年均增长反映了当时城市建筑面积增加的速度。累积碳足迹计算是基于建成区的面积，在一定程度低估了城市的总体累积碳足迹，因为建成区没有完全涵盖一个城市所有的建成面积。

　　（2）不同区域建筑碳汇结果不同。建筑碳汇的计算结果是基于建筑在全生命周期中使用的水泥利用率，而这个数据在不同国家地区是不一样的，往往相关碳汇系数需要大量的资料汇总及计算。一般我们可以对相同条件下不同建筑类型及因子进行系数的测算，结合研究区域不同建筑类型的数量进行数据修正使结果更趋于准确。

**2. 研究评述及展望**

　　（1）碳源碳汇计算方法得到不断修正、完善

　　最近的研究逐渐引入了全生命周期的概念，可以得知温度、湿度、暴露条件、孔隙度、水灰比、强度等级、环境 $CO_2$ 浓度、表面涂料等因素对混凝土碳化产生综合性的影响。在建筑的使用阶段，不同条件下混凝土碳化速率参数不同；建筑拆除阶段，其拆除方式、暴露时间、废弃混凝土粒级分布等因素影响混凝土的碳汇量，需经过实验和拆除样品测试，确定不同条件下建筑拆除阶段碳化参数；废弃混凝土在不同处理和回收利用方式的影响下会影响其碳化比例参数，使建筑碳汇计算更完善。

　　（2）与其他尺度碳源碳汇研究相结合

　　现有的碳汇研究成果大多数是对城市或区域尺度的生物量指标进行测算，而对于城市内部或街区尺度的碳汇研究力度不大，基于城市空间形态与碳汇格局关联的低碳规划方法，包括开发模式选择-城市结构划分-地块容量限定-规划布局形成 4 个关键步骤。在城市尺度上，根据城市建筑碳汇容量分布规律与城市自然碳汇的空间关系，提出城市完整碳汇空间调控方案，构建基于生态功能的城市复合碳汇系统；在街区尺度上，选择典型的（居住小区/城市高密度区）街区作为研究对象，分析建筑碳汇容量与自然碳汇固碳布局的量化关系，形成低碳布局优化模式。分析建筑碳汇容量与开发强度、功能区划、布局形态、空间组合之间的关系，揭示城市碳汇建筑空间的分异规律，阐明城市空间特征对建筑固碳能力的影响机制，为城市低碳空间布局优化方法建立提供理论支撑。

# 参考文献

［1］　American Forest. CITYgreen: Calculating the Value of Nature (User Manual of version 3. 0) ［M］. American Forests, Washington DC, 1999.

［2］　American Forests. CITYgreen 5. 0 User Manual ［M］. American Forests, Washington D C, 2006. 08.

［3］　Brack, C. L. Pollution mitigation and carbon sequestration by an urban forest. Environmental pollution , 2002, 116 (1), 195-200.

［4］　Budd, W. W, Cohen, P. L, Saunders, P. R. etal. Stream corridor management in the Pacific North-west: Determination of stream-corridor width senvi ronment management, 1987, 11 (05): 587-597

［5］　Cairns J P. Protecting the delivery of ecosystem service. Ecosyst Health, 1997, 3 (3): 185-194.

［6］　Carbon Trust. Carbon Footprint Measurement Methodology ［R］. version 1. 1, 2007.

［7］　Druckman A, Jacken T. The carbon footprint of UK households 1990-2004: a social-economically disaggregated, quasi-multi-regional input-output model ［J］. Ecological Economics, 2009, 68 (7): 2066-2077.

［8］　Fanhua Kong, Haiwei Yin, Nobukazu Nakagoshi. Using GIS and landscape metrics in the hedonic price modeling of the amenity value of urban green space: A case study in Jinan City, China ［J］. Landscape and Urban Planning, 2007, 79, 240-252.

［9］　Helliwell, D. R. The distribution of woodland plant species in some shropshire hedgerows. Biol. Conserve, 1975, 7, 61-72.

［10］　Houghton R A. Magnitude distribution and causes of terrestrial carbon sink and some implications for policy ［J］. Climate Policy, 2002 (2): 71-88.

［11］　Johannes B, Bob van der Z, Corjan B. Local Air Pollution and Global Climate Change: a Combined Cost benefits Analysis ［J］. Resource and Energy Economics. 2009, (31): 161-181.

［12］　Lin Tzu-Ping. Carbon dioxide emissions from transport in Taiwan's national parks ［J］. Tourism Management, 2010, 31 (2): 285-290.

［13］　Nowak D. J. , Crane D. E. , Stevens J. C. , et al. Assessing Urban Forest Effects and Values: Washington, D C. 's Urban Forest ［R］. Resource Bulletin, USA, 2006.

［14］　Nowak D. J. , Stevens J. C. , Sisinni S. M. Effects of urban tree management and species selection on atmospheric carbon dioxide ［J］. Journal of Arboriculture, 2002, 28 (3): 113-122.

［15］　P. James, K. Tzoulas, M. D. Adams, A. Barber, et al. Towards an integrated understanding of green space in the European built environment ［J］. Urban Forestry & Urban Greening, 2009, 8: 65-75.

［16］　R. Yoshie, A. Mochida, Y. Tominaga etal. Cooperative project for CFD prediction of pedestrian wind environment in the Architectural Institute of Japan. Journal of Wind Engineering and Industrial Aerodynamics, 2007 (95): 1551-1578.

［17］　Ree W E. Ecological footprints and appropriated carrying capacity: what urban economics leaves out ［J］. Environment and Urbanization, 1992 (2): 121-130.

［18］　Sang-Woo Lee, Christopher D. Ellis, Byoung-Suk Kweon, Sung-Kwon Hong. Relationship between landscape structure and neighborhood satisfaction in urbanized areas ［J］. Landscape and Urban Planning, 2008, 85: 60-70.

［19］　Shoichiro Asakawa, Keisuke Yoshida, Kazuo Yabe. Perceptions of Urban Stream Corridors Within the Greenway System of Sapporo, Japan. Landscape and Urban Planning, 2004, 68: 167-182.

［20］　Thompson M V, Randerson J T, Malmstrm C M, et al. Change in net primary production and heterotrophic respiration: how much is necessary to sustain the terrestrial carbon sink? Global biogeochemistry cycles, 1996 (10): 711-726.

［21］　Wu X C, Rajagopalan P, Lee S E. Benchmarking energy use and greenhouse gas emissions in Singapore's hotel industry ［J］. Energy Policy, 2010, 38 (8): 4520-4527.

［22］　Youzhu Chen, Suping Gao, Ming Den. The Explore of Landscape Planning and Design of Urban Complex Based on the

Patch-Corridor-Matrix Model. Journal of Environmental Science and Engineering，2012，B1：1335-1343.

[23] Zhang C，Tian H Q，Chen G S，et al. Impacts of urbanization on carbon balance in terrestrial ecosystems of the Southern United States [J]. Environmental Polluntion，2012，164：89-101

[24] 布局对局地微气候影响研究——以广州为例 [J]. 风景园林研究前沿，南方建筑，2014.3：10-16.

[25] 车平川. 基于 GIS 的城市公园绿地布局优化研究 [D]. 南京：南京林业大学，2010.

[26] 陈菲冰. 成都市中心城区绿地系统景观格局分析与优化 [D]. 重庆：西南大学，2008.

[27] 陈辉，阮宏华，叶镜中. 鹅掌楸和女贞同化 $CO_2$ 和释放 $O_2$ 能力的比较 [J]. 城市环境与城市生态，2002，15（3）：17-18.

[28] 陈珂珂，何瑞珍，梁涛，田国行. 基于"海绵城市"理念的城市绿地优化途径 [J]. 水土保持通报，2016，3：258-264.

[29] 陈姝. 基于 GIS 技术的城镇绿地系统布局研究 [D]. 杭州：浙江农林大学，2013.

[30] 陈柚竹. 基于"斑块—廊道—基质"模式的城市综合体景观结构研究 [D]. 雅安：四川农业大学，2013.

[31] 邓小菲，杨存建，张瑞. GIS 辅助下的高空间分辨率卫星影像解译研究 [J]. 地理空间信息，2006，3：53-55.

[32] 丁雨莲. 碳中和视角下乡村旅游地净碳排放估算与碳补偿研究 [D]. 南京：南京师范大学，2015.

[33] 董怡菲. 山岳型旅游区碳源碳汇测算与分析 [D]. 重庆：西南大学，2013.

[34] 冯娴慧. 基于绿地生态机理的城市空间形态研究 [J]. 热带地理，2006，26（4）344-347.

[35] 冯娴慧，高克昌，钟水新. 基于 GRA PES 数值模拟的城市绿地空间布局对局地微气候影响研究——以广州为例 [J]. 南方建筑，2014（3）：10-16.

[36] 高芬. 武汉城区规划改造中的城市热环境研究. 华中科技大学硕士学位论文，2007.

[37] 管东生，陈玉娟，黄芬芳. 广州城市绿地系统碳的贮存、分布及其在碳氧平衡中的作用 [J]. 中国环境科学，1998，18（5）：437-442.

[38] 桂昆鹏，徐建刚，张翔. 基于供需分析的城市绿地空间布局优化——以南京市为例 [J]. 应用生态学报，2013，5：1215-1223.

[39] 郭春华. 基于绿地空间形态生成机制的城市绿地系统规划研究 [D]. 长沙：湖南农业大学，2013.

[40] 韩焕金. 城市绿化植物的固碳释氧效应 [J]. 东北林业大学学报，2005，33-5（9）：68-70.

[41] 贺晋瑜. 温室气体与大气污染物协同控制机制研究 [D]. 太原市：山西大学，2011.

[42] 解振华. 积极应对气候变化促进经济发展方式转变 [J]. 资源科学，2010，21（6）：66-69.

[43] 李保峰，高芬，余庄. 旧城更新中的气候适应性及计算机模拟研究——以武汉汉正街为例 [J]. 城市规划，2008，32（7）：93-96.

[44] 李锋，王如松. 城市绿色空间生态服务功能研究进展 [J]. 2004，15（3）：527-531.

[45] 李鹍. 基于遥感与 CFD 仿真的城市热环境研究——以武汉市夏季为例 [D]. 华中科技大学博士学位论文，2008.

[46] 李磊，胡非，程雪玲，韩浩玉. Fluent 在城市街区大气环境中的一个应用 [J]. 中国科学院研究生院学报，2004，21-4（10）：476-480.

[47] 李敏. 论城市绿地系统规划理论与方法的与时俱进 [J]. 中国园林，2002：17-20.

[48] 李敏. 现代城市绿地系统规划 [M]. 北京：中国建筑工业出版社，2002.

[49] 李雪玲. 开封城市绿色开放空间的分析与布局优化 [D]. 郑州：河南大学，2009.

[50] 李延明，等. 北京城市绿化与热岛效应的关系研究 [J]. 中国园林，2004，20（1）：72-76.

[51] 李云平. 寒地高层住区风环境模拟分析及设计策略研究 [D]. 哈尔滨：哈尔滨工业大学硕士学位论文，2007.

[52] 连丽花. 常州市公园绿地布局研究 [D]. 南京：南京林业大学，2010.

[53] 刘滨谊，王鹏. 绿地生态网络规划的发展历程与中国研究前沿 [J]. 中国园林，2010，3：1-5.

[54] 刘滨谊，温全平，刘颂. 上海绿化系统规划分析及优化策略 [J]. 城市规划学刊，2007，4（170）：108-118.

[55] 刘韩. 城市绿地空间布局合理性研究 [D]. 上海：同济大学，2008.

[56] 刘俊. 计算流体力学在城市规划设计中的应用 [J]. 东南大学学报（自然科学版），2005，35（7）：301-304.

[57] 刘颂，刘滨谊. 城市绿地空间与城市发展的耦合研究—以无锡市区为例 [J]. 中国园林，2010，3（14）：14-18.

[58] 刘鑫．重庆峡谷型小城市绿地系统规划研究 [D]．西南大学，2013．

[59] 马剑，陈水福，王海根．不同布局高层建筑群的风环境状况评价 [J]．环境科学与技术，2007，30（6）：57-61．

[60] 申萌，李凯杰，曲如晓．技术进步、经济增长与二氧化碳排放：理论和经验研究 [J]．世界经济，2012，7：83-100．

[61] 石铁矛，潘续文，高畅，孙佳琳．城市绿地释氧能力研究 [J]．沈阳建筑大学学报（自然科学版），2013，2：349-354．

[62] 宋晓程，刘京，叶祖达，郭亮．城市水体对局地热湿气候影响的CFD初步模拟研究 [J]．建筑科学，2011，27（8）：90-94．

[63] 佟潇，李雪．沈阳市5种绿化树种固碳释氧与降温增湿效应研究 [J]．辽宁林业科技，2010，3：14-16．

[64] 王翠云．基于遥感和CFD技术的城市热环境分析与模拟——以兰州市为例 [D]．兰州：兰州大学博士学位论文，2008．

[65] 王纪武，王炜．城市街道峡谷空间形态及其污染物扩散研究——以杭州市中山路为例 [J]．城市规划，2010，34（12）：57-63．

[66] 王绍增，李敏．城市开敞空间规划的生态机理研究（上）[J]．中国园林，2001：5-9．

[67] 王绍增，李敏．城市开敞空间规划的生态机理研究（下）[J]．中国园林，2001：32-36．

[68] 王晓，陈天，臧鑫宇．街区尺度下的低冲击城市绿地优化设计方法 [J]．天津建设科技，2015，5：75-78．

[69] 王旭，孙炳南，陈勇，楼文娟．基于CFD的住宅小区风环境研究．土木建筑工程信息技术，2009，1-1（9）：35-39．

[70] 王艳君．城乡一体化的绿地系统规划与建设研究 [D]．北京：北京林业大学，2009．

[71] 魏永青，李新，蔡爱玲，冯威．基于轨道交通的武汉市公园绿地布局优化研究 [J]．绿色科技，2016，3：73-75．

[72] 吴健，李楠，陈智，余世孝．深圳特区城市植被的固碳释氧效应 [J]．中山大学学报（自然科学版），2010，49-4（7）：86-92．

[73] 吴珍珍，鄢涛，付祥钊．基于CFD模拟技术的深圳市城市风环境分析．第三届中国建设工程质量论坛优秀论文，2009，27（11）：49-53．

[74] 武文涛，刘京，朱隽夫，郭亮，徐世文．多尺度区域气候模拟技术在较大尺度城市区域热气候评价中的应用以中国南方某沿海城市一中心商业区设计为例 [J]．建筑科学，2008，24（10）：105-109．

[75] 邢爽，张思冲，许瀛元．黑龙江省森工林区野生植物碳汇效益研究 [J]．森林工程，2013，2：38-40．

[76] 徐青乔．黑龙江省大兴安岭国有林区森林碳汇量的计量及发展潜力评价研究 [D]．哈尔滨：东北林业大学，2015．

[77] 许克福、张浪、傅莉．基于城市气候特征的城市绿地系统规划 [J]．华中建筑，2008，26：177-181．

[78] 薛婕、罗宏、吕连宏．温室气体与大气污染物协同控制机制研究．资源科学，2002，34（8）：1452-1460．

[79] 杨辉．基于生态安全格局的慈溪市坎墩街道绿地系统规划 [D]．杭州：浙江农林大学，2012．

[80] 杨丽．居住区风环境分析中的CFD技术应用研究．建筑学报，2010：5-9．

[81] 杨志梁．我国能源、经济和环境（3E）系统协调发展机制研究 [D]．北京：北京交通大学，2011．

[82] 杨子晖．经济增长、能源消费与二氧化碳排放的动态关系研究 [J]．世界经济，2011，06：100-125．

[83] 姚征，陈康民．CFD通用软件综述 [J]．上海理工大学学报，2002，24（20）：137-144．

[84] 叶水盛，乔金海，叶育鑫，郭利军，蔡红军．基于GIS的矿产预测地质解译空间信息集成 [J]．吉林大学学报（地球科学版），2012，04：1214-1222．

[85] 余庄，张辉．城市规划CFD模拟设计的数字化研究 [J]．城市规划，2007，31（6）：52-55．

[86] 曾曙才，苏志尧，谢正生，古炎坤，陈北光，林书荣．广州白云山主要林分的生产力及吸碳放氧研究 [J]．华南农业大学学报（自然科学版），2003，24（1），17-19．

[87] 张辉．气候环境影响下的城市热环境模拟研究——以武汉市汉正街中心城区热环境研究为例 [J]．武汉：华中科技大学硕士学位论文，2006．

[88] 张静．英国低碳经济政策与实践及对中国的启示 [D]．上海：华东师范大学，2012．

［89］ 张林．哈尔滨市中心城区公园绿地布局研究［D］．哈尔滨：东北林业大学，2010．

［90］ 张小松．基于热环境导向的城市住区绿地系统规划研究［D］．长沙：湖南大学，2004．

［91］ 赵彬，林波荣，李先庭，江亿．建筑群风环境的数值模拟仿真优化设计［J］．城市规划汇刊，2002，138（2）：57-61．

［92］ 赵旖．嘉定中心城区公园绿地格局优化的初步研究［D］．上海：上海交通大学，2011．

［93］ 周健，肖荣波，庄长伟，邓一荣．城市森林碳汇及其核算方法研究进展［J］．生态学杂志，2013，12：3368-3377．

［94］ 朱婧，刘学敏，姚娜．低碳城市评价指标体系研究进展［J］．经济研究参考，2013，14：18-28＋37．

［95］ 朱瑞兆．风与城市规划［J］．气象科技，1980，4：3-6．

［96］ 祝宁，李敏，柴一新．哈尔滨市绿地系统生态功能分析［J］．应用生态学报，2002，13（9）：1117-1120．